普通高等教育基础课系列教材

数学实验与数学建模

朱婧　司新辉　编

机械工业出版社

本书将数学实验与数学建模结合起来，侧重对学生数学建模能力及意识的培养，案例丰富，由浅入深，便于学生自学和教师教学. 本着简明和实用的原则，书中的内容主要以中等难度的数学建模问题为主，目的在于降低数学建模的学习起点，使读者容易理解和应用. 读者只要学过微积分、线性代数且了解简单的概率统计知识就可以学习本书.

全书包括数学实验、数学建模基本模型和建模竞赛案例选讲3部分，共12章. 数学实验部分介绍了MATLAB基础、微积分数学实验、线性代数实验、概率论与数理统计实验；数学建模基本模型部分介绍了初等模型、微分方程模型与优化模型、线性代数模型、概率统计模型；建模竞赛案例选讲部分介绍了人口模型、传染病模型、嫦娥三号软着陆轨道设计与控制策略、高压油管压力的控制策略. 附录中包含全国大学生数学建模竞赛部分试题.

本书可作为普通高等院校理工科专业的专科生、本科生、研究生及工程技术人员学习数学实验、建模课程的教材和参考书，其中一些案例可以用于高等数学、线性代数、常微分方程和概率统计等课程教学的应用案例.

图书在版编目(CIP)数据

数学实验与数学建模/朱婧，司新辉编. —北京：机械工业出版社，2021.2(2024.1重印)
普通高等教育基础课系列教材
ISBN 978-7-111-67598-3

Ⅰ.①数… Ⅱ.①朱… ②司… Ⅲ.①高等数学-实验-高等学校-教材 ②数学模型-高等学校-教材 Ⅳ.①O13-33②O141.4

中国版本图书馆CIP数据核字(2021)第031449号

机械工业出版社(北京市百万庄大街22号 邮政编码100037)
策划编辑：汤 嘉 责任编辑：汤 嘉
责任校对：李 伟 封面设计：张 静
责任印制：邓 博
北京盛通数码印刷有限公司印刷
2024年1月第1版第3次印刷
184mm×260mm · 16.25印张 · 362千字
标准书号：ISBN 978-7-111-67598-3
定价：49.80元

电话服务 网络服务
客服电话：010-88361066 机 工 官 网：www.cmpbook.com
010-88379833 机 工 官 博：weibo.com/cmp1952
010-68326294 金 书 网：www.golden-book.com
封底无防伪标均为盗版 机工教育服务网：www.cmpedu.com

前　言

在数学产生和发展的历史长河中，数学建模一直都与各种各样的实际应用问题紧密相关，它不仅应用在工程技术和自然科学领域，而且以空前的广度和深度向经济、金融、海洋、生物医药、5G 和人工智能等领域渗透．从自然模式到气候科学，从医学成像到搜索引擎，从“天河二号”的超级计算到高速铁路的运行优化，从深海探测到航天遥感，从人工智能到万物互联，数学建模和数值计算都发挥着举足轻重的作用．毫无疑问，具备良好的数学建模能力和计算能力也是各行各业对创新型人才的共同要求．

数学实验与数学建模是我国高等教育基础课程教学改革的前沿课程之一．这一课程的成功开设，有利于提高学生学习数学的积极性，为学生正确理解数学教育的重要性、理解数学学科与其他诸多专业课之间的内在联系提供了很大的帮助．本课程的教学目的是培养学生认识问题和解决问题的能力，同时，作为数学教育的一门重要的辅助课程，本课程的开设也使整合大学数学教学过程中不同数学课程的知识体系成为可能．教材是知识的载体，编写一本难度适中的数学实验与数学建模教材，可以让学生通过它较早接触数学实验和建模知识，了解数学建模的方法，使其在大学的学习阶段有更多的时间锻炼自己．编者基于 16 年来从事数学建模教学、组织和培训学生参加数学模型竞赛、开设数学实验和大学数学课程以及编写图书的经验，参考了国内外数学建模和数学实验相关教材，编写了这本学生易学、教师易教的教材．

全书共三部分，数学实验部分由司新辉编写，数学建模基本模型部分与建模竞赛案例选讲部分由朱婧编写，全书由朱婧负责统稿．周子喻、赵海喻、刘晔和曹佳慧参与了素材的整理和文字的录入工作．本书的编写和正式出版得到了北京科技大学教材建设经费（项目编号 JC2019YB033）和北京科技大学青年教学骨干人才培养计划（项目编号2019JXGGRC－002）的资助．郑连存教授与张艳教授认真审阅了书稿，并提出了宝贵的建议，使作者受益匪浅，还有多位老师和同学为本书提出了许多宝贵的意见和建议，在此对他们表示衷心的感谢．

由于本人水平有限，书中难免有不当之处，请广大读者批评指正．

编　者

目　录

第 3 部分　建模竞赛案例选讲

第 1 部分

数学实验

第 1 章 MATLAB 基础

1.1 MATLAB 入门

数学软件可以使不同专业的学生和科研人员借助计算机进行科学研究和科学计算,在一些科研机构,数学软件已成为学生和科研人员进行学习和科研活动最得力的助手. MATLAB 是一个功能强大的数学软件, 它不但可以解决数学中的数值计算问题,还可以解决符号演算等问题,并且能够方便地绘出各种函数图形. MATLAB 可以提供各种数学工具,从而避免繁琐的数学推导和计算,方便地解决所遇到的很多数学和工程问题. MATLAB 具有简单、易学、界面友好和使用方便等特点,只要具有一定的数学知识并了解计算机的基本操作方法,就能学习和使用 MATLAB 了.

MATLAB 的基本运算对象是矩阵. 它的表达式与数学、工程计算中常用的形式十分相似,极大地方便了用户的学习和使用. MATLAB 是高等数学、线性代数、自动控制理论、数理统计和数字信号处理等课程的基本工具.

1. M 文件与 M 函数

MATLAB 有两种常用的工作方式:一种是直接交互的指令行操作方式;另一种是 M 文件的编程工作方式. 在前一种工作方式下, MATLAB 被当作一种高级的"数学演算和图形器". 在后一种工作方式下,M 文件类似于其他的高级语言,是一种程序化的编程语言. 但 M 文件又有其自身的特点,是一种简单的 ASCII 码文本文件,语法比一般的高级语言要简单,程序容易调试,交互性强.

MATLAB 的 M 文件是注重于数学计算的一门编程语言,直接采用矩阵作为基本的运算单位,所以简单易学,而且容易维护. 另外,MATLAB 是用 C 语言编写而成的,故熟悉 C 语言就会更容易学习 MATLAB.

M 文件有两种形式,一种是命令文件,或称脚本文件;另一种是 M 函数文件. 这两种文件的扩展名都是. m.

例 1.1 用 M 文件画出衰减振荡曲线 $y = e^{-\frac{t}{3}}\cos 3t$ 及它的包络线 $y_0 = e^{-\frac{t}{3}}$, t 的取值范围是 $[0,4\pi]$.

解 步骤:(1)打开 MATLAB 工作区,打开编辑窗口;

(2)在编辑窗口逐行写出下列语句:

```
t=0:pi/50:4*pi;
y0=exp(-t/3);
y=exp(-t/3).*cos(3*t);
plot(t,y,'-r',t,y0,':b',t,-y0,':b')
```

(3)保存 M 文件,并且保存在搜索路径上,文件名为 exam1. m;

(4)运行 M 文件. 在命令窗口写 exam1,并按 Enter 键,或者在编辑窗口打开菜单 Tools,再选择 Run. 在 Figure 图形窗口出现(见图 1-1).

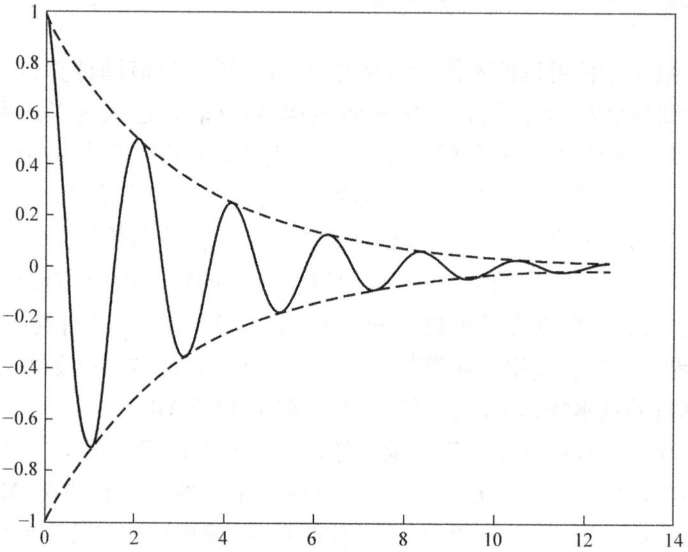

图 1-1 衰减振荡曲线与包络线

M 命令文件中的语句可以访问 MATLAB 工作空间中的所有变量与数据,同时 M 命令文件中的所有变量都是全局变量,可以被其他的命令文件与函数文件访问,并且这些全局变量会一直保存在内存中,可以用 clear 命令来清除这些全局变量.

如果 M 文件的第一行包含关键字 Function,那么此文件就是 M 函数文件. 每一个 M 函数文件都定义了一个函数. M 函数文件实际是 MATLAB 的一个子函数,其作用与其他高级语言的子函数基本相同,都是为了方便实现特定的功能而定义的.

函数文件与命令文件的主要区别在于:函数文件一般都含有参数,都要有返回结果,而命令文件没有参数与返回结果;函数文件的变量是局部变量,在运行期间有效,运行完毕就会自动被会清除,而命令文件的变量是全局变量,执行完毕后仍被保存在内存中. 函数文件要定义函数名,它保存的文件名一定是函数名. m.

注意 M 函数文件的一般形式为:function <因变量> = <函数名>(<自变量>),此文件名必须是<函数名>. m. M 函数文件可以有多个因变量与多个自变量，当有多个因变量时，需要用[ ]括起来. 为了更好地理解函数文件，请看例 1.2.

例 1.2　M 函数文件示例，随机方阵 $\boldsymbol{A}$，同时求 $|\boldsymbol{A}|$，$\boldsymbol{A}^2$，$\boldsymbol{A}^{-1}$，$\boldsymbol{A}'$.

解　步骤：(1) 打开 MATLAB 工作区，打开编辑窗口；

(2) 在编辑窗口逐行写出下列语句：

```
function [da,a2,inva,traa] = comp4(x)
% M 函数文件 comp4.m,求矩阵 x 的四个值
% da 为矩阵 x 的行列式
% a2 为矩阵 x 的平方
% inva 为矩阵 x 的逆矩阵
% traa 为矩阵 x 的转置
da = det(x)
a2 = x^2
inva = inv(x)
traa = x'
```

(3) 保存 M 函数文件，并且保存在搜索路径上，文件名为 comp4.m；

(4) 命令窗口执行下列语句：

```
A = [1,2;5,8];↙          % 输入矩阵 A
comp4(A)↙                % 调用 comp4.m 函数,计算矩阵 A 的 det(A),
                           A^2,inv(A),A'.
da =
     -2
a2 =
    11    18
    45    74
inva =
     -4.0000    1.0000
    2.5000   -0.5000
traa =
    1     5
    2     8
```

2. 程序结构

与大多数计算机语言一样，MATLAB 也有设计程序所必需的程序结构：顺序结构、循环结构和分支结构. 这样从理论上讲，只要具备这三种结构，MATLAB 就可以构成任意一种程序并完成相应功能.

在 MATLAB 语言中，循环由 while 和 for 语句实现，分支结构由 if 语句实现.

MATLAB 虽然不像 C 语言那样具有丰富的控制结构，但是

MATLAB 的强大功能弥补了这个不足,使用户在编程时几乎感觉不到困难. MATLAB 语言是一种完善且易用的高水平矩阵编程语言.

顺序结构就是依次顺序执行程序的各条语句,语句在程序文件中的物理位置就反映了程序的执行顺序. 当表达式后面接分号时,表达式的计算结果虽然不显示但中间结果仍保存在内存中. 若程序为命令文件,则程序执行结束后,中间变量仍予以保留;若程序为函数文件,则程序执行结束后,中间变量被全部删除.

例 1.3 一个典型的顺序文件:

```
disp('请看执行结果:')
disp('the begin of the program')
disp('the first line')
disp('the second line')
disp('the third line')
disp('the end of the program')
请看执行结果:
the begin of the program
the first line
the second line
the third line
the end of the program
```

说明 disp(x)函数可以显示字符串、字符串矩阵、数值矩阵等. 在显示一个内容时,其结果与在命令行直接输入变量名所得到的结果基本相同,但并不显示变量名.

循环是计算机解决问题的主要手段,实际问题大多数都包含有规律的重复计算和对某些语句的重复执行. 在循环结构中,被循环执行的那一组语句就是循环体,每个循环语句都要有循环条件,以判断是否要继续进行下去. MATLAB 的循环语句主要有:for - end 和 while - end 语句.

- **for - end 循环控制**

for 循环将循环体中的语句执行给定的次数,循环次数一般情况是已知的,除非用其他的语句来结束循环.

for 循环的语法是:

```
for i = 表达式
   可执行语句 1
   ⋮
   可执行语句 n
end
```

说明 (1)表达式可以是一个向量,也可以是 m:n,m:s:n,还可以是字符串、字符串矩阵等;

(2)在 for 循环的循环体中,可以多次嵌套 for 和其他的结构体.

例 1.4　利用 for 循环求 1 ~ 250 的整数之和.

解　(1)建立命令文件 exam2. m

```
% 利用 for 循环求 1 ~250 的整数之和
sum=0;
for i =1:250
  sum=sum+i;
end
sum
```

(2)执行命令文件 exam2. m

```
sum =
       31375
```

例 1.5　利用 for 循环找出 250 ~500 之间的所有素数.

解　(1)建立命令文件 exam3. m

```
% 利用 for 循环找出 250 ~500 之间的所有素数
disp('250 ~500 之间的所有素数为:')
for m=250:500
   k=fix(sqrt(m));
   for i =2:k+1
      if rem(m,i) = =0
         break;
      end
   end
   if i> =k+1
      disp(int2str(m))
   end
end
```

(2)执行命令文件 exam3. m

```
   251  257  263  269  271  277  281  283  293  307  311
313  317  331  337  347
   349  353  359  367  373  379  383  389  397  401  409
419  421  431  433  439
   443  449  457  461  463  467  479  487  491  499
```

- **while – end 循环控制**

while 循环将循环体中的语句循环执行不定次数. 其基本语法是:

while 表达式
　　循环体语句
end

表达式一般是由逻辑运算和关系运算以及一般运算组成的,以判断循环要继续进行还是要停止循环. 只要表达式的值非零,即逻辑为“真”,程序就继续循环;只要表达式的值为零就停止循环. while 循环与 for 循环是可以转化的.

例 1.6 利用 while 循环来计算 1! +2! +3! +…+20! 的值.

解 (1)建立命令文件 exam4.m

```
% 利用 while 循环来计算 1! +2! +…+20! 的值
sum=0;
i=1;
while i<21
    prd=1;
    j=1;
    while j<=i
        prd=prd*j;
        j=j+1;
        end
        sum=sum+prd;
        i=i+1;
end
disp('1! +2! +...+20! 的和为:')
sum
```

(2)执行命令文件 exam4.m

```
1! +2! +...+20! 的和为:
sum =
      2.5613e+18
```

在计算中通常要根据一定的条件来执行不同的语句,当某些条件语句满足时只执行其中的某一条或某几条命令,在这种情况下就要用到分支结构. MATLAB 提供了两种分支结构,一种是 if - else - end 语句;另一种是 switch - case - end 语句. 两者各有特点,下面分别介绍.

- **if - else - end 分支结构**

此分支结构一般有三种形式:

```
(1)if  表达式
        执行语句
   end
(2)if  表达式
        执行语句 1
   else
        执行语句 2
   end
(3)if  表达式 1
        执行语句 1
    elseif 表达式 2
    执行语句 2
        ⋮
```

```
else
    语句 n
end
```

说明　如果只有一种选择，就使用第一种形式；如果有两种选择，就使用第二种形式；如果有三种或更多的选择时就使用第三种形式.

例 1.7　编写一个函数文件计算函数值 $x(t)$.

解　(1)建立 M 函数文件 yx.m

```
function  y=yx(x)
%分段函数的计算
if x<1
   y=x+1
elseif x>=1 & x<=10
   y=2*x
elseif x>10 & x<=30
   y=3*x-1
else
   y=cos(x)+log(x)
end
```

(2)调用 M 函数文件计算 $f(0.2)$,$f(2)$,$f(30)$,$f(10\pi)$:

```
result=[yx(0.2),yx(2),yx(30),yx(10*pi)]↙
result =
   1.2000    4.0000   89.0000    4.4473
```

- **switch - case - end 分支结构**

switch 语句是多分支语句，虽然在某些场合 switch 的功能可以由 if 语句的多层嵌套来实现，但这样会使程序变得复杂和难以维护，而利用 switch 语句构造多分支选择时就会显得更加简单明了且容易理解.

switch 的基本用法为：

```
switch    表达式
case   常量表达式 1
         语句块 1
case    常量表达式 2
         语句块 2
case    {常量表达式 n,常量表达式 n+1,…}
         语句块 n
otherwise
语句块 n+1
end
```

说明　switch 语句后面的表达式可以是任何类型；每个 case 后面的常量表达式可以是多个，也可以是不同类型；与 if 语句不同的是,各个 case 和 otherwise 语句出现的先后顺序不会影响程序运行的结果.

1.2 MATLAB 绘图

在数据的处理过程中,人们很难直接从众多原始的离散数据中感受到它们的含义,数据图恰好能使人们用视觉器官直接感受数据的许多内在本质. 因此,数据可视化是人们研究科学、认识世界所不可缺少的手段之一. MATLAB 的数据可视化和图像处理两大功能模块,几乎满足了常用工程、科学计算中的所有图形图像处理的需要.

1. MATLAB 二维曲线绘图

- **plot(x,y)**

$\boldsymbol{x}$ 与 $\boldsymbol{y}$ 都是长度为 n 的向量,它的作用是在坐标系中按照一定顺序用线段连接点的坐标 $(x(i),y(i))$,生成一条曲线.

例 1.8 画出函数 $y=\sin x^2$ 在 $-5<x<5$ 的图形(见图 1-2).

解 MATLAB 命令为:

```
x = -5:.1:5;↙
y = sin(x.^2); ↙
plot(x,y),grid on↙
```

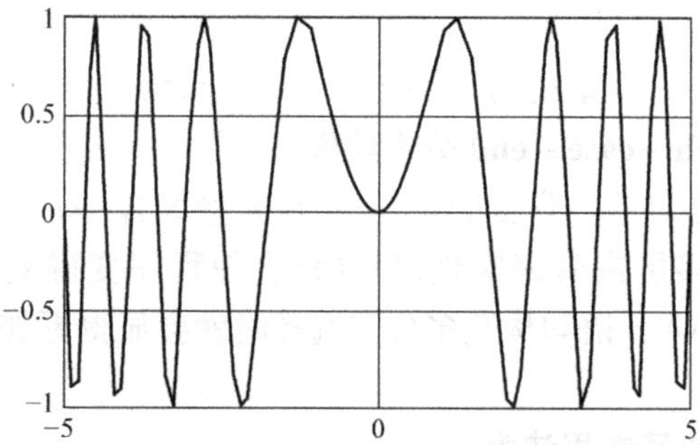

图 1-2 曲线 $y=\sin x^2$ 的图像

例 1.9 画出椭圆 $\dfrac{x^2}{5^2}+\dfrac{y^2}{2^2}=1$ 的曲线图.

分析:对于这种情形,我们首先把它写成参数方程的形式, $\begin{cases}x=5\cos t,\\ y=2\sin t,\end{cases}(0\leqslant t\leqslant 2\pi)$ (见图 1-3) .

解 MATLAB 命令为:

```
t=0:pi/50:2* pi; ↙
x=5* cos(t); ↙
y=2* sin(t); ↙
plot(x,y),grid on
```

若 $\boldsymbol{x}$ 是 n 维向量, y 是 $n\times m$ 矩阵或 $m\times n$ 矩阵时,plot(x,y)将

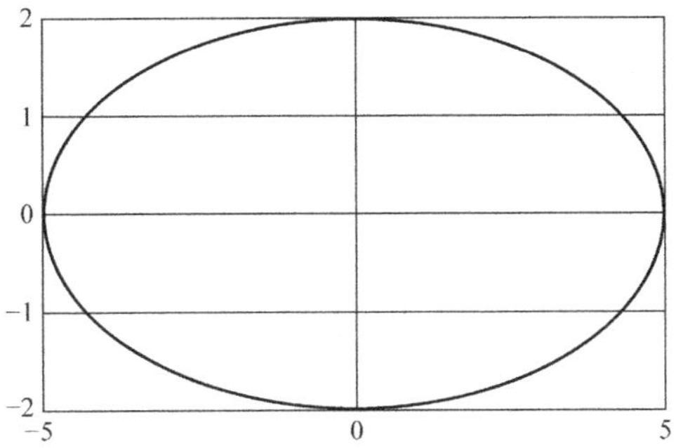

图1-3　椭圆

在同一个图中绘出 m 条不同颜色的曲线.

- **plot(x1,y1,x2,y2,x3,y3…)**　在同一图形窗口画出多条曲线.

例1.10　在同一图形窗口画出三个函数 $y=\cos2x, y=x^2, y=x$ 的图形,自变量的取值范围为: $-2<x<2$(见图1-4).

解　MATLAB命令为:

```
x = -2:.1:2; ↙
plot(x,cos(2* x),x,x.^2,x,x)↙
legend('cos(2x)','x^2','x')↙
```

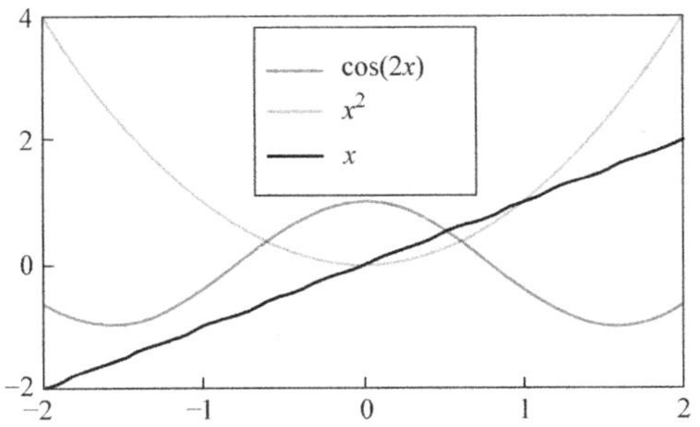

图1-4　例1.10的绘图结果

例1.11　在同一坐标系中画出两个函数 $y=\cos2x, y=x$ 的图形以及散点图,其对应坐标依次为 $(-2,1.5),(-1,1),(0,0),(1,0.56),(2,-1.5)$,自变量的取值范围为: $-2\leqslant x\leqslant2$,函数 $y=\cos2x$ 为实线,函数 $y=x$ 为虚线,散点为星号,并标注标题、坐标轴(见图1-5).

解　(1)建立命令文件exam5.m

```
clf;
x = -2:.1:2;
y1 = cos(2* x);y2 = x;
plot(x,y1,'-',x,y2,'-.'),grid on
title('曲线 y = cos(2x)与 y = x 及点图')
xlabel('x 轴'),ylabel('y 轴')
x00 = -2:2;
y00 = [1.5,1,0,0.56,-1.5];
hold on,plot(x00,y00,'p')
```

```
legend('y=cos(2x)','y=x','5点图')
```

(2)执行命令文件 exam5.m

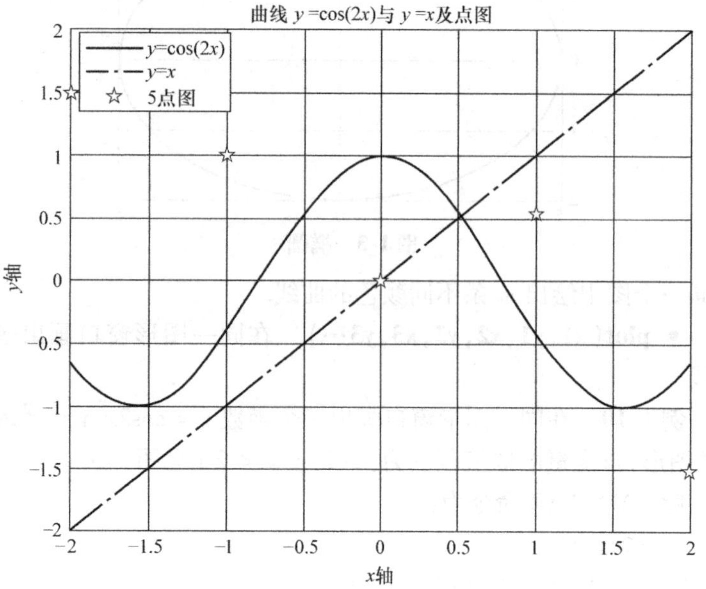

图 1-5　例 1.11 的绘图结果

2. MATLAB 空间曲线与曲面绘图

- **plot3(x,y,z)**　绘制空间曲线

例 1.12　画出螺旋线 $\begin{cases} x = \sin t, \\ y = \cos t, \\ z = t, \end{cases}$ $0 \leqslant t \leqslant 10\pi$ 与空间曲线 $\begin{cases} x = \cos t, \\ y = \sin t, \\ z = \dfrac{1}{t}, \end{cases}$ $0.1 \leqslant t \leqslant 1.5$,(见图 1-6).

解　(1)建立命令文件 exam6.m

```
%螺旋线
t1=0:pi/25:10*pi;
x1=sin(t1);y1=cos(t1);z1=t1;
subplot(1,2,1),plot3(x1,y1,z1,'r')
title('螺旋线'),xlabel('x轴'),ylabel('y轴'),zlabel('z轴
')
%空间曲线
t2=0.1:.01:1.5;
x2=cos(t2);y2=sin(t2);z2=1./t2;
subplot(1,2,2),plot3(x2,y2,z2,'g.'),grid on
```

(2)执行命令文件 exam6.m

- **三维网格命令 mesh**

mesh(x,y,z)　生成函数的网格曲面.

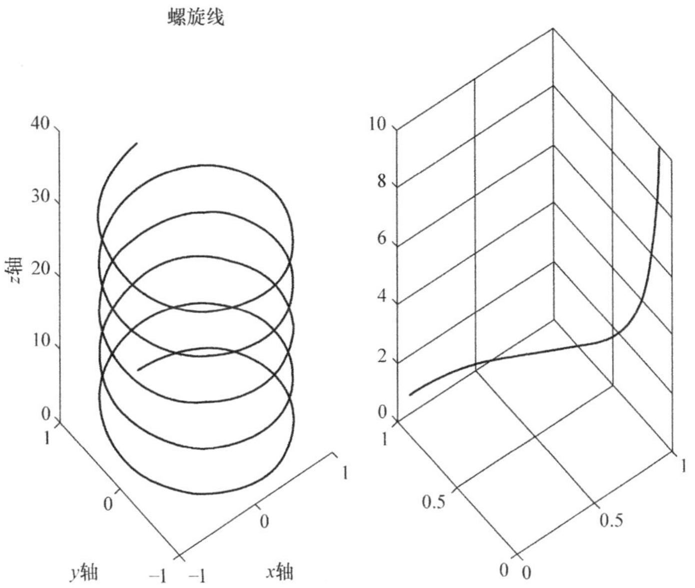

图1-6　两条空间曲线

利用函数 meshgrid 生成格点矩阵后，求出各格点对应的函数值，从而可以利用三维网格命令 mesh 与三维表面命令 surf 画出空间曲面. 函数 mesh 用来生成函数的网格曲面，即各网格线段组成的曲面. 而函数 surf 用来生成函数的表面曲面，即网格曲面的网格块.

例1.13　画出函数 $z = \sin(x + \sin y)$ 在 $-3 \leqslant x, y \leqslant 3$ 上的图形，以及函数 $z = x^2 - 2y^2$ 在 $-10 \leqslant x, y \leqslant 10$ 上的图形（见图1-7）.

解　(1)建立命令文件 exam7. m

```
% 函数 z = sin(x + siny)
t1 = -3:.1:3;
[x1,y1] = meshgrid(t1);z1 = sin(x1 + sin(y1));
subplot(1,2,1),mesh(x1,y1,z1),title('sin(x + siny)')
% 马鞍面 z = x^2 - 2y^2
t2 = -10:.3:10;
[x2,y2] = meshgrid(t2);z2 = x2.^2 - 2* y2.^2;
subplot(1,2,2),mesh(x2,y2,z2),title('马鞍面')
```

(2)执行命令文件 exam7. m

例1.14　用平行截面法讨论由方程构成的马鞍面形状（见图1-8）.

解　(1)建立命令文件 exam8. m

```
% 马鞍面
t = -10:.1:10;[x,y] = meshgrid(t);
z1 = (x.^2 - 2* y.^2) + eps;
subplot(1,3,1),mesh(x,y,z1),title('马鞍面')
% 平面
a = input('a = ( -50 < a < 50)')            % 动态输入
```

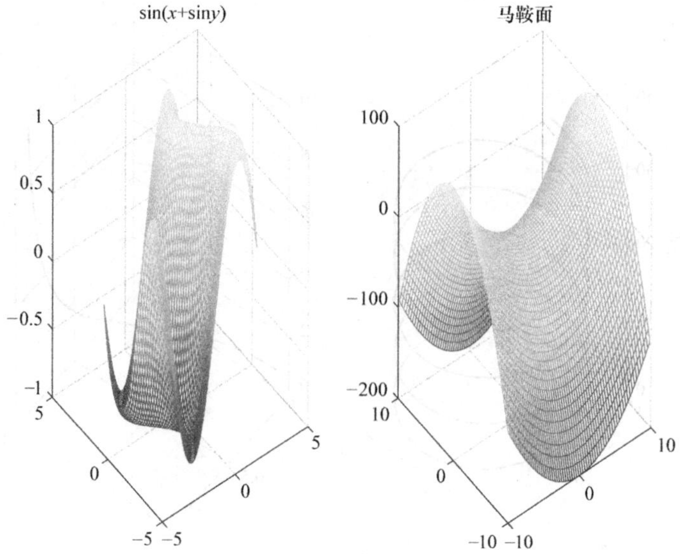

图 1-7　函数 $z=\sin(x+\sin y)$ 与马鞍面的网格图

```
z2 = a* ones(size(x));
subplot(1,3,2),mesh(x,y,z2),title('平面')
% 交线使是空间曲线,故用 plot3
r0 = abs(z1 - z2) < =1;
zz = r0.* z2;yy = r0.* y;xx = r0.* x;
subplot(1,3,3),plot3(xx(r0 ~ =0),yy(r0 ~ =0),zz(r0 ~ =0),
'x')
title('交线')
```

(2)执行命令文件 exam8. m

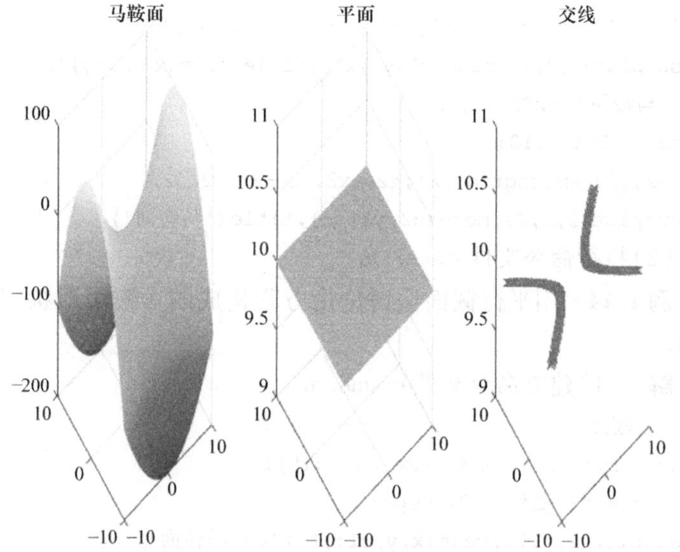

图 1-8　分析马鞍面的形状

习题1

1. 用format的不同格式显示常量π，并分析各种格式之间有什么相同之处与不同之处.

2. 利用公式$\frac{\pi}{4}=1-\frac{1}{3}+\frac{1}{5}-\frac{1}{7}+\cdots+\frac{1}{21}$求π的值.

3. 利用M函数计算$1!+3!+5!+\cdots+27!$的值.

4. 用M文件计算自然数n的阶乘.

5. 绘制摆线.

6. 在一个图形窗口画出半径为1的球面，$z=4$的平面，以及马鞍面$z=2x^2-y^2$.

7. 画马鞍面$z=3x^2-2y^2$与平面$z=4$的交线.

8. 编写绘制空间两个任意曲面交线的MATLAB程序.

第2章 微积分数学实验

极限、导数和积分是高等数学中的主要概念和运算，而应用MATLAB命令可以快速简便地解决求极限、导数和积分的问题.

2.1 微积分基本指令

极限的概念是高等数学的基础，对表达式进行极限分析也是数学中很重要的计算分析.

- **对函数求极限**

Limit(f,x,a) 计算 $\lim\limits_{x\to a}f(x)$ ，其中 f 是符号函数.

例 2.1 求极限 $\lim\limits_{x\to 3^-}(5x+\ln(\cos x+e^{\sin x}))$

解 MATLAB 命令为：

```
syms x
y=5* x+log(cos(x)+exp(sin(x)));
limit(y,x,3,'left')
ans =
log(cos(3) + exp(sin(3))) + 15
```

- **对符号函数求一阶导数**

diff(f) f 是符号函数.

例 2.2 求 $y=x^{\frac{1}{x}}$ 的导数.

解 MATLAB 命令为：

```
syms x
f=x^(1/x);
diff(f)
ans =
x^(1/x - 1)/x - (x^(1/x)* log(x))/x^2
```

- **对符号函数求 n 阶导数**

diff(f,n) f 是符号函数.

例 2.3 求 $f(x)=(ax+\tan 4x)^{\frac{1}{4}}+\cos x\sin(bx)$ 的一阶、二阶导数.

解 MATLAB 命令为：

```
syms a b x
y=(a* x+tan(4* x))^(1/3)+cos(x)* sin(b* x);
```

```
diff(y)
ans =
(a + 4* tan(4* x)^2 + 4)/(3* (tan(4* x) + a* x)^(2/3)) -
sin(b* x)* sin(x) + b* cos(b* x)* cos(x)
diff(y,2)
ans =
(8* tan(4* x)* (4* tan(4* x)^2 + 4))/(3* (tan(4* x) + a*
x)^(2/3)) - sin(b* x)* cos(x) - 2* b* cos(b* x)* sin(x) - (2* (a
+ 4* tan(4* x)^2 + 4)^2)/(9* (tan(4* x) + a* x)^(5/3)) - b^2*
sin(b* x)* cos(x)
```

例 2.4　已知数据 x = [0.2　0.7　1.4　2.0　2.4　3.2　3.3　3.5　3.7　3.9]，y = [1.1　1.7　2.8　2.1　1.4　0.6　0.8　0.9　1.0　0.8]，求拟合曲线，并计算 $x = 1$ 处的函数值与一阶、二阶导数值(见图 2-1)．

解　(1)建立命令文件

```
% 计算
x = [0.2  0.7  1.4  2.0  2.4  3.2  3.3  3.5  3.7  3.9];
y = [1.1  1.7  2.8  2.1  1.4  0.6  0.8  0.9  1.0  0.8];
p = polyfit(x,y,10);
p1 = polyder(p);p2 = polyder(p1);
x0 = polyval(p,1);x1 = polyval(p1,1);x2 = polyval(p2,1);
disp(['x = 1','函数值',blanks(3),'一阶导',blanks(3),'二阶导
'])
[x0 x1 x2]
% 画图
x1 = 0:.1:4;
y1 = polyval(p,x1);
plot(x,y,'rp',x1,y1,'b')
legend('拟合数据点','拟合曲线')
```

(2)运行命令文件

```
x = 1 函数值    一阶导    二阶导
ans =
   6.3811    -0.9127    -86.4263
```

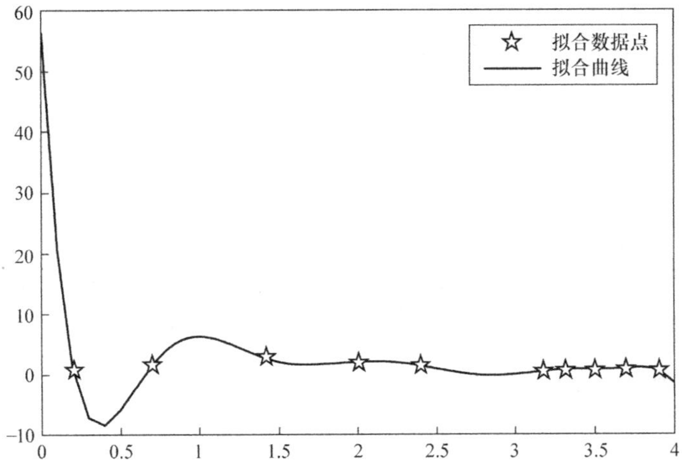

图 2-1　拟合数据点与其拟合曲线的图像

- **对多元函数求导**

diff(f ,x,n)　对变量 x 求 n 阶导数,其中,f 是符号函数.

例 2.5　对函数 $z = x^2y^3 + \cos(xy)$ ，求 $\frac{\partial^3 z}{\partial x^3}$

解　MATLAB 命令为:

```
syms x y
z=x^2* y^3+cos(x* y);
diff(z,x,3)
ans =
   y^3* sin(x* y)
```

例 2.6　对函数 $z = x^2y^3 + \cos(xy)$,求 $\frac{\partial^2 z}{\partial x \partial y}$.

解　MATLAB 命令为:

```
syms x y
z=x^2* y^3+cos(x* y);
dzy=diff(z,y);
dzyx=diff(dzy,x)
dzyx =
6* x* y^2 - sin(x* y) - x* y* cos(x* y)
```

例 2.7　求函数 $f(x,y,z) = xy^3 + z^2 - xyz$ 在点 $(-1,1,-2)$ 处沿方向角为 $\alpha = \frac{\pi}{3}, \beta = \frac{\pi}{4}$,

$\gamma = \frac{\pi}{3}$ 方向的方向导数.

解　MATLAB 命令为:

```
syms x y z
f=x* y^3+z^2-x* y* z;
grad=jacobian(f)
grad =
[ y^3 - z* y, 3* x* y^2 - x* z, 2* z - x* y]
x= -1;y=1;z= -2;
a=pi/3;b=pi/4;c=pi/3;
L=[ y^3 - z* y, 3* x* y^2 - x* z, 2* z - x* y]* [cos(a),
cos(b),cos(c)]'
L =
   -3.5355
```

- **对函数求积分**

int(f)　　f 是被积函数,表示对默认的变量求不定积分.

int(f,v)　　f 是被积函数,表示对变量 v 求不定积分.

例 2.8　计算 $\int \frac{1}{x\sqrt{x^2-1}} \mathrm{d}x$.

解　MATLAB 命令为:

```
syms x
```

```
y=1/(x* sqrt(x^2 -1));
int(y)
ans =
atan((x^2 - 1)^(1/2))
```

有些被积函数难以用公式表示，或者积不出来，这样我们就需要应用数值的方法对积分问题进行求解. 定积分 $\int_a^b f(x)\mathrm{d}x$ 的几何意义是由 $y=f(x)$，$y=0$，$x=a$，$x=b$ 围成的曲边梯形的面积（代数和）. 为计算曲边梯形的面积，采取分割、近似、求和和取极限的方法. 数值分析通常采用离散化的技术给出合适的算法并有效地解决定积分的计算问题. 数值分析中复合梯形公式和复合辛普森（Simpson）公式是常用的定积分计算公式，它们可以把定积分的值计算到任意给定的精度.

取等距节点 $x_i=a+ih$，$h=\frac{b-a}{n}$，$i=0,1,2,\cdots,n$ 将积分区间 $[a,b]$ n 等分，在每个小区间 $[x_k,x_{k+1}]$，$k=0,1,\cdots,n-1$ 上用梯形公式 $\int_{x_k}^{x_{k+1}} f(x)\mathrm{d}x \approx \frac{x_{k+1}-x_k}{2}(f(x_k)+f(x_{k+1}))$ 做近似计算，得到复合梯形公式：

$$\int_a^b f(x)\mathrm{d}x \approx \frac{b-a}{2n}\left[f(a)+f(b)+2\sum_{k=1}^{n-1} f(x_k)\right].$$

记：

$$T_n=\frac{b-a}{2n}\left[f(a)+f(b)+2\sum_{k=1}^{n-1} f(x_k)\right],$$

可以证明，复合梯形公式的误差为：

$$R(f,T_n)=\int_a^b f(x)\mathrm{d}x - T_n = -\frac{b-a}{12}h^2 f''(\eta),\quad \eta\in[a,b].$$

利用类似的方法可以得到复合辛普森（Simpson）公式：

$$\int_a^b f(x)\mathrm{d}x \approx \frac{b-a}{6n}\left[f(a)+f(b)+4\sum_{k=0}^{n-1} f(x_{k+\frac{1}{2}})+2\sum_{k=0}^{n-1} f(x_k)\right].$$

例 2.9　用两种数值方法计算 $\int_2^5 \frac{\ln x}{x^3}\mathrm{d}x$.

解　MATLAB 命令为：

```
x=2:.1:5;
y=log(x)./(x.^3);
t=trapz(x,y);
ff=inline(' log(x)./(x.^3)','x');
q=quad(ff,2,5);
disp([blanks(3)'梯形法求积分' blanks(3)'辛普森法求积分']),
[t q]
梯形法求积分   辛普森法求积分
ans =
    0.1070    0.1070
```

● **函数展开成幂级数**

taylor(f,n,v,a)　f 是待展开的函数表达式，展开成变量 $v=a$ 的 n 阶泰勒公式.

例 2.10　用余弦函数 cos x 的不同泰勒(Taylor)展开式观察函数的泰勒逼近特点(见图 2-2).

解　(1)建立命令文件

```
syms x
y=cos(x);
f1=taylor(y,'Order',3);f2=taylor(y,'Order',6);
f3=taylor(y,'Order',15);
subplot(2,2,1),ezplot(y),axis([-6 6 -1.5 1.5]),gtext('
cos(x)')
subplot(2,2,2),ezplot(f1),axis([-6 6 -1.5 1.5]),gtext('3
阶泰勒展开')
subplot(2,2,3),ezplot(f2),axis([-6 6 -1.5 1.5]),gtext('6
阶泰勒展开')
subplot(2,2,4),ezplot(f3),axis([-6 6 -1.5 1.5]),gtext('
15 阶泰勒展开')
```

(2)运行命令文件

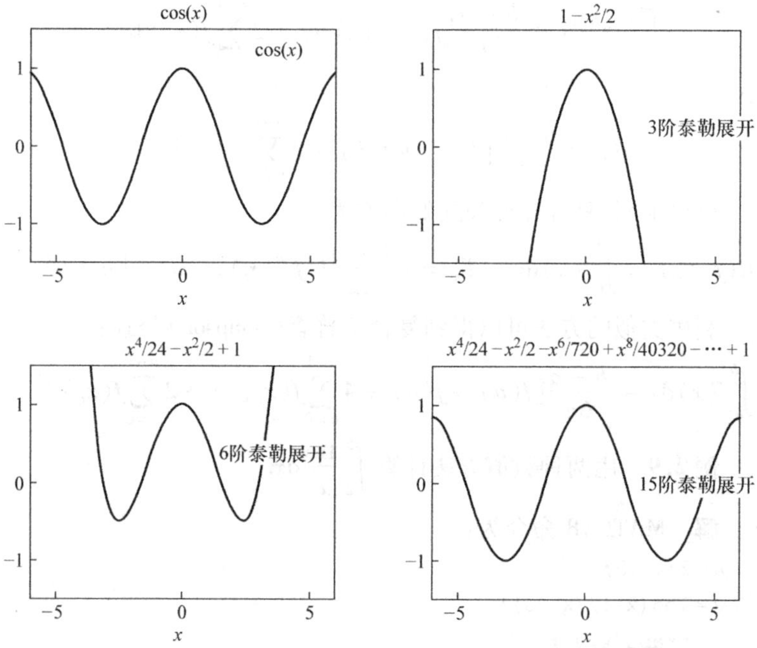

图 2-2　函数 $y=\cos x$ 与它的不同阶泰勒展开式的图像

● **用 fzeros 求函数的零点**

z=fzero('fun',x0,tol,trace)

其中 fun 是被求零点的函数文件名,x0 表示在 x0 的附近找零点,tol 代表精度,可以缺省. 缺省时,tol=0.001. trace=1,迭代信息在运算中显示，trace = 0，不显示迭代信息，默认值为 0.

此命令不仅可以求零点，而且可以求函数等于任何常数值时的点.

例 2.11　计算 $f(x) = \cos^2 x e^{-0.2x} - 0.6|x|$ 的零点（见图 2-3）.

解　(1)建立 M 函数命令文件

```
function y = gg(x)
y = cos(x).^2.* exp(-0.2* x) -0.6* abs(x);
```

(2)建立 M 命令文件

```
x = -10:0.01:10;
y = gg(x);
plot(x,y,'r');hold on,plot(x,zeros(size(x)),'k--');
xlabel('x');ylabel('y(x)'),hold off
disp('通过图形取点')
[tt,yy] = ginput(3)
xzero1 = fzero('gg',tt(1));
xzero2 = fzero('gg',tt(2));
xzero3 = fzero('gg',tt(3));
disp('零点的横坐标')
disp([xzero1 xzero2 xzero3])
hold on
plot(xzero1,gg(xzero1),'bp',xzero2,gg(xzero2),'bp',xze-
ro3,gg(xzero3),'bp')
legend('gg(x)','y=0','零点')
```

(3)运行命令文件

通过图形取点

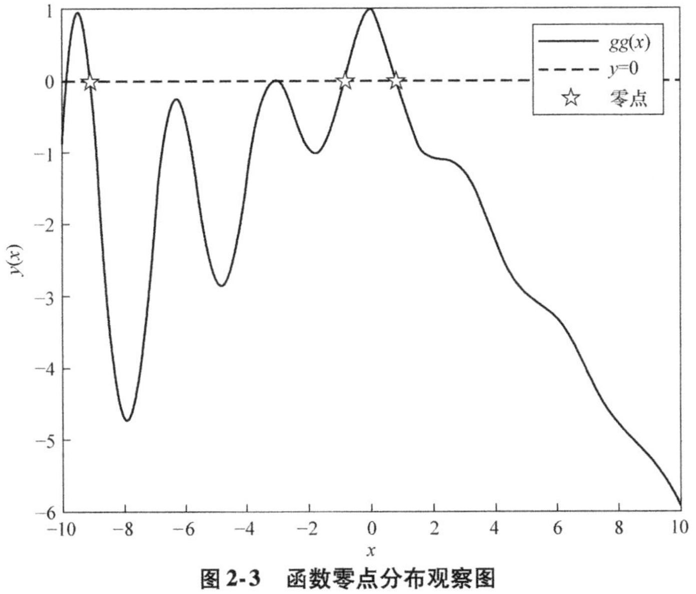

图 2-3　函数零点分布观察图

```
tt =
  -9.1014
  -0.7143
   0.7604
 yy =
   0.0102
  -0.0102
  -0.0102
```

零点的横坐标

```
-9.0807    -0.8538    0.7570
```

例 2.12 求 $f(x) = x^2 + 4 \times 2^{3x}(x^2 + \sin x) - 45$ 在 $x = 3$ 附近的零点,并画出函数的图像(见图 2-4).

解 (1)建立 M 函数命令文件

```
function y=gg(x)
y=x^2 +4* 2.^(3* x).* (x.^2 +sin(x)) -45;
```

(2)建立 M 命令文件

```
x= -4:.1:5;
y=gg(x);
xzero=fzero('gg', -0.5)
plot(x,y,'b',xzero,gg(xzero),'rp')
axis([ -4 5 -100 300])
legend('f(x)','零点')
```

(3)运行命令文件

```
xzero =
      0.9179
```

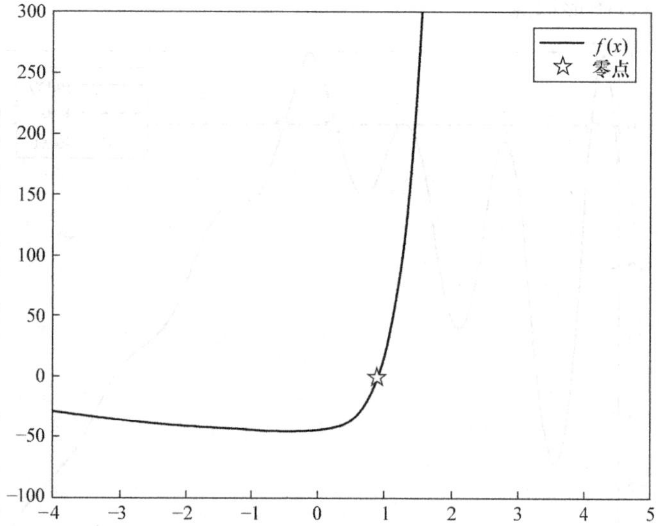

图 2-4 函数的图像

例 2.13　求函数 $f(x)=3x^4-6x^2+x+3$，在$[-2,2]$上的极大值、极小值和最大值、最小值.

解　先画出函数图形，再确定求极值的初值和命令.

MATLAB 命令为：

```
fplot(@ (x)3.* (x.^4) -6.* (x.^2) +x +3,[ -2,2]),grid on
```

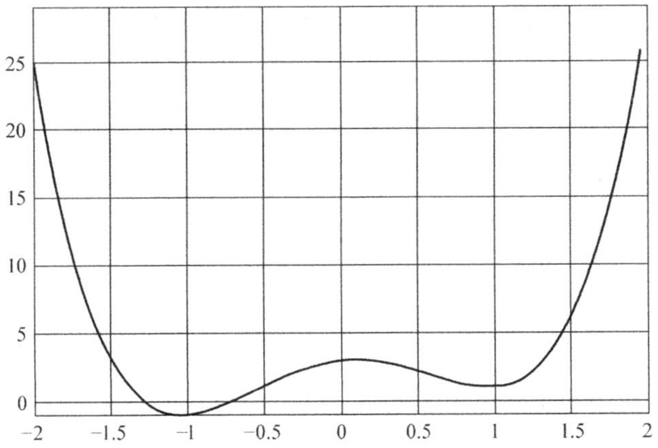

图 2-5　函数 $f(x)=3x^4-6x^2+x+3$ 的图像

从图 2-5 中看到函数在 −1 和 1 附近有两个极小值点，在 0 附近有一个极大值点. 下面我们分别求出，并标在图形上.

(1)建立 M 函数命令文件

```
function y=ff(x)
y=3* x.^4 -6* x.^2 +x +3;
```

(2)建立 M 命令文件

```
x= -2:.1:2;y=ff(x);
xmin1 =fmin('ff', -1,0)
xmin2 =fmin('ff',0,1.2)
xmaxs =fmin('- (3* (x.^4) -6* (x.^2) +x +3)', -1,1)
plot(x,y,'b',xmin1,ff(xmin1),'rp',xmin2,ff(xmin2),'rp')
hold on,plot(xmaxs,ff(xmaxs),'rd')
legend('f(x)','极小点','极小点','极大点')
```

(3)运行命令文件

```
xmin1 =
   -0.9999
xmin2 =
   0.9554
xmaxs =
   0.0839
```

2.2 常微分方程的求解

• **指令**

[t,y] = ode23('fun',tspan,y0) 低阶龙格 - 库塔法

[t,y] = ode45('fun',tspan,y0) 中阶龙格 - 库塔法

[t,y] = ode113('fun',tspan,y0) 高阶微分方程数值方法

其中 fun 是定义函数的文件名. 该函数 fun 必须以 tspan,y0 为输出量,以 t,y 为输出量. tspan = [t0 tfina]表示积分的起始值 t0 和终止值 tfina. y0 是初始状态列向量.

例 2.14 用数值积分的方法求解下列微分方程 $y'' + 2y = 1 - \frac{t^2}{\pi}$. 设初始时间 $t_0 = 0$; 终止时间 $t_f = 3\pi$; 初始条件 $y|_{x=0} = 0, y'|_{x=0} = 0$ (见图 2-6).

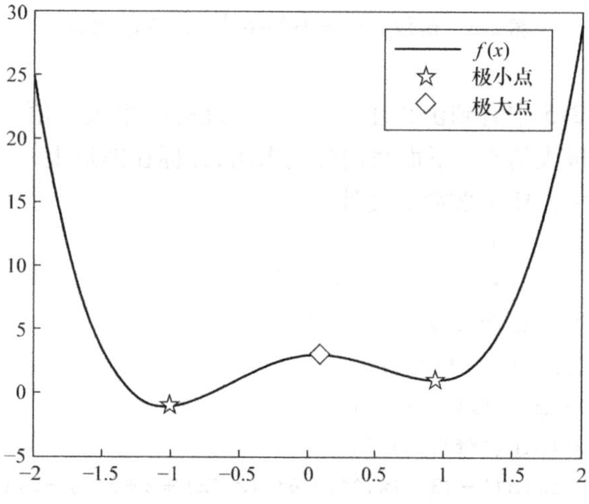

图 2-6 函数 $f(x) = 3x^4 - 6x^2 + x + 3$ 及其极值点的图像

解 (1)先将高阶微分方程转化为一阶微分方程组,其左端分别为变量 x 的两个元素的一阶导数. 设 $x_1 = y, x_2 = x_1' = y'$, 则方程可化为 $x'_1 = x_2, x'_2 = -2x_1 + 1 - \frac{t^2}{\pi}$,

写成矩阵形式为:

$$X' = \begin{pmatrix} x_1' \\ x_2' \end{pmatrix} = \begin{pmatrix} 0 & 1 \\ -2 & 0 \end{pmatrix}\begin{pmatrix} x_1 \\ x_2 \end{pmatrix} + \begin{pmatrix} 0 \\ 1 \end{pmatrix}\left(1 - \frac{t^2}{\pi}\right)$$

$$= \begin{pmatrix} 0 & 1 \\ -2 & 0 \end{pmatrix}X + \begin{pmatrix} 0 \\ 1 \end{pmatrix}\left(1 - \frac{t^2}{\pi}\right)$$

变量 X 的初始条件为 $X(0)=[0;0]$.

(2)MATLAB 程序:

```
function xdot = exf(t,x)
u = 1 - (t.^2)/(pi);
xdot = [0 1; -2 0]* x + [0 1]'* u;
```

调用已有的数值积分函数进行积分,其内容如下:

```
t0 = 0;tf = 3* pi;x0t = [0;0];    % 给出初始值
[t,x] = ode23('exf',[t0,tf],x0t);
y = x(:,1);
y =
          0
    0.0000
    0.0000
    0.0000
    0.0001
    0.0019
    0.0083
    0.0230
    0.0493
    0.0901
    0.1470
    0.2206
    0.3090
    0.4078
    0.5093
    0.6019
    0.6690
    0.6881
    0.6830
    0.6584
    0.5982
    0.4839
    0.2956
    0.0118
   -0.2659
   -0.5454
   -0.9150
   -1.3632
```

```
-1.8770
-2.4389
-2.9081
-3.2732
-3.5622
-3.7987
-4.0082
-4.2317
-4.4720
-4.7675
-5.1270
-5.5747
-6.1451
-6.8733
-7.8082
-9.0623
-10.2965
-11.4826
-12.4532
-13.2716
-13.9378
```

例 2.15 求微分方程 $\frac{d^2x}{dt^2}-x\frac{dx}{dt}+x=0$ 在初始条件 $x(0)=0$，$x'(0)=1$ 下的解，并画出对应的图形(见图 2-7)．

解 (1)建立 M 函数命令文件

```
function ydot = DyDt(t,y)
ydot = [y(2);y(1)* y(2) -y(1)];
```

(2)建立 M 命令文件

```
tspan = [0,30];
y0 = [0;1];
[tt,yy] = ode45('DyDt',tspan,y0);
subplot(1,2,1),
plot(tt,yy(:,1),'b - - ',tt,yy(:,2),'r'),title('x(t),y(t)
')
legend('x(t)','y(t)')
subplot(1,2,2),plot(yy(:,1),yy(:,2))
xlabel('x'),ylabel('y'),grid on
```

(3)运行文件

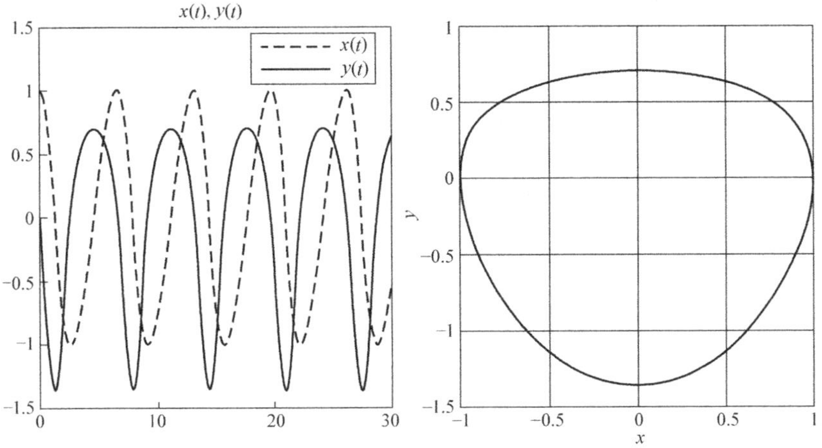

图 2-7　数值积分的解曲线

2.3 数据的插值

在一些实际问题中,若知道未知函数 $y = f(x)$ 在有限个点 x_0, $x_1, \cdots, x_n$ 上的值 $y_0, y_1, \cdots, y_n$,相当于已知一个数表 2-1.

表 2-1　未知函数在有限个点上的值

x	x_0	x_1	$\cdots$	x_n
y	y_0	y_1	$\cdots$	y_n

然后由表中数据构造一个简单的函数 $P(x)$ 作为未知函数 $f(x)$ 的近似函数,参与有关 $f(x)$ 的运算,这类问题称为数值逼近问题. 目前,解决数值逼近问题的主要方法是拟合和插值方法. 插值和拟合有类似的地方,都是要寻找一条"光滑"的曲线将已知的数据点连贯起来,其不同之处是:拟合的曲线不要求一定通过数据点,而插值的曲线要求必须通过数据点.

在实际问题中,到底该选用插值还是拟合,可以根据实际情况确定. 插值就是求过已知有限个数据点的近似函数. 常用的插值有:拉格朗日多项式插值、牛顿插值、分段线性插值、三次样条插值等.

用 MATLAB 实现分段线性插值不需要编制函数程序,MATLAB 中有现成的一维插值函数 interp1.

y = interp1(x0,y0,x,'method')

method 指定插值的方法,默认为线性插值. 其值可为:'nearest' 最近项插值;'linear' 线性插值;'spline'逐段三次样条插值;'cubic'保凹凸性三次插值. 所有的插值方法要求 x0 是单调的. 当 x0 为等距时可以用快速插值法,使用快速插值法的格式为'*nearest'、'*linear'、'*spline'、'*cubic'.

例 2.16　对函数 $y = \sin x$ 在[0,4]上进行一维插值(见图 2-8).

解　建立 M 文件:

```
x=0:4;
y=sin(x);
```

```
xi =0:.25:4;  % 在两个数据点之间插入 3 个点
yi1 = interp1(x,y,xi,'* nearest');   % 注意:方法写在单引号之内,等间距时可在前加*
yi2 = interp1(x,y,xi,'* linear');
yi3 = interp1(x,y,xi,'* spline');
yi4 = interp1(x,y,xi,'* cubic');
plot(x,y,'ro',xi,yi1,'- -',xi,yi2,'-',xi,yi3,'k. -',xi,yi4,'m:')
legend('原始数据','最近点插值','线性插值','样条插值','立方插值')
```

运行以上程序得到图形(见图 2-8)

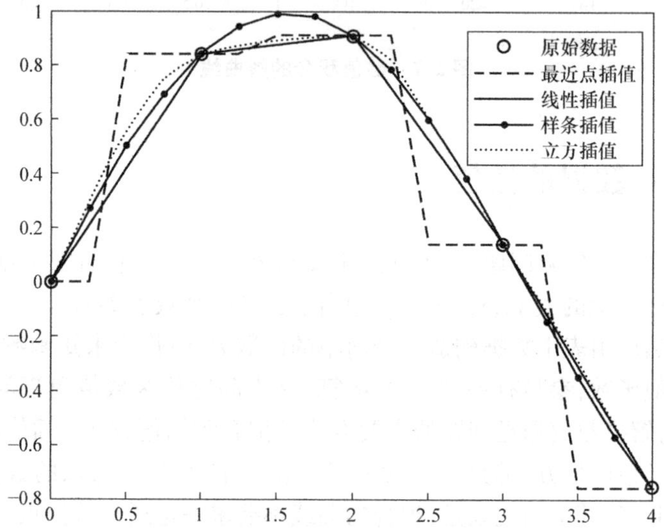

图 2-8　一维插值比较图

前面讲述的都是一维插值,即节点为一维变量,插值函数是一元函数(曲线).若节点是二维的,插值函数就是二元函数(曲面).如在某区域测量了若干点(x0,y0)的高程 z0 值,为了画出较精确的等高线图,就要先插入更多的(x,y)点,计算这些点的高程 z 值.

MATLAB 中有一些计算二维插值的程序. 如:

z = interp2(x0,y0,z0,x,y,'method').

其中,x0,y0 分别为 m 维和 n 维向量,表示节点;z0 为 $n \times m$ 矩阵,表示节点值;x,y 为一维数组,表示插值点,x 与 y 应是方向不同的向量,即一个是行向量,另一个是列向量,z 为矩阵,它的行数为 y 的维数,列数为 x 的维数,表示得到的插值,'method'的用法同上面的一维插值.

如果是三次样条插值,可以使用命令:

pp = csape({x0,y0},z0,conds,valconds),z = fnval(pp,{x,y})

其中,x0,y0 分别为 m 维和 n 维向量,z0 为 $m \times n$ 矩阵,z 为矩阵,它的行数为 x 的维数,列数为 y 的维数,表示得到的插值,具体使用方法同一维插值.

例 2.17　对函数 $z=2xe^{-(x^2+y^2)}$ 在$(-2,2)\times(-2,2)$上进行二维插值(见图 2-9).

解　建立 M 文件:

```
[X,Y]=meshgrid(-2:.5:2); Z=2* X.* exp(-X.^2 -Y.^2);
[X1,Y1]=meshgrid(-2:.1:2); Z1=2* X1.* exp(-X1.^2 -Y1.^
2);
[Xi,Yi]=meshgrid(-2:.125:2);   % 确定插值点
Zi1=interp2(X,Y,Z,Xi,Yi,'* nearest');
Zi2=interp2(X,Y,Z,Xi,Yi,'* linear');
Zi3=interp2(X,Y,Z,Xi,Yi,'* spline');
Zi4=interp2(X,Y,Z,Xi,Yi,'* cubic');
subplot(2,2,1),mesh(Xi,Yi,Zi1),title('最近点插值')
subplot(2,2,2),mesh(Xi,Yi,Zi2),title('线性插值')
subplot(2,2,3),mesh(Xi,Yi,Zi3),title('样条插值')
subplot(2,2,4),mesh(Xi,Yi,Zi4),title('立方插值')
```

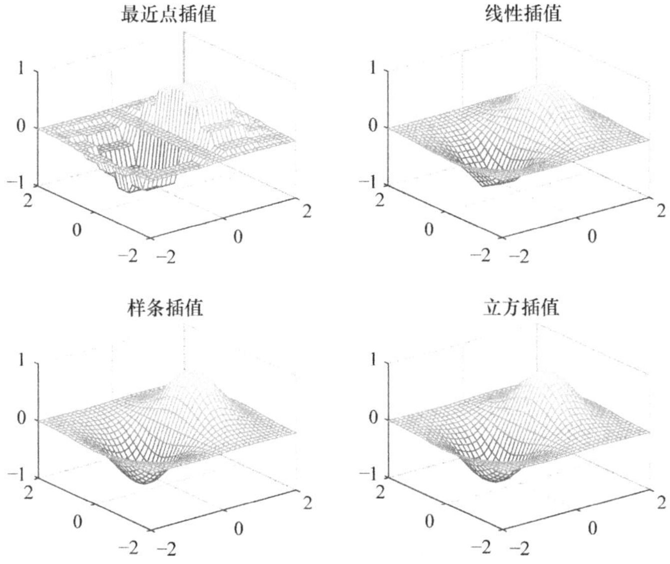

图 2-9　二维插值图形

从图 2-9 中可以看到样条插值法和立方插值法所得的图形效果较好,这两种是广泛应用的方法,其他两种方法效果不佳,实际应用较少.

如果插值节点为散乱节点,MATLAB 中提供了插值函数 griddata,其格式为:

$$ZI = \text{griddate}(X,Y,Z,XI,YI)$$

其中 X、Y、Z 均为 n 维向量,指明所给数据点的横坐标、纵坐标和竖坐标. 向量 XI、YI 是给定的网格点的横坐标和纵坐标,返回值 ZI 为网格(XI,YI)处的函数值. XI 与 YI 是方向不同的向量,即一个

是行向量,另一个是列向量.

2.4 数据的拟合

曲线拟合问题的思想是:已知有限个数据点,求近似函数,不需要求过已知数据点,只要求出在某种意义下它与这些点上的总偏差最小,也就是在某种准则下与所有数据点最为接近,即曲线拟合得最好. MATLAB 中常用的函数有:P = polyfit(x,y,n),表示运用最小二乘法,由给定向量 x,y 对应的数据点拟合出 n 次多项式函数,P 为所求拟合多项式的系数向量.

例 2.18 汽车驾驶人在行驶过程中发现前方出现突发事件,会紧急制动,人们把从驾驶人决定制动到车完全停止这段时间内汽车行驶的距离,称为制动距离. 为了测定制动距离与车速之间的关系,用同一汽车同一驾驶人,在相同的道路和气候下,测得表 2-2 中的数据. 试由此求刹车距离与车速之间的函数关系并画出曲线(见图 2-10),估计其误差.

表 2-2 不同车速下的制动距离

车速 /(km/h)	20	40	60	80	100	120	140
制动距离 /m	6.4	17.9	33.0	57.2	83.8	118	153

解 建立 M 文件:

```
v = [20:20:140]/3.6;   y = [6.4 17.9 33.0 57.2 83.8 118 153];
p2 =polyfit(v,y,2);
disp('二阶拟合')
f2 =poly2str(p2,'v')
v1 = [20:1:140]/3.6;
y1 =polyval(p2,v1);
wch =abs(y - polyval(p2,v))./y
pjwch =mean(wch)
minwch =min(wch)
maxwch =max(wch)
plot(v,y,'rp',v1,y1)
legend('拟合点','二次拟合')
二阶拟合函数
f2 =
    0.084009 v^2  + 0.70714 v  - 0.52857
wch =
    0.0636     0.00112     0.0483     0.0092     0.0016     0.
0137   0.0067
pjwch =
```

```
    0.0220
minwch =
    0.0016
maxwch =
    0.0636
```

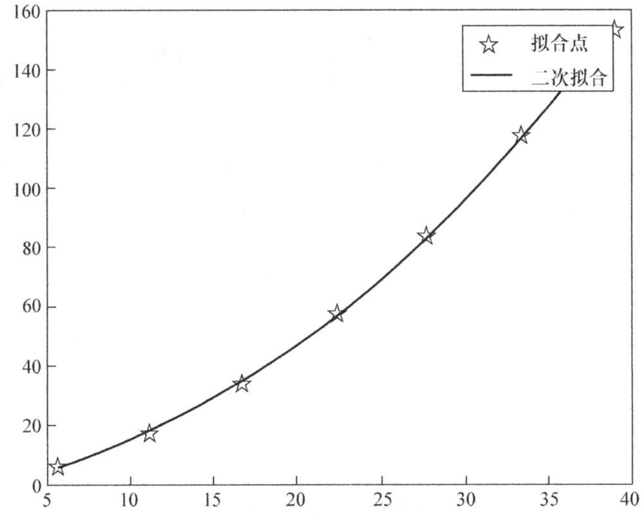

图 2-10　制动距离与车速的拟合曲线

分析：由平均误差，最大、最小误差及图形看出拟合效果较好，拟合结果 f2 = 0.084 009 v^2 + 0.707 14 v − 0.528 57 可以作为估计制动距离与车速之间的一个函数关系.

习题 2

1. 求 $f(x) = e^{\sin x}\cos x - e^{\cos x}\sin x$ 在区间[−5,5]和[−5,5]内的最小值与零点，并画出函数的图像.

2. 求极限 $\lim\limits_{x\to\infty}\left(\dfrac{2}{\pi} - \arctan x\right)^{\frac{1}{\ln x}}$.

3. 求二重积分 $\int_0^1\int_0^{1-y} e^{xy}\,dx\,dy$.

4. 已知 $y = \cos(xyz)/x + y\sin(zx)$ 请写出在(1,2,3)处的 10 阶展开式.

5. 求解微分方程 $y''' + 2y'' + y = e^t$.

6. 求解微分方程组 $\begin{cases} x' = x + 2y, \\ y' = x + 3. \end{cases}$

7. 据观察，个子高的人一般来说腿也较长，现测得 16 名成年女子的身高和腿长数据如表 2-3 所示，请给出身高 x 与腿长 y 之间的函数关系.

表 2-3　16 名成年女子的身高和腿长　　（单位：cm）

x	143	145	146	147	149	150	153	154	155	156	157	158	159	160	162	164
y	87	86	88	90	92	93	93	96	96	98	97	96	97	99	100	102

8. 我们测量了 15 个不同高度的人的体重，数据见表 2-4. 各高度的人都经过适当挑选，体重适中. 请用这些数据建立一个体重 w 与身高 h 之间的函数关系.

表 2-4　15 个不同高度的人的体重

身高 h/m	0.75	0.86	0.96	1.08	1.12
体重 w/kg	10	12	15	16	20
身高 h/m	1.25	1.36	1.52	1.54	1.60
体重 w/kg	27	35	41	48	50
身高 h/m	1.63	1.65	1.71	1.77	1.85
体重 w/kg	50	55	59	67	75

9. 举重是常见的运动项目，在 1977 年时它共分为九个重量级，有两种主要的比赛方法：抓举和挺举. 表 2-5 给出了截至 1977 年底九个重量级的世界纪录.

表 2-5　到 1977 年底九个重量级的世界纪录

重量级（上限体重）/kg	抓举成绩	挺举成绩
52	108	140.5
56	120.5	151
60	130	161.5
67.5	141.5	180
75	157	195
82.5	170	207.5
90	180.5	221
110	185	237.5
110 以上	200	255

显然，运动员体重越重，他能举起的重量也越重，但举重成绩和运动员的体重间到底有怎样的关联呢？不同重量级运动员的成绩又该如何比较优劣呢？试根据这些数据建立一些经验模型并通过对它们相互之间的比较来验证这些模型的可信度.

10. 为了检查 X 射线的杀菌作用，用 200kV 的 X 射线照射细菌，每次照射 6min，共照射 15 次，数据如表 2-6 所示. 其中 t 为照射次数，y 为各次照射后所剩的细菌数. 请用这些数据建立 y 与 t 之间的函数关系.

表 2-6　照射不同次数后所剩的细菌数

t(次)	1	2	3	4	5	6	7	8	9	10	11	12	13	14	15
y(个)	351	210	196	160	142	105	104	60	56	39	36	32	20	19	15

11. 钢铁厂出钢时一般都用钢包来盛钢水，由于在使用过程中钢渣及炉渣对钢包包衬的耐火材料不断地侵蚀，使钢包的容积不断增长. 经测试，钢包的容积 y 与相应的使用次数 x 的数据如表 2-7 所示，请建立 x 与 y 之间的函数关系. 由于容积不便测量，容积以钢包盛满时钢水的重量来表示.（单位：kg）

表 2-7　不同使用次数下钢包的容积

x	2	3	4	5	7	8	11	14	15	16	18	19
y	105.42	108.2	109.58	110	109.93	111.49	111.59	110.60	111.90	111.76	111	110.20

第3章 线性代数实验

线性代数中常用的工具是矩阵(向量)和行列式. 用这些工具可以表示工程技术、经济工作中需要用若干个数量从整体上反映数量关系的问题. 用这些工具可以准确地把所要研究的问题描述出来,以提高研究的效率. 在线性代数课程中我们可以用这些工具研究齐次和非齐次线性方程组解的理论和解的结构、矩阵的对角化、二次型化为标准形等问题.

3.1 矩阵的运算

线性代数中的运算对象是向量和矩阵,而向量和矩阵也是MATLAB中最基本的对象. 下面介绍矩阵的运算.

- 矩阵的运算

加法为: +,减法为: -,乘法为: * ,左除为:\ ,右除为:/ ,乘幂为:^, $\boldsymbol{A}$ 的转置:transpose(A)或 A′;数 k 乘以 A:$k*\boldsymbol{A}$;$\boldsymbol{A}$ 的行列式:det(A);$\boldsymbol{A}$ 的秩:rank(A);求 $\boldsymbol{A}$ 的逆:inv(A)或$(A)^{-1}$,求 $\boldsymbol{A}$ 阶梯形的行最简形式:rref(A).

- 数组运算

数组的运算除了作为 $1\times n$ 的矩阵应遵循矩阵的运算规则外,MATLAB 中还为数组提供了一些特殊的运算:乘法为:. * ,左除为:. \,右除为:. /,乘幂为:. ^.

例 3.1 求矩阵 $\begin{pmatrix}4&1&2&4\\1&2&0&1\\8&5&2&0\\0&1&9&7\end{pmatrix}$ 的行列式.

解 MATLAB 命令为:

```
A=[4 1 2 4;1 2 0 1;8 5 2 0;0 1 9 7];↙
det(A)↙
ans =
    464
```

例 3.2 求矩阵 $\begin{pmatrix}1&2\\2&1\end{pmatrix}$ 的 6 次幂.

解 MATLAB 命令为:

```
A = [1 2;2 1];↙
A^(6)↙
ans =
        365        364
        364        365
```

例 3.3 求矩阵 $\begin{pmatrix}4&1&2&4\\1&2&0&2\\9&5&2&0\\0&1&1&7\end{pmatrix}$ 的秩与行最简形.

解 MATLAB 命令为:

```
A = [4 1 2 4;1 2 0 2;9 5 2 0;0 1 1 7];↙
rref(A)↙
ans =
     1     0     0     0
     0     1     0     0
     0     0     1     0
     0     0     0     1
rank(A)↙
ans =
     4
```

例 3.4 某农场饲养的动物所能达到的最大年龄为 15 岁,将其分为 3 个年龄组:第一组为 0 ~5 岁;第二组为 6 ~10 岁;第三组为 11 ~15 岁. 动物从第二年龄组起开始繁殖后代,经过长期统计,第二年龄组的动物在其年龄段平均繁殖 4 个后代,第三年龄组在其年龄段平均繁殖 3 个后代,第一年龄组和第二年龄组的动物能顺利进入下一个年龄组的存活率分别是 1/2 和 1/4. 假设农场现有 3 个年龄段的动物各 1 000 头,问 15 年后农场饲养的动物总数及农场 3 个年龄段的动物各将达到多少头? 指出 15 年间,动物的总增长数及总增长率.

解 年龄组为 5 岁一个阶段,故将时间周期也取 5 年. 15 年经过 3 个周期. 用 $k=1,2,3$ 分别表示第一、二、三个周期,$x_i(k)$ 表示第 i 个年龄组在第 k 个周期的数量. 由题意,有如下矩阵递推关系: $\begin{pmatrix}x_1(k)\\x_2(k)\\x_3(k)\end{pmatrix}=\begin{pmatrix}0&4&3\\0.5&0&0\\0&0.25&0\end{pmatrix}\begin{pmatrix}x_1(k-1)\\x_2(k-1)\\x_3(k-1)\end{pmatrix}$, 初始值为 $\begin{pmatrix}x_1(0)\\x_2(0)\\x_3(0)\end{pmatrix}=\begin{pmatrix}1\ 000\\1\ 000\\1\ 000\end{pmatrix}$.

利用 MATLAB 计算有:

```
x0 = [1000,1000,1000];↙
L = [0 4 3;1/2 0 0;0 1/4 0];↙
```

```
x3 = (L^3)* x0'↙
x3 =
        14375
         1375
          875
pie(x3)↙
```

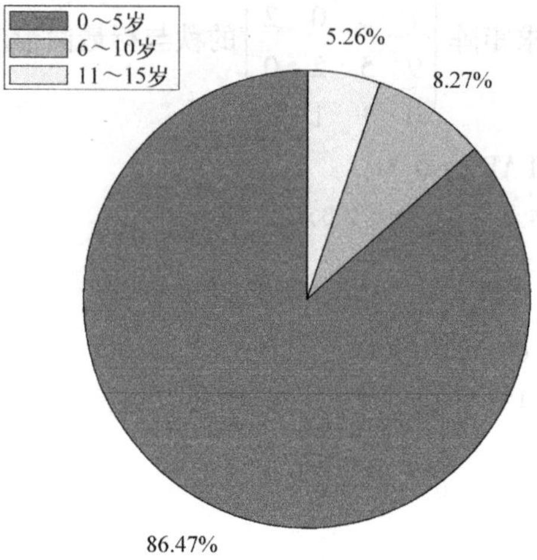

图 3-1　不同年龄组动物所占百分比

结果分析：

15 年后，农场饲养的动物总数将达到 16 625 头，其中 0 ~ 5 岁的有 14 375 头，占总数的 86.47%，6 ~ 10 岁的有 1 375 头，占 8.27%，11 ~ 15 岁的有 875 头，占 5.26%，15 年间，动物总增长 13 625头，总增长率为 13 625/3 000 = 454.17%.

3.2 解线性方程组

线性方程组是线性代数研究的主要问题，而且很多实际问题的解决也归结为线性方程组的求解，因而线性方程组求解问题的应用是非常广泛的. 在这一小节介绍线性方程组的求解.

在 MATLAB 中求解线性方程组主要有三种方法：求逆法 inv(A)；左除与右除 A/b，A\b；初等变换法 rref(A)，rref(A|b).

例 3.5　求方程组 $\begin{cases} x_1 + x_2 + x_3 + x_4 = 5, \\ x_1 + 2x_2 - x_3 + 4x_4 = -2, \\ 2x_1 - 3x_2 - x_3 - 5x_4 = -2, \\ 3x_1 + x_2 + 2x_3 + 11x_4 = 0 \end{cases}$ 的解.

解　MATLAB 命令为：

```
A = [1 1 1 1;1 2 -1 4;2 -3 -1 -5;3 1 2 11];↙
b = [5; -2; -2;0];↙
```

```
X = inv(A)* b'↙
X =
    1.0000
    2.0000
    3.0000
   -1.0000
```

结果分析：方程的解为：$x_1 = 1, x_2 = 2, x_3 = 3, x_4 = -1$.

例 3.6　解矩阵方程 $\begin{pmatrix} 1 & 3 \\ -1 & 2 \end{pmatrix} \boldsymbol{X} \begin{pmatrix} 2 & 0 \\ -1 & 1 \end{pmatrix} = \begin{pmatrix} 3 & 1 \\ 0 & -1 \end{pmatrix}$.

解　MATLAB 命令为：

```
A1 = [1 3; -1 2];↙
A2 = [2,0; -1,1];↙
B = [3,1;0, -1];↙
X = inv(A1)* B* inv(A2)↙
X =
    1.1000    1.0000
    0.3000         0
```

例 3.7　有甲、乙、丙三种化肥，甲种化肥每千克含氮 70g、磷 8g、钾 2g；乙种化肥每千克含氮 64g、磷 10g、钾 0.6g；丙种化肥每千克含氮 70g、磷 5g、钾 1.4g. 若把这三种化肥混合，要求总重量 23kg 且含磷 149g、钾 30g，问三种化肥各需多少千克？

解　设甲、乙、丙三种化肥各需 x_1, x_2, x_3 千克，依题意得方程组：

$$\begin{cases} x_1 + x_2 + x_3 = 23, \\ 8x_1 + 10x_2 + 5x_3 = 149, \\ 2x_1 + 0.6x_2 + 1.4x_3 = 30. \end{cases}$$

用 MATLAB 解方程组：

```
A = [1 1 1;8 10 5;2 0.6 1.4];↙
b = [23;149;30];↙
X = inv(A)* b↙
X =
    3.0000
    5.0000
    15.0000
```

结果分析：方程的解为：$x_1 = 3, x_2 = 5, x_3 = 15$，则甲、乙、丙三种化肥各需 3kg、5kg、15kg.

对于线性方程组 $\boldsymbol{AX} = \boldsymbol{B}$，则 $X = A\backslash B$；而对于对于线性方程组 $\boldsymbol{XA} = \boldsymbol{B}$，则 $X = B/A$. 这里矩阵 $\boldsymbol{A}, \boldsymbol{B}$ 为任意矩阵. 并且如果矩阵 $\boldsymbol{A}$ 是方阵，也尽量用除法求方程组的解，因为用除法求解不仅用较少的时间，而且精度比求逆法高.

在线性代数中用消元法求非齐次线性方程组通解的具体过程

为:首先用初等变换化线性方程组为阶梯形方程组,把最后的恒等式“0 = 0”(如果出现)去掉. 如果剩下的方程当中最后的一个等式是零等于一个非零的数,那么方程组无解,否则有解. 在有解的情况下,如果阶梯形方程组中方程的个数 r 等于未知量的个数,那么方程组有唯一的解;如果阶梯形方程组中方程的个数 r 小于未知量的个数,那么方程组就有无穷多个解.

在 MATLAB 中,对于线性方程组 $\boldsymbol{Ax}=\boldsymbol{b}$,利用指令 rref(A)求得线性方程组的系数矩阵、增广矩阵的阶梯形的行最简形式写出线性方程组的通解.

例 3.8 求 $\begin{pmatrix}3 & 2 & -1 & 0 & -1\\ 2 & 1 & 3 & 1 & 3\\ 4 & 0 & 3 & 2 & 1\end{pmatrix}$ 矩阵的秩,并求一个最高阶非零子式.

解 MATLAB 命令为:

```
A = [3 2 -1 0 -1;2 1 3 1 3;4 0 3 2 1];↙
rref(A)↙
ans =
     1          0          0        0.32          0.56
     0          1          0       -0.36          0.88
     0          0          1        0.24          1.08
```

结果分析:$r(\boldsymbol{A})=3$,三阶子式 $\begin{vmatrix}-1 & 0 & -1\\ 3 & 1 & 3\\ 3 & 2 & 1\end{vmatrix}$,是一个最高阶非零子式.

例 3.9 求齐次线性方程组 $\begin{cases}x_1-8x_2+10x_3+2x_4=0,\\ 2x_1+4x_2+5x_3-x_4=0,\\ 3x_1+8x_2+6x_3-2x_4=0\end{cases}$ 的通解.

解 MATLAB 命令为:

```
A = [1 -8 10 2;2 4 5 -1;3 8 6 -2];↙
rref(A)↙
ans =
     1          0          4          0
     0          1       -3/4       -1/4
     0          0          0          0
```

结果分析:即有 $\boldsymbol{A}=\begin{pmatrix}1 & -8 & 10 & 2\\ 2 & 4 & 5 & -1\\ 3 & 8 & 6 & -2\end{pmatrix}\overset{\text{初等行变换}}{\sim}$ $\begin{pmatrix}1 & 0 & 4 & 0\\ 0 & 1 & -\frac{3}{4} & -\frac{1}{4}\\ 0 & 0 & 0 & 0\end{pmatrix}$,所以原方程组等价于 $\begin{cases}x_1=-4x_3,\\ x_2=\dfrac{3}{4}x_3+\dfrac{1}{4}x_4.\end{cases}$

取 $x_3=1,x_4=-3$ 得 $x_1=-4,x_2=0$；取 $x_3=0,x_4=4$ 得 $x_1=0$，$x_2=1$.

则基础解系为：

$$\boldsymbol{\xi}_1=\begin{pmatrix}-4\\0\\1\\-3\end{pmatrix},\ \boldsymbol{\xi}_2=\begin{pmatrix}0\\1\\0\\4\end{pmatrix}.$$

所以方程组的通解为：

$$\begin{pmatrix}x_1\\x_2\\x_3\\x_4\end{pmatrix}=k_1\begin{pmatrix}-4\\0\\1\\-3\end{pmatrix}+k_2\begin{pmatrix}0\\1\\0\\4\end{pmatrix},k_1,k_2\text{ 是任意实数}.$$

例 3.10　求非齐次方程组 $\begin{cases}4x_1+2x_2-x_3=2,\\3x_1-x_2+3x_3=10,\\9x_1+3x_2=8\end{cases}$ 的解.

解　MATLAB 命令为：

```
A=[4 2 -1;3 -1 3;9 3 0];↙
b=[2;10;8];↙
B=([A,b]);↙
rref(B)↙
ans =
     1          0          0.5          0
     0          1         -1.5          0
     0          0          0            1
```

结果分析：$R(\boldsymbol{A})=2$ 而 $R(\boldsymbol{B})=3$，故方程组无解.

例 3.11　求非齐次方程 $\begin{cases}2x+3y+z=4\\x-2y+4z=-5\\3x+8y-2z=13\\4x-y+9z=-6\end{cases}$ 的解.

解　MATLAB 命令为：

```
A=[2 3 1;1 -2 4;3 8 -2;4 -1 9];↙
b=[4;-5;13;-6];↙
B=([A,b]);↙
rref(B)↙
ans =
     1          0          2          -1
     0          1         -1           2
     0          0          0           0
     0          0          0           0
```

即得 $\begin{cases}x=-2z-1\\y=z+2\\z=z\end{cases}$，亦即 $\begin{pmatrix}x\\y\\z\end{pmatrix}=k\begin{pmatrix}-2\\1\\1\end{pmatrix}+\begin{pmatrix}-1\\2\\0\end{pmatrix}$.

3.3 矩阵的特征值与特征向量

特征值与特征向量是线性代数中非常重要的概念，在实际的工程应用和在求解数学问题中占有非常重要的地位. 本节介绍如何利用 MATLAB 求特征值与特征向量、矩阵的对角化等问题，培养学生把实际问题转化为数学问题来求解的能力.

- **求矩阵的特征值和特征向量**

poly(A)　　求矩阵 A 的特征多项式.

d=eig(A)　　返回方阵 A 的全部特征值组成的列向量 d.

[V,D]=eig(A)　　返回方阵 A 的特征值矩阵 D 与特征向量矩阵 V，满足 AV=VD.

例 3.12　求矩阵 $\boldsymbol{A}=\begin{pmatrix}2&1&1\\1&2&1\\1&1&2\end{pmatrix}$ 的特征多项式、特征值和特征向量.

解　MATLAB 命令为：

```
A=[2 1 1;1 2 1;1 1 2];↙
p=poly2str(poly(A),'x')↙
p =
   x^3 - 6 x^2 + 9 x - 4
[V,D]=eig(A)↙
V =
   -178/221       377/2814      780/1351
   609/1174       541/858       780/1351
   545/1901      -685/896       780/1351
D =
       1              0              0
       0              1              0
       0              0              4
```

结果分析：特征多项式是 $f(x)=x^3-6x^2+9x-4$，特征值是 $\lambda_1=\lambda_2=1,\lambda_3=4$，对应的特征向量矩阵是 $\boldsymbol{V}$.

例 3.13　假设一个植物园要培育一片作物，它由三种可能基因型 AA,Aa 及 aa 的某种分布组成，植物园的管理者要求采用的育种方案是：子代总体中的每种作物总是用基因型 AA 的作物来授粉，子代基因型的分布（见表 3-1）. 问：在任何一个子代总体中三种可能基因型的分布表达式该如何表示？

表 3-1　子代的基因型的分布

		亲代的基因型					
		AA—AA	AA—Aa	AA—aa	Aa—Aa	Aa—aa	aa—aa
子代的基因型	AA	1	1/2	0	1/4	0	0
	Aa	0	1/2	1	1/2	1/2	0
	aa	0	0	0	1/4	1/2	1

注:生物遗传规律:若亲代的基因型为 AA,Aa 及 aa(其中 A 为显性基因,a 为隐性基因),而产生子代时,都用 AA 型亲代去配对,则子代的基因型就有如下分布:

AA 与 AA 配对,子代中只有 AA 型;

AA 与 Aa 配对,子代中有 AA 和 Aa 两种基因型,且出现的概率都为 1/2;

AA 与 aa 配对,子代中只有 Aa 型.

实验要求:

建立第 n 代基因型的分布表达式. 利用遗传规律及所给的表,写出第 n 代和第 $n+1$ 代的基因关系,然后通过矩阵知识,找到第 n 代基因型与初始基因型的直接关系,最后由初始基因型求第 n 代基因型的分布表达式.

解　令 a_n,b_n,c_n 分别表示在第 n 代中 AA,Aa,aa 基因作物所占的分数;a_0,b_0,c_0 表示对应基因型的初始分布. 则有:

$$\begin{cases} a_n = a_{n-1} + \dfrac{1}{2}b_{n-1}, \\ b_n = c_{n-1} + \dfrac{1}{2}b_{n-1}, \\ c_n = 0. \end{cases}$$

由上述递推式可求出 a_n,b_n,c_n 与 a_0,b_0,c_0 的关系.

利用 MATLAB 来分析它们之间的关系,

(1)建立 exam1. mM 命令文件:

```
syms a b c
A0 = [a;b;c];
n = input('n 是一个整数:')
K0 = [1 1/2 0;0 1/2 1;0 0 0];
K = sym(K0);
A = mpower(K,n)* A0
```

(2)运行 exam1. mM 命令文件:

对于任何一个整数 n,都可以得到 a_n, b_n,c_n 与 a_0,b_0,c_0 的关系,这里以整数 3 与整数 10 为例:

n 是一个整数:3↙

```
A =
[ a+7/8* b+3/4* c]
[   1/8* b+1/4* c]
[             0]
```

结果分析：$\begin{cases} a_3 = a_0 + \dfrac{7}{8}b_0 + \dfrac{3}{4}c_0, \\ b_3 = \dfrac{1}{8}b_0 + \dfrac{1}{4}c_0, \\ c_3 = 0. \end{cases}$

```
n是一个整数:10↙
A =
[ a+1023/1024* b+511/512* c]
[        1/1024* b+1/512* c]
[                         0]
```

结果分析：$\begin{cases} a_{10} = a_0 + \dfrac{1023}{1024}b_0 + \dfrac{511}{512}c_0, \\ b_{10} = \dfrac{1}{1024}b_0 + \dfrac{1}{512}c_0, \\ c_{10} = 0. \end{cases}$

例 3.14 求一个正交变换将二次型 $f = x_1^2 + x_2^2 + x_3^2 + x_4^2 + 2x_1x_2 - 2x_1x_4 - 2x_2x_3 + 2x_3x_4$ 化成标准形.

解 二次型矩阵对应的矩阵为 $\boldsymbol{A} = \begin{pmatrix} 1 & 1 & 0 & -1 \\ 1 & 1 & -1 & 0 \\ 0 & -1 & 1 & 1 \\ -1 & 0 & 1 & 1 \end{pmatrix}$,把二次型化为标准型就相当于将矩阵 $\boldsymbol{A}$ 对角化.

利用 MATLAB 把矩阵 $\boldsymbol{A}$ 对角化：

```
A=[1 1 0 -1;1 1 -1 0;0 -1 1 1; -1 0 1 1];↙
[P,D] =eig(A)↙
P =
   780/1351      881/2158      -1/2       -1/2
   881/2158     -780/1351      -1/2        1/2
   780/1351      881/2158       1/2        1/2
   881/2158     -780/1351       1/2       -1/2
D =
      1           0           0           0
      0           1           0           0
      0           0           3           0
      0           0           0          -1
```

则存在正交变换 $\boldsymbol{Y} = \boldsymbol{P}\boldsymbol{X}$，使得 $f = y_1^2 + y_2^2 + 3y_3^2 - y_4^2$.

习题 3

1. 随机输入一个 5 * 5 的矩阵,运用以上所讲的命令求它的转置、逆、秩.

2. 计算 $\boldsymbol{AB}$,$\boldsymbol{BA}$,$\boldsymbol{A}$,$\boldsymbol{B}$ 的秩.

其中 $\boldsymbol{A}=\begin{pmatrix}2&7&5&6&1&0\\3&5&0&7&8&7\\5&5&1&0&2&1\\1&4&6&4&2&0\\6&0&5&3&2&0\end{pmatrix}$，

$$\boldsymbol{B}=\begin{pmatrix}1&2&0&1&3&6&0\\3&7&4&5&3&4&5\\2&6&5&2&1&8&4\\2&5&5&4&4&5&2\\5&1&9&6&2&3&1\\7&1&6&0&7&2&9\end{pmatrix}$$

3. 工资问题：

现有一个木工、一个电工和一个油漆工，三人相互同意彼此装修他们自己的房子. 在装修之前，他们达成了如下的协议：(1) 每人共工作十天(包括给自己家干活在内)；(2) 每人的日工资根据一般的市价在 60 ~ 80 元之间；(3) 每人的日工资数应使得每人的总收入与总支出相等. 表 3-2 是他们协商后制定出的工作天数的分配方案，如何计算出他们每人应得的工资？

表 3-2　工作天数的分配方案

天数	工种		
	木工	电工	油漆工
在木工家的工作天数	2	1	6
在电工家的工作天数	4	2	1
在油漆工家的工作天数	4	4	3

4. 设 $\boldsymbol{A}=\begin{pmatrix}2&1&2\\1&2&2\\2&2&1\end{pmatrix}$，求$(\boldsymbol{A})=\boldsymbol{A}^7-6\boldsymbol{A}^9+5\boldsymbol{A}^8$.

5. 试求一个正交的相似变换矩阵，将对称矩阵 $\begin{pmatrix}2&2&-2\\2&1&-4\\-2&-4&5\end{pmatrix}$ 化为对角矩阵.

6. 计算下列各行列式：

(1) $\begin{vmatrix}4&1&2&4\\1&2&0&2\\8&5&2&0\\0&1&1&7\end{vmatrix}$；　(2) $\begin{vmatrix}a&1&0&0\\-1&b&1&0\\0&-1&c&1\\0&0&-1&d\end{vmatrix}$.

7. 求一个正交变换将二次型 $f=x_1^2+3x_2^2+3x_3^2+4x_2x_3$ 化成标准形.

8. 解下列矩阵方程：

(1) $\begin{pmatrix}2 & 5\\1 & 3\end{pmatrix}\boldsymbol{X}=\begin{pmatrix}4 & -6\\2 & 1\end{pmatrix}$；

(2) $\begin{pmatrix}0 & 1 & 0\\1 & 0 & 0\\0 & 0 & 1\end{pmatrix}\boldsymbol{X}\begin{pmatrix}1 & 0 & 0\\0 & 0 & 1\\0 & 1 & 0\end{pmatrix}=\begin{pmatrix}1 & 4 & 3\\2 & 0 & -1\\1 & -2 & 0\end{pmatrix}$.

9. 求矩阵 $\begin{pmatrix}1 & 2 & -1\\3 & 4 & -2\\5 & -4 & 1\end{pmatrix}$，$\begin{pmatrix}\lambda & 1 & 0\\0 & \lambda & 1\\0 & 0 & \lambda\end{pmatrix}$的逆矩阵.

10. 把下列矩阵化为行最简形矩阵：

(1) $\begin{pmatrix}1 & 0 & 2 & -1\\2 & 0 & 3 & 1\\3 & 0 & 1 & -2\end{pmatrix}$； (2) $\begin{pmatrix}2 & 3 & 1 & -3 & -7\\1 & 2 & 0 & -2 & -4\\3 & -1 & 4 & 3 & 0\\2 & -3 & 1 & 4 & 3\end{pmatrix}$.

11. 求解下列非齐次线性方程组：

(1) $\begin{cases}2x+y-z+2w=1,\\4x+2y-2z+w=2,\\2x+y-z-w=1;\end{cases}$ (2) $\begin{cases}2x+y-z+w=1,\\3x-2y+z-w=4,\\x+4y-3z+5w=-2.\end{cases}$

12. 设 $\boldsymbol{A}=\begin{pmatrix}0 & 2 & 1\\2 & -1 & 3\\-1 & 3 & -2\end{pmatrix}$，$\boldsymbol{B}=\begin{pmatrix}1 & 2 & 3\\2 & -3 & 1\end{pmatrix}$，求 $\boldsymbol{X}$ 使 $\boldsymbol{XA}=\boldsymbol{B}$.

第 4 章 概率论与数理统计实验

4.1 随机试验

- 古典概率:事件 A 发生的概率 $p(A)=\frac{m}{n}=\frac{A\text{ 中包含的基本事件数}}{\text{基本事件总数}}$.

例 4.1 在 100 个人的团体中,如果不考虑年龄的差异,研究是否有两个以上的人生日相同.假设每人的生日在一年 365 天中的任意一天是等可能的,那么随机找 n 个人(不超过 365 人).

(1)求这 n 个人生日各不相同的概率是多少?

(2)从而求这 n 个人中至少有两个人生日相同这一随机事件发生的概率是多少(见图 4-1)?

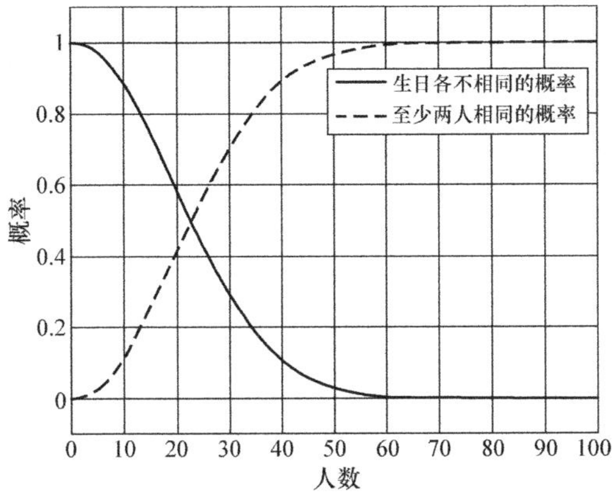

图 4-1 n 人中生日各不相同和至少有两个人生日相同的概率统计

解 (1)建立 M 命令文件:

```
for n=1:100
  p0(n)=prod(365:-1:365-n+1)/365^n;
  p1(n)=1-p0(n);
end
p1=ones(1,100)-p0;
n=1:100
plot(n,p0,n,p1,'--')
xlabel('人数'),ylabel('概率')
legend('生日各不相同的概率','至少两人相同的概率')
```

```
axis([0 100 -0.1 1.1]),grid on
```

运行 M 命令文件:

(2)近似计算在 30 名学生的一个班中至少有两个人生日相同的概率是多少?

解 输入 MATLAB 命令:

```
  p1(30)
ans =
   0.7063
```

分析:在 30 名学生中至少两人生日相同的概率为 70.63%. 下面进行计算机仿真.

计算机仿真:随机产生 30 个正整数,代表一个班 30 名同学的生日,然后观察是否有两人以上生日相同. 当 30 个人中有两人生日相同时,输出"1",否则输出"0". 如此重复观察 100 次,计算出这一事件发生的频率 f_{100} 为多少?

解 (i)建立 M 命令文件:

```
n=0;
for  m=1:100                          % 做100次随机试验
  y=0;
  x=1+fix(365* rand(1,30));           % 产生30个随机数
  for  i=1:29                         % 用二重循环寻找30个随机数
                                        中是否有相同数
     for  j=i+1:30
        if  x(i)==x(j)
           y=1;break,
        end
     end
  end
  n=n+y;                        % 累计有两人生日相同的试验次数
end
f=n/m                           % 计算频率
```

(ii)运行 M 命令文件:

```
f =
   0.6900
```

分析:利用计算机仿真得到在 30 名学生中至少两人生日相同的概率为 69%.

例 4.2 设有 80 台同类型设备,各台设备工作是相互独立的,发生故障的概率是 0.01,且每台设备的故障只能由一个人处理. 考虑两种设备维修公认的方法,其一是由四人维护,每人负责 20 台;其二是由三人共同维护.

解 建立 M 命令文件:

```
n=input('n=');
p=input('p=');
```

```
k = input('k = ');
sum = 0;
for i = k:n
    c = nchoosek(n,k);
    Pi = c* p^i* (1 - p)^(n - i);
    i = i + 1;
    sum = sum + Pi;
end
sum
```

在 MATLAB 中调用这一 M 命令文件,输入 $n=20$,$p=0.01$,$k=2$,可得数值 0.016 0,再次运行 M 文件,输入 $n=80$,$p=0.01$,$k=4$,可得数值 0.007 4,可见第二种方案更好.

- 协方差 cov

cov(X)　　求向量 X 的协方差.

cov(A)　　求矩阵 A 的协方差矩阵,该协方差矩阵的对角线元素是 A 的各列的方差,即:var(A) = diag(cov(A)).

cov(X,Y)　X,Y 为等长列向量.

- 相关系数 corrcoef

corrcoef(X,Y)　返回列向量 X,Y 的相关系数.

corrcoef (A)　　返回矩阵 A 的列向量的相关系数矩阵.

- 正态分布的参数估计 normfit

[muhat,sigmahat,muci,sigmaci] = normfit(X)

[muhat,sigmahat,muci,sigmaci] = normfit(X,alpha)

例 4.3　分别使用金球和铂球测定引力常数

(1)用金球测定观察值为:6.683,6.681,6.676,6.678,6.679,6.672

(2)用铂球测定观察值为:6.661,6.661,6.667,6.667,6.664

设测定值总体为 $N(\mu,\sigma^2)$,μ 和 σ 为未知. 对(1)和(2)两种情况分别求 μ 和 σ 的置信度为 0.9 的置信区间.

解　(1)建立 M 文件

```
X = [6.683  6.681  6.676  6.678  6.679  6.672];
Y = [6.661  6.661  6.667  6.667  6.664];
[mu,sigma,muci,sigmaci] = normfit(X,0.1)   % 金球测定的估计
[MU,SIGMA,MUCI,SIGMACI] = normfit(Y,0.1)   % 铂球测定的估计
```

(2)运行 M 命令文件:

```
mu =
     6.6782
sigma =
          0.0039
muci =
        6.6750
```

```
        6.6813
sigmaci =
          0.0026
          0.0081
MU =
      6.6640
SIGMA =
        0.0030
MUCI =
        6.6611
        6.6669
SIGMACI =
          0.0019
          0.0071
```

由上可知,金球测定的 μ 估计值为 6.678 2,置信区间为[6.675 0,6.681 3];σ 的估计值为 0.003 9,置信区间为[0.002 6,0.008 1].

铂球测定的 μ 估计值为 6.664 0,置信区间为[6.661 1,6.666 9];σ 的估计值为 0.003 0,置信区间为[0.001 9,0.007 1].

4.2 参数估计与假设检验

1. σ^2 已知,单个正态总体的均值 μ 的假设检验(U 检验法)

- ztest

h = ztest(x,m,sigma)　　x 为正态总体的样本,m 为均值 μ_0,sigma 为标准差,显著性水平为 0.05(默认值).

h = ztest(x,m,sigma,alpha)　　显著性水平为 alpha.

[h,sig,ci,zval] = ztest(x,m,sigma,alpha,tail)

sig 为观察值的概率,当 sig 为小概率时则对原假设提出质疑,ci 为真正均值 μ 的 1 - alpha 置信区间,zval 为统计量的值.

tail = "both",为双边假设检验

tail = "left"或"right"为单边假设检验

例 4.4 某车间用一台包装机包装葡萄糖,包好的袋装糖重是一个随机变量,它服从正态分布. 当机器正常时,其均值为 0.5kg,标准差为 0.015. 某日开工后检验包装机是否正常,随机地抽取所包装的糖 9 袋,称得净重为:(单位:kg)

0.497,0.506,0.518,0.524,0.498,0.511,0.52,0.515,0.512

问机器是否正常?

解 总体 σ 和 μ 已知,该问题是当 σ^2 为已知时,在显著性水平 $\alpha = 0.05$ 下,根据样本值判断 $\mu = 0.5$ 还是 $\mu \neq 0.5$. 为此提出假设:

原假设:$H_0: \mu = \mu_0 = 0.5$,

备择假设:$H_1: \mu \neq 0.5$.

```
X=[0.497,0.506,0.518,0.524,0.498,0.511,0.52,0.515,0.512];
[h,sig,ci,zval]=ztest(X,0.5,0.015,0.05,'both')
```

结果显示为:

```
h =
   1
sig =
      0.0248        % 样本观察值的概率
ci =
      0.5014    0.5210     % 置信区间,均值 0.5 在此区间之外
zval =
      2.2444        % 统计量的值
```

结果表明:$h=1$,说明在水平 $\alpha=0.05$ 下,可拒绝原假设,即认为包装机工作不正常.

2. σ^2 未知,单个正态总体的均值 μ 的假设检验(t 检验法)

- **ttest**

h = ttest(x,m)　x 为正态总体的样本,m 为均值 μ_0,显著性水平为 0.05.

h = ttest(x,m,alpha)　alpha 为给定显著性水平.

[h,sig,ci] = ttest(x,m,alpha,tail)

sig 为观察值的概率,当 sig 为小概率时,则对原假设提出质疑,ci 为真正均值 μ 的 1 - alpha 置信区间.

说明　若 $h=0$,表示在显著性水平 alpha 下,不能拒绝原假设;

若 $h=1$,表示在显著性水平 alpha 下,可以拒绝原假设.

原假设:$H_0:\mu=\mu_0=m$,

若　tail = 'both',表示备择假设:$H_1:\mu\neq\mu_0=m$(默认,双边检验);

tail = 'right',表示备择假设:$H_1:\mu>\mu_0=m$(单边检验);

tail = 'left',表示备择假设:$H_1:\mu<\mu_0=m$(单边检验).

例 4.5　某种电子元件的寿命 X(单位:h)服从正态分布,μ,σ^2 均未知.现测得 16 个元件的寿命如下:

159, 280, 101, 212, 224, 379, 179, 264, 222, 362,168, 250, 149, 260, 485, 170.

问是否有理由认为元件的平均寿命大于 225(单位:h)?

解　未知 σ^2,在水平 $\alpha=0.05$ 下检验假设:$H_0:\mu<\mu_0=225$,$H_1:\mu>225$,

```
X=[159 280 101 212 224 379 179 264 222 362 168 250 149 260 485
170];
[h,sig,ci]=ttest(X,225,0.05,'right')
```

结果显示为:

```
h =
    0
sig =
      0.2570
ci =
      198.2321        Inf        % 均值225在该置信区间内
```

结果表明：$h=0$，表示在水平 $\alpha=0.05$ 下应该接受原假设 H_0，即认为元件的平均寿命不大于225h.

例 4.6 某部门对当前市场的价格情况进行调查．以鸡蛋为例，所抽查的全省20个集市中，售价见表4-1（单位：元/500g）

表 4-1 全省 20 个集市上鸡蛋的售价

3.05	3.31	3.34	3.82	3.30	3.16	3.84	3.10	3.90	3.18
3.88	3.22	3.28	3.34	3.62	3.28	3.30	3.22	3.54	3.30

已知往年的平均售价一直稳定在3.25元/500g左右，在显著性水平0.05下，能否认为全省当前的鸡蛋售价明显高于往年？

解 （1）建立M命令文件：

```
x = [3.05,3.31,3.34,3.82,3.30,3.16,3.84,3.10,3.90,3.18,3.88,
3.22,3.28,3.34,3.62,3.28,3.30,3.22,3.54,3.30];
[h,p,ci] = ttest(x,3.25,0.5,1)
```

（2）运行M文件：

```
h =
    1
p =
    0.0114
ci =
    3.3990        Inf
```

所以可以认为全省当前的鸡蛋售价明显高于往年．

3. 两个正态总体均值差的检验（t 检验）

两个正态总体方差未知但等方差时，比较两正态总体样本均值的假设检验．

- ttest2

  [h,sig,ci] = ttest2(X,Y)　　X，Y 为两个正态总体的样本，显著性水平为0.05.

  [h,sig,ci] = ttest2(X,Y,alpha)　　alpha 为显著性水平．

  [h,sig,ci] = ttest2(X,Y,alpha,tail)

sig 为当原假设为真时，得到观察值的概率，当 sig 为小概率时，则对原假设提出质疑，ci 为真正均值 μ 的 1 − alpha 置信区间．

说明 若 $h=0$，表示在显著性水平 alpha 下，不能拒绝原假设；
若 $h=1$，表示在显著性水平 alpha 下，可以拒绝原假设．
原假设：H_0：$\mu_1=\mu_2$，（μ_1 为 X 为期望值，μ_2 为 Y 的期望值）

若tail = 0，表示备择假设：$H_1: \mu_1 \neq \mu_2$（双边检验）；
tail = 1，表示备择假设：$H_1: \mu_1 > \mu_2$（单边检验）；
tail = −1，表示备择假设：$H_1: \mu_1 < \mu_2$（单边检验）.

例 4.7　在平炉上进行一项试验以确定改变操作方法的建议是否会增加钢的产率，试验是在同一只平炉上进行的．每炼一炉钢时除操作方法外，其他条件都尽可能做到相同．先用标准方法炼一炉，然后用建议的新方法炼一炉，以后交替进行，各炼 10 炉，其产率分别为：

(1)标准方法：78.1　72.4　76.2　74.3　77.4　78.4　76.0　75.5　76.7　77.3

(2)新方法：　79.1　81.0　77.3　79.1　80.0　79.1　79.1　77.3　80.2　82.1

设这两个样本相互独立，且分别来自正态总体 $N(\mu_1, \sigma^2)$ 和 $N(\mu_2, \sigma^2)$，μ_1, μ_2, σ^2 均未知．问建议的新操作方法能否提高产率？（取 $\alpha = 0.05$）

解　两个总体方差不变时，在水平 $\alpha = 0.05$ 下检验假设：$H_0: \mu_1 = \mu_2$，$H_1: \mu_1 < \mu_2$

```
X = [78.1  72.4  76.2  74.3  77.4  78.4  76.0  75.5  76.7
77.3];
Y = [79.1  81.0  77.3  79.1  80.0  79.1  79.1  77.3  80.2
82.1];
[h,sig,ci] = ttest2(X,Y,0.05, -1)
```

结果显示为：

```
h =
    1
sig =
    2.1759e-004        % 说明两个总体均值相等的概率很小
ci =
     -Inf    -1.9083
```

结果表明：$H = 1$ 表示在水平 $\alpha = 0.05$ 下，应该拒绝原假设，即认为建议的新操作方法提高了产率，因此，比原方法好．

4.3 线性回归模型

- 线性回归模型

  [b,bint,r,rint,stats] = regress(Y,X,alpha)

  其中输入向量 $\boldsymbol{X}, \boldsymbol{Y}$ 的排列方式分别为

$$X=\begin{pmatrix}1,x_{11},x_{22},\cdots,x_{1m}\\1,x_{21},x_{22},\cdots,x_{2m}\\\vdots\ \ \vdots\ \ \vdots\ \ \vdots\\1,x_{n1},x_{n2},\cdots,x_{nm}\end{pmatrix}\quad Y=\begin{pmatrix}y_1\\y_2\\\vdots\\y_n\end{pmatrix}$$

alpha 为显著性水平(缺省时设定为 0.05). 输出向量 $\boldsymbol{b}$ 为回归系数的估计值,即 $\boldsymbol{b}=(b_0,b_1,\cdots,b_n)^{\mathrm{T}}$,输出向量 bint 为回归系数估计值的置信区间;输出向量 $\boldsymbol{r}$ 为残差向量;输出向量 rint 为残差向量的置信区间;输出向量 stats $=(R^2,F,P)^{\mathrm{T}}$,它是一个三维向量,用于检验回归模型的统计量,其中第一个分量 R^2 中的 R 是相关系数,第二个分量 F 是统计量,第三个分量是与统计量 F 对应的概率 P,当 $P<$ alpha 时,拒绝原假设 H_0,说明回归模型成立.

例 4.8 水泥凝固时放出热量问题:某种水泥在凝固时放出的热是 y(J/g)与水泥中下列四种化学成分有关.

x_1:$3CaO\cdot Al_2O_3$ 的成分(%);x_2:$3CaO\cdot SiO_2$ 的成分(%)

x_3:$4CaO\cdot Al_2O_3\cdot Fe_3O_3$ 的成分(%);x_4:$2CaO\cdot SiO_2$ 的成分(%)

现记录了 13 组数据(见表 4-2),根据表中的数据,试研究 y 与 x_1,x_2,x_3,x_4 四种成份的关系.

表 4-2 水泥凝固时 4 种化学成分在不同含量下放出的热量

编号	x_1(%)	x_2(%)	x_3(%)	x_4(%)	y/(J/g)
1	7	26	6	60	78.5
2	1	29	15	52	74.5
3	11	56	8	20	104.3
4	11	31	8	47	87.6
5	7	52	6	33	95.9
6	11	55	9	22	109.2
7	3	71	17	6	102.7
8	1	31	22	44	72.5
9	2	54	18	22	93.1
10	21	47	4	26	115.9
11	1	40	23	34	83.8
12	11	66	9	12	113.3
13	10	68	8	12	109.4

解 MATLAB 代码为:

```
clear
x=[1 7  26  6   60  78.5; 1 1   29  15  52  74.5;  1 11 56  8
 20  104.3; ...
 1 11    31  8   47  87.6; 1 7   52  6   33   95.9; 1 11   55  9
22  109.2; ...
 1 3 71  17  6   102.7; 1 1   31  22  44  72.5; 1 2   54  18  22
```

```
93.1;...
  1 21    47  4   26  115.9;  1 1 40   23   34   83.8; 1 11   66   9
 12  113.3;...
  1 10    68  8   12  109.4];
  [b,bint,r,rint,stats] = regress(x(:,6),x(:,1:5),0.05);
  disp('回归系数估计值')
  b'
  disp('回归系数估计值的置信区间')
  bint'
  disp('残差平方和,相关系数的平方,F统计量,与统计量F对应的概率p')
  [r'* r,stats(1),stats(2),stats(3)]
```

运行后结果显示:

```
回归系数估计值
ans =
   63.6758    1.5345     0.4974     0.0872     -0.1555
回归系数估计值的置信区间
ans =
  -98.9699    -0.1942    -1.1826    -1.6646    -1.8014
  226.3216     3.2632     2.1774     1.8390     1.4903
残差平方和,相关系数的平方,F统计量,与统计量F对应的概率p
ans =
   48.4948    0.9821    109.6553    0.0000
```

结果分析:

从计算结果可知,回归方程:

$$y = 63.6758 + 1.5345x_1 + 0.4974x_2 + 0.0872x_3 - 0.1555x_4$$

查表得:

$$F_{0.05}(m, n-m-1) = F_{0.05}(4,8) = 3.838,$$

易见统计量:$F = 109.6553 > F_{0.05}(4,8) = 3.838$

进一步可得:　$F > t_{0.05}(4.8) = 7.006$

所以回归效果是高度显著的.

习题 4

1. 某学校 60 名学生的某次考试成绩如下:

93,75,83,93,90,85,84,82,77,76,77,94,94,89,91,88,86,83,96,80,79,97,78,74,67,69,68,84,83,80,75,66,85,70,94,84,83,82,80,78,74,73,76,70,86,76,90,89,71,66,86,73,80,84,79,77,77,63,53,55,求这 60 名学生成绩的频数表和直方图(6 和 10 个分点),计算均值、标准差、方差和极差;

2. 求 $\chi^2(9)$分布的累积概率值.

3. 设 $X \sim N(3, 2^2)$,求 $P\{2 < X < 5\}$,$P\{-4 < X < 10\}$,P

$\{|X|>2\}$，$P\{X>3\}$.

4. 对参数为 $n=10$，$p=0.2$ 的二项分布，画出 $b(n,p)$ 的分布律点和折线；对 $\lambda=np$，画出泊松分布 $\pi(\lambda)$ 的分布律点和折线；对 $\mu=np$，$\sigma^2=np(1-p)$，画出正态分布 $N(\mu,\sigma^2)$ 的密度函数曲线.

5. 某灯泡厂生产了一大批灯泡，从中抽取 10 个进行寿命试验，得数据：

1 050，1 100，1 080，1 120，1 200，1 250，1 040，1 130，1 300，1 200，若知道该天生产的灯泡寿命的方差是 87^2.

(1)用切比雪夫不等式求灯泡寿命的置信区间($\alpha=0.05$)；

(2)用已知方差，求灯泡寿命的置信区间($\alpha=0.05$)；

(3)用未知方差，求灯泡寿命的置信区间($\alpha=0.05$).

6. 某工厂近五年发生了 63 起事故，周一到周六的事故数分别为 9，10，11，8，13，12，问该厂发生的事故数与周几是否有关？

第 2 部分

数学建模基本模型

第 5 章 初等模型

5.1 数学建模无处不在

数学是研究现实世界数量关系和空间形式的一门学科，在它产生和发展的历史长河中，一直和各种各样的应用问题紧密相关．数学的特点不仅在于其概念的抽象性、逻辑的严密性、结论的明确性和体系的完整性，还在于它应用的广泛性．数学要解决实际问题就需要建立数学模型，从这个意义上讲数学建模和数学一样有着古老的历史．例如，欧几里得几何就是一个古老的数学模型，牛顿万有引力定律也是数学建模的一个光辉典范．近半个多世纪以来，随着计算机技术的迅速发展，数学不但在工程技术、自然科学等领域发挥着重要的作用，并且以空前的广度和深度向经济、管理、金融、生物、医学、环境、地质、人工智能和物联网等领域渗透．特别是随着新技术、新工艺的蓬勃兴起，计算机的普及和广泛应用，数学模型在高新技术上也起着十分关键的作用．因此数学模型也被时代赋予更为重要的意义．

数学模型这个词已广泛出现在现代生产、日常生活和工作中．气象工作者为了得到精确的天气预报，根据气象站、气象卫星汇集的气压、雨量和风速等数据建立数学模型．药物学专家根据药物浓度在人体内随时间和空间的变化建立数学模型，可以分析药物的疗效，从而有效地指导临床用药．不论是用数学方法在科技和生产领域解决实际问题，还是与其他学科相结合形成交叉学科，关键的一步是建立研究对象的数学模型，并加以计算求解．

那么什么是数学模型？实际上我们在学习初等代数时就已经遇到过数学模型了．如：航行问题：

甲乙两地相距 1 200km，船从甲到乙顺水航行需要 40h，从乙到甲逆水航行需要 60h，问船速、水速各多少？

用 x,y 分别表示船速和水速，根据物理知识列出方程：

$$\begin{cases}(x+y)40=1\,200,\\(x-y)60=1\,200,\end{cases}$$

这个方程组就是上述航行问题的数学模型，原问题转化为纯数学问题．方程组的解为 $x=25$，$y=5$，故上述航行问题的答案是船速为

25km/h，水速为 5km/h.

上述建立数学模型时，我们对问题的背景作了必要的简化假设（航行中设船速和水速均为常数）；用字母 x，y 表示所求的未知量；利用相应的物理规律（匀速运动的路程等于速度乘以时间），列出数学式子（二元一次方程组）；求出方程组的解答；用这个答案来解释原问题.

目前，数学模型还没有一个统一的定义，因为站在不同的角度可以对其有不同的定义．尽管如此，我们可以给出如下定义："数学模型是对于现实世界的一个特定对象，为了某种特定的目的，根据特有的内在规律，给出一些必要的简化假设，运用适当的数学工具得到一个数学结构．"具体来说，数学模型就是为了某种目的，用字母、数字及其他数学符号建立起来的等式或不等式以及图表、图像、框图等描述事物的特征及其内在联系的数学结构表达式．数学模型或能解释某些客观现象，或能预测未来的发展规律，或能为控制某一现象的发展提供某种意义下的最优策略或较优策略．数学模型一般并非现实问题的直接翻版，它的建立常常既需要人们对现实问题深入细微地观察和分析，又需要人们灵活巧妙地对数学知识加以利用.

这种应用知识从实际课题中抽象、提炼出数学模型的过程就称为数学建模．数学建模是一门运用数学的语言和工具来解决问题，是对部分现实世界的信息加以翻译、归纳的产物．数学模型经过演绎、求解以及推断，给出数学上的分析、预测、决策或控制，再经过翻译和解释，回到现实世界中．最后，这些推论或结果必须经受实际的检验，完成实践——理论——实践这一循环，如果检验的结果是正确或基本正确的，即可用来指导实际，否则，需要重新考虑翻译、归纳的过程，修改数学模型.

数学模型的分类方法有很多种，下面介绍常用的几种分类.

（1）按照建模所用数学方法的不同，可分为：几何模型、运筹学模型、微分方程模型、概率统计模型、控制论模型、图论模型、规划论模型、马氏链模型等.

（2）按照数学模型应用领域的不同，可分为：人口模型、交通模型、体育模型、经济预测模型、金融模型、环境模型、生理模型、生态模型、企业管理模型等.

（3）按照模型的表现特性，根据模型的变化可分为：静态模型与动态模型.

（4）按照模型的表现特性，根据模型的连续性可分为：离散模型与连续模型.

（5）按照模型的表现特性，根据模型的随机因素可分为：确定性模型和随机性模型.

（6）按照模型的表现特性，根据模型的线性特征可分为：线性模型与非线性模型.

(7)按照人们对建模机理的了解程度的不同,可分为所谓的白箱模型、灰箱模型和黑箱模型. 这是把研究对象比喻为一只箱子里的机关,我们要通过建模过程来揭示它的奥妙. 白箱主要指物理、力学等一些机理比较清楚的学科描述的现象,以及与之相对应的工程技术问题,这些方面的数学模型大多已经建立起来,还需深入研究主要是针对具体问题的特定目的进行修正与完善,或者是进行优化设计与控制等. 灰箱主要指在生态、经济等领域中遇到的模型,人们对其机理虽有所了解,但还不是很清楚,故称为灰箱模型. 在建立和改进模型方面还有不少工作要做. 黑箱主要指生命科学、社会科学等领域中遇到的模型,我们对这些模型的机理知之甚少,甚至完全不清楚,故称为黑箱模型. 人们在工程技术和现代化管理中,有时会遇到这样一类问题:由于因素众多、关系复杂以及观测困难等原因,人们也常常将它作为灰箱或黑箱模型问题来处理. 应该指出的是,这三者之间并没有明确的界限,而且随着科学技术的发展,三者之间的情况也是在不断变化的.

5.2 数学建模的步骤与方法

1. 数学建模的步骤

现实世界中的实际问题是多种多样的,而且大多比较复杂,所以建立数学模型需要哪些步骤并没有固定的模式,但是建立数学模型的步骤有一些共性,掌握这些共同的规律,将有助于数学模型的建立.

第一步　模型准备

在对实际问题建立数学模型时,需要解决的问题往往涉及众多因素,这就需要我们了解问题的实际背景,明确建模目的,搜集必需的各种信息,尽量弄清对象的特征. 分清问题的主要因素和次要因素,抓住主要因素抛弃部分次要因素.

第二步　模型假设

根据对象的特征和建模目的,对问题进行必要地、合理地简化,用精确的语言做出假设. 如果对问题的所有因素一概考虑,无疑是一种有勇气但方法欠佳的行为,所以一个能力高超的建模者能充分发挥想象力、洞察力和判断力,善于辨别主次,而且为了使处理方法更简单,应尽量使问题线性化、均匀化.

第三步　模型构成

根据所做的假设分析对象的因果关系,利用对象的内在规律和适当的数学工具,构造各个量间的等式关系或其他数学结构. 不过我们应当牢记,建立数学模型是为了让更多的人理解并能加以应用,因此工具越简单越有价值.

第四步　模型求解

可以采用解方程、画图形、证明定理、逻辑运算、数值运算等各种传统的和近代的数学方法，特别是充分利用计算机软件技术．一个实际问题的解决往往需要复杂的计算，许多时候还需要将系统结果用计算机模拟出来，因此编程和熟悉数学软件是进行模型求解必不可少的重要工具．

第五步　模型分析

对模型的解进行数学上的分析．能否对模型结果做出细致地分析，决定了模型能否达到更高的档次．无论哪种情况都需进行误差分析、数据稳定性分析和灵敏度分析．

第六步　模型检验

将所得到的结果与实际问题作比较，如果所得结果与实际问题相符，那么我们的问题就会得到解决．如果与实际问题不相符，我们需找出存在的差距与原因，对问题做进一步地分析，提出新的假设，逐步修改完善模型，使问题得到更好地解决．有些模型需要经过多次反复，不断完善直到检验结果获得某种程度上的满意为止．

第七步　模型应用

模型的应用与问题的性质、建模目的和最终结果有关．

上述数学建模的全过程可以用流程图(见图5-1)：

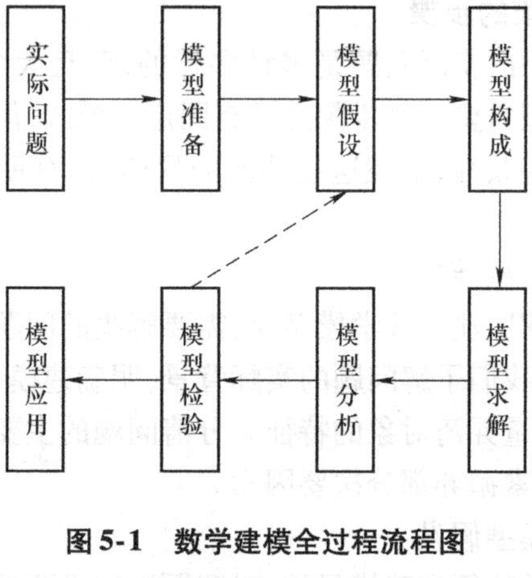

图5-1　数学建模全过程流程图

本节我们将用一个具体的例子，说明如何根据实际问题做出合理的、简化的假设，以便用数学语言确切地表述实际问题，并且将教给我们如何将看似与数学无关的实际问题转化为数学问题，并建立数学模型来加以解释或给出证明．

问题　将一张四条腿的椅子放在不平的地面上，不允许将椅子移到别处，但允许其绕中心旋转，问是否保证存在一个位置使其四条腿同时落地？

分析　将椅子放在不平的地面上，在通常情况下只能做到三只脚着地、放不平稳，然而只需稍微转动一下，就可以使四条腿同时着地．

下面用数学建模的方法解决此问题．如果上述问题不附加任何条件，答案应当是否定的，例如椅子放在某台阶上，而台阶的宽度又比椅脚的宽度小，自然无法将其放平；又如地面是平的，而椅子的四条腿却不一样长，自然也无法放平．可见，要想给出肯定的答案，必需附加一定的条件．基于对这些无法放平情况的分析，我们提出以下假设，并在这些假设成立的前提下，证明通过旋转适当的角度必定可使椅子的四条腿同时着地．

假设 1　椅子的四条腿一样长，椅子脚与地面接触可以视为一个点，四脚连线是正方形；

假设 2　地面高度是连续变化的，沿任何方向都不出现间断；

假设 3　椅子放在地面上至少有三只脚同时着地；

仔细分析这个问题的实质，会发现这个问题与椅子脚、地面及椅子脚和地面是否接触有关．如果把椅子脚看成平面上的点，并引入椅子脚和地面之间距离的函数关系就可以将问题与平面几何和连续函数联系起来，从而可以用几何知识和连续函数知识来进行数学建模．根据上述假设做这个问题的模型，用变量表示椅子的位置，引入平面图形及坐标系如图 5-2 所示．图中 A,B,C,D 为椅子的四只脚，坐标系的原点选为椅子中心，坐标轴选为椅子的四只脚的对角线．于是由假设 2，椅子的移动位置可以由正方形沿坐标原点旋转的角度 θ 来唯一表示，而且椅脚与地面的垂直距离就为 θ 的函数．注意到正方形的中心对称性，可以用椅子的对角两脚与地面的距离之和来表示对角两脚与地面的距离关系，这样，用一个函数就可以描述椅子两只脚是否着地的情况．本题引入两个函数即可以描述椅子四只脚是否着地的情况．记函数 $f(\theta)$ 为椅脚 A 和 C 与地面的垂直距离之和．函数 $g(\theta)$ 为椅子脚 B 和 D 与地面的垂直距离之和．则显然有 $f(\theta)\geqslant 0$、$g(\theta)\geqslant 0$，且它们都是 θ 的连续函数．由假设 3，对任意的 θ，有 $f(\theta)$，$g(\theta)$ 至少有一个为 0，不妨设当 $\theta=0$ 时，$f(0)=0$，$g(0)>0$，故问题可以归为证明如下数学命题：

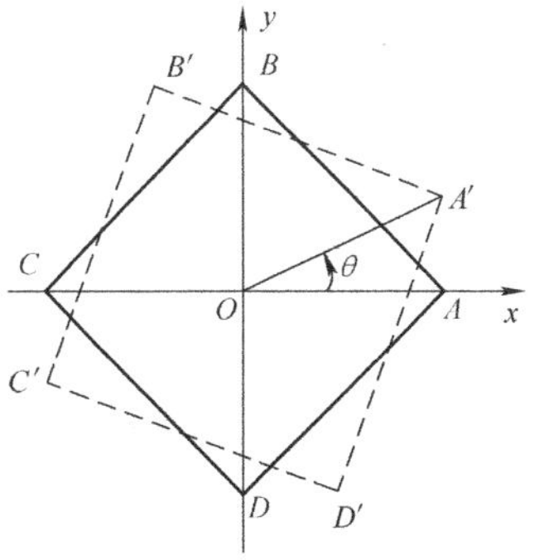

图 5-2　椅子的位置

已知 $f(\theta)$，$g(\theta)$ 均为 θ 的非负连续函数，$f(0)=0$，$g(0)>0$ 且对任意的 θ 有 $f(\theta)g(\theta)=0$，证明：存在某一 θ_0，使 $f(\theta_0)=g(\theta_0)=0$.

证明　将椅子旋转$\frac{\pi}{2}$，对角线 AC 与 BD 互换位置，由 $f(0)=0$ 和 $g(0)>0$ 可知 $f\left(\frac{\pi}{2}\right)>0$ 和 $g\left(\frac{\pi}{2}\right)=0$. 构造函数 $h(\theta)=f(\theta)-g(\theta)$，显然，由于 $f(\theta)$，$g(\theta)$ 均为连续函数，$h(\theta)$ 也是 θ 的连续函数，且有 $h(0)=f(0)-g(0)<0$ 和 $h\left(\frac{\pi}{2}\right)=f\left(\frac{\pi}{2}\right)-g\left(\frac{\pi}{2}\right)>0$，由闭区间上连续函数的性质可知，必存在角度 θ_0，$0<\theta_0<\frac{\pi}{2}$，使得

$h(\theta_0)=0$，即$f(\theta_0)=g(\theta_0)$．又由于$f(\theta_0)g(\theta_0)=0$，故必有$f(\theta_0)=g(\theta_0)=0$，证明完毕．

数学建模实例乍一看似乎与数学没有什么关系，不太容易用数学建模解决，但通过上面的处理把问题变为一个数学定理的证明，从而使其可以用数学方法来解决，从中可以看到数学建模的作用．本案例给出的启示是对于一些表面上与数学没有什么关系的实际问题也可以用数学建模的方法来解决，此类问题建模的着眼点是寻找和分析问题中出现的主要对象及其隐含的数量关系，通过适当简化和联想将其变为数学问题．

2. 数学建模的方法

数学建模一般面临的实际问题是多种多样的，对同一问题，因建模的目的不同、分析的方法不同、采用的数学工具不同，所得到的模型也将不一样．因此很难归纳出若干条准则，适用于一切实际问题的数学建模方法．一般地，对实际问题的背景，给出一些已知信息，这些信息可以是一组实测数据或模拟数据，也可以是若干参数或图形，依据这些信息建立数学模型的基本方法可以分为以下几类．

(1)机理分析方法：根据对客观事物特性的认识，找出反映事物内部机理的数量关系，从而得到数学模型．再用已知数据确定模型的参数或直接使用已知参数进行计算．用这种方法建立的数学模型通常有明确的物理意义或现实意义．

(2)构造分析方法：首先建立一个合理的模型结构，再利用已知的信息确定模型的参数或对模型进行数值模拟．

(3)直观分析方法：通过对直观图形、数据进行分析，对参数进行估计、计算，并对结果进行模拟．

(4)数值分析方法：对已知数据进行直接拟合、可选择插值方法、差分方法、样条分析方法、回归分析方法等．

(5)数学分析方法：用现成的数学方法建立模型，如图论、微分方程、概率统计方法、优化方法等．

3. 数学建模论文的撰写

当我们撰写数学建模论文时，可按照一般步骤来撰写，其步骤如下：

(1)论文题目：论文题目是一篇论文给出的涉及论文范围和水平的第一个重要信息．题目要求简短精练、高度概括、准确得体．既要准确表达论文内容、恰当反映所研究的范围和深度，又要尽可能概括和精炼．

(2)摘要：摘要是论文内容不加注释和评论的简短概述，其作用是使读者在没有阅读全文的情况下便能获得论文的必要信息．在数学建模论文中，摘要是非常重要的一部分．数学建模论文的摘要应包含以下内容：所研究的主要问题、建立的模型、求解模型的方法、得到的主要结论、对模型的检验或推广和自我评述．摘要要用概括精练的语言描述这些内容，尤其要突出论文的特点，比如巧妙的建模方法、快速有效的算法、合理的推广等．一般科技论文摘要通常在 200 字左右，要求不出现图、表和公式．但数学建模竞赛的论文摘要通常要求将第一页全部作为论文摘要，大约在 600 字左右．故摘要中可以出现反映结果的图、表和公式．

(3)问题重述：数学建模比赛要求解决给定的实际问题，所以论文中要求用自己的语言叙述给定的问题．撰写这部分内容时，不要照抄原题，应把握住问题的实质，再用精练的语言叙述问题．

(4)模型假设及符号说明：建模时，要分析实际问题的背景，根据问题的特征和建模目的，抓住主要因素，忽略次要因素，对问题进行必要的简化，做出一些合理的假设．模型假设要求用精炼、准确的语言列出问题中所给出的假设以及为了解决问题所做出的必要的、合理的假设．如果假设不合理或太简单，将会导致建立错误的或无法使用的模型．但如果把假设做得过于详细，试图把各种复杂因素考虑进去，会使建模工作很难或无法继续进行下去．因此常常要求在合理与简化之间做出恰当的平衡．将问题中所考虑的主要因素用字母表示出来，以便下面建模时直接使用．

(5)问题分析与模型建立：根据上述假设，分析所给定问题的内在规律，然后用数学的语言、符号描述对象的内在规律，最后得到一个数学结构．这里除了需要一些相关的专业知识外，还常常需要较广泛的数学知识．要善于充分发挥自己的想象力和洞察力，注重使用类比法，分析对象与其他熟悉的对象的共性，借助于已有的模型解决．建模时还要遵守一个原则，尽量采用简单的数学工具，这样，你的模型可以使更多的人了解和使用．

(6)模型求解：用各种数学方法、数学软件和计算机技术求解模型．

(7)模型检验：把求解结果翻译为实际问题，与实际现象、数据作比较，检验模型的合理性和实用性．如果结果与实际不符，则说明问题出在模型的假设上，此时应该修改、补充假设并重新建模．

(8)模型推广与改进：将该问题的模型推广到解决更多的类似问题，或讨论给出该模型的更一般情况下的解法，或指出可能、推广及进一步研究或改进的建议等．

(9)参考文献：在文中提及或直接引用的文献或原始数据，应该明确标出，并将相应的出版物列举在参考文献中．需要标明出版物名称、页码、著作名称、出版年份、出版单位等信息．

(10)附录：附录是正文的补充，与正文有关而又不便于写入正文的图形、数据、计算机程序等均列在附录中．

5.3 双层玻璃窗的保温功效

在北方大部分城镇的建筑物窗户都是双层玻璃，即两层玻璃之间留有一定的空隙，这样做的目的是保暖，作用是减少室内向室外的热量流失，下面通过数学建模来说明这一事实．

双层玻璃与单层玻璃的示意图如图5-3所示，我们将双层玻璃（见图5-3左图）与同样多的材料做成的单层玻璃（见图5-3右图）的热量传导进行对比．

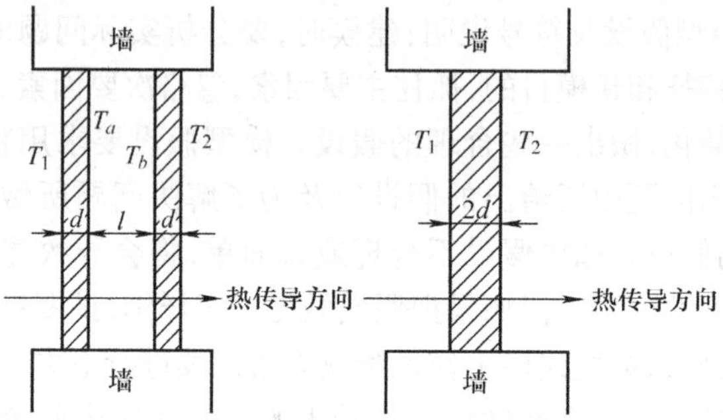

图5-3 双层玻璃窗与单层玻璃窗

1. 模型假设

（1）热量的传播过程只有传导，没有对流，即假定窗户的密封性能很好，两层玻璃之间的空气是不流动的；

（2）室内温度 T_1 和室外温度 T_2 保持不变，热传导过程已处于稳定状态，即沿热传导方向，单位时间通过单位面积的热量是常数；

（3）玻璃材料均匀，热传导系数是常数．

2. 符号说明

T_1 为室内温度，T_2 为室外温度，d 为单层玻璃厚度，l 为两层玻璃之间的距离．

3. 模型建立与求解

由物理学可知，在上述假设下，热传导过程遵循下面的物理规律：

厚度为 d 的均匀介质，两侧温度差为 ΔT，则单位时间内由温度高的一侧向温度低的一侧通过单位面积的热量 Q，与 ΔT 成正比，与 d 成反比，即：

$$Q = k\frac{\Delta T}{d}, \tag{5.1}$$

式中，k 为介质的热传导系数．

（1）双层玻璃的热量流失

记双层玻璃窗内层玻璃的外侧温度为 T_a，外层玻璃的内侧温度为 T_b，玻璃的热传导系数为 k_1，空气的热传导系数为 k_2，由式（5.1）可知单位时间单位面积的热量传导（热量流失）为：

$$Q=k_1\frac{T_1-T_a}{d}=k_2\frac{T_a-T_b}{l}=k_1\frac{T_b-T_2}{d}. \tag{5.2}$$

由 $Q=k_1\dfrac{T_1-T_a}{d}$及 $Q=k_1\dfrac{T_b-T_2}{d}$可得：

$$T_a-T_b=(T_1-T_2)-2\frac{Qd}{k_1}.$$

把上式代入 $Q=k_2\dfrac{T_a-T_b}{d}$，消去 T_a,T_b，解出 Q 可得：

$$Q=\frac{k_1(T_1-T_2)}{d(s+2)},\quad s=h\frac{k_1}{k_2},\quad h=\frac{l}{d}. \tag{5.3}$$

（2）单层玻璃的热量流失

对于厚度为 $2d$ 的单层玻璃窗户，热量流失为：

$$Q'=k_1\frac{T_1-T_2}{2d}. \tag{5.4}$$

（3）单层玻璃窗和双层玻璃窗热量流失比较

比较式（5.3）和式（5.4），有：

$$\frac{Q}{Q'}=\frac{2}{s+2}. \tag{5.5}$$

显然 $Q<Q'$. 为了获得更具体的结果，我们需要知道玻璃和空气的热传导系数 k_1,k_2 的数据. 从有关资料可知，常用玻璃的热传导系数 $k_1=0.4\sim0.8$（J/m·s·℃），不流通、干燥空气的热传导系数 $k_2=0.025$（J/m·s·℃），于是：

$$\frac{k_1}{k_2}=16\sim32.$$

在分析双层玻璃窗比单层玻璃窗可减少多少热量损失时，给出最保守的估计，即取$\dfrac{k_1}{k_2}=16$，由式（5.3）和式（5.5）可得：

$$\frac{Q}{Q'}=\frac{1}{8h+1},\quad h=\frac{l}{d}. \tag{5.6}$$

（4）模型讨论

比值 Q/Q'反映了双层玻璃窗在减少热量损失上的功效，它只与 $h=l/d$ 有关，图 5-4 给出了 $Q/Q'\sim h$ 的曲线，当 h 由 0 增加时，Q/Q'迅速下降，而当 h 超过一定值（比如 $h>4$）后，Q/Q'下降缓慢，由此可知 h 不宜选得过大.

4. 模型的应用

该模型具有一定的应用价值. 在制作双层玻璃窗时，虽然工艺复杂会增加一些费用，但它减少的热量损失的效果却是相当可观的. 通常，建筑规范要求 $h=l/d\approx4$. 按照这个模型，$Q/Q'\approx3\%$，即双层玻璃窗比用同样多的玻璃材料制成的单层窗节约热量 97% 左右. 不难看出，之所以有如此大的功效其主要原因是层间空气的极低的热传导系数 k_2，而这就要求空气是干燥、不流通的. 作为模型

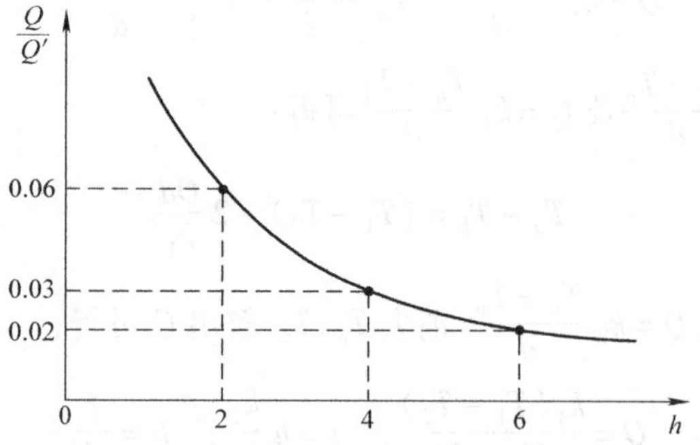

图 5-4　损失热量比$\frac{Q}{Q'}$与 $h=\frac{l}{d}$之间的关系

假设的这个条件在实际环境下当然不可能完全满足，因此实际双层玻璃窗的保温功效会比上述结果差一些．另外，一个房间的热量，通过玻璃散失只占一部分，热量还会通过墙壁、地板、天花板和房门传递散失．

由于空气的热传导系数小且经济实惠的优点，所以玻璃中填充空气时两层玻璃之间的空气厚度是玻璃厚度的 4 倍（即 $h=4$）是比较合适的．在实际应用中可以在夹层中放适量的干燥剂，来减少水蒸气对双层玻璃热传导的影响．

5.4　利用比例性建模

定义　如果变量 y 是变量 x 的常数倍，即存在非零常数 k，使得 $y=kx$，则称变量 y 与 x 是互成比例的，记作 $y\propto x$.

比例性具有如下性质：

（1）对称性：如果 $y\propto x$，则 $x\propto y$.

类似地，其他比例关系的例子：

$y\propto x^2$ 当且仅当 $y=k_1x^2$，k_1 为非零常数；

$y\propto \ln x$ 当且仅当 $y=k_2\ln x$，k_2 为非零常数．

如果 $y\propto x^2$，则存在常数 $k>0$，使得 $y=kx^2$，从而 $x=\frac{1}{\sqrt{k}}y^{\frac{1}{2}}$，所以 $x\propto y^{\frac{1}{2}}$.

（2）传递性：若 $y\propto x$，$x\propto z$，则 $y\propto z$.

1. 问题提出

赛艇运动一般分为单人艇、双人艇、四人艇和八人艇四种．各种艇尺寸（大小不同，但形状相似．以 2000 年、2004 年、2008 年和 2012 年奥运赛四次 2 000m 男子冠军成绩来说明（见表 5-1 第 2 列～第 5 列）．试建立数学模型来说明比赛成绩与桨手数之间是否存在某种关系．

表 5-1　各种赛艇的比赛成绩和规格

艇种	2000m 成绩 t/min					艇长 l /m	艇宽 b /m	l/b	艇重 w_0/kg / 桨手数 n
	2000 年	2004 年	2008 年	2012 年	平均值				
单人	6.80	6.82	6.98	6.95	6.79	8.0	0.29	27.59	14.0
双人	6.27	6.48	6.45	6.52	6.43	9.9	0.35	28.29	13.0
四人	5.75	5.93	5.68	5.70	5.77	12.5	0.49	25.51	13.0
八人	5.55	5.70	5.38	5.80	5.61	17.0	0.57	29.82	11.63

2. 问题分析

赛艇前进时所受到的阻力是赛艇浸没部分与水之间的摩擦力．赛艇靠桨手的力量克服阻力保持一定的速度前进．桨手越多划艇前进的动力越大，但艇与桨手总质量的增加会使艇浸没面积加大，从而阻力加大．如果假设艇在整个赛程中速度保持不变，只需构造一个静态模型，使问题转化为桨手数量与艇速之间的关系．那么在实际比赛中，桨手在很短的时间内使赛艇加速到最大速度，保持这个速度直到终点，那么上述假设成立．

为了分析所受阻力情况，调查赛艇的几何尺寸和质量，从表 5-1 中第 7 ~ 10 列给出的数据中．可以看出，桨手数 n 增加时，艇的长度 l 与宽度 b 及空艇重量 w_0 都随之增加，但比值 l/b 和 w_0/n 变化不大．若 l/b 为常数，且各种艇的形状一样，则可得浸没面积与排水体积之间的关系．若 w_0/n 为常数，则可得艇与桨手的总质量与桨手之间的关系．另外，还需对桨手体重、划桨功率、阻力与艇速的关系等作合理假设．

3. 模型假设

(1) 各种艇的几何形状相同，l/b 为常数；艇重 w_0 与桨手数 n 成正比；

(2) 艇速 v 为常数，前进时所受阻力 f 与 sv^2 成正比（s 是艇浸没部分面积），这个假设可以理解为：艇浸没面积越大，所受到的阻力也将增大，艇前进的速度越大，所受到的阻力也将越大，从物理学知识可知：f 与 sv^2 成正比；

(3) 所有桨手体重都相同，记作 w，在比赛中每个桨手的划桨功率 p 保持不变，且 p 与 w 成正比．这可以理解为：p 与肌肉体积、肺的体积均成正比，对于身材匀称的运动员来说，肌肉、肺的体积与体重成正比．

4. 模型建立

n 名桨手的总功率为 np 与阻力 f 和速度 v 的乘积成正比，即：

$$np \propto fv, \tag{5.7}$$

由假设(2)和假设(3)可知：

$$f \propto sv^2, p \propto w, \tag{5.8}$$

于是 $np \propto sv^3$，即

$$v \propto \left(\frac{n}{s}\right)^{\frac{1}{3}}. \tag{5.9}$$

由假设(1)可知,各种艇的几何形状相同,若艇浸没面积 s 与艇某特征尺寸 c 的平方成正比,即 $s\propto c^2$,则艇排水体积 A 与 c 的三次方成正比,即 $A\propto c^3$. 于是:

$$s\propto A^{\frac{2}{3}}. \tag{5.10}$$

由于艇重 w_0 与桨手数 n 成正比,于是艇与桨手的总质量为 $w'=w_0+nw$ 也与 n 成正比,即:

$$w'\propto n. \tag{5.11}$$

由阿基米德定律,艇排水体积 A 与总质量 w'成正比,即:

$$A\propto w'. \tag{5.12}$$

由式(5.10),式(5.11)和式(5.12)可得:

$$s\propto n^{\frac{2}{3}}. \tag{5.13}$$

将式(5.13)代入式(5.9)得:

$$v\propto n^{\frac{1}{9}}.$$

由于比赛成绩 t(时间)与速度 v 成反比,故:

$$t\propto n^{-\frac{1}{9}}. \tag{5.14}$$

式(5.14)就是在模型假设下各种赛艇的比赛成绩与桨手数的关系.

5. 模型检验

为了利用表 5-1 中的数据检验式(5.14),设比赛成绩 t 与桨手数 n 的关系为:

$$t=an^{-b}, \tag{5.15}$$

式中 a,b 为待定正常数. 利用表 5-1 中第 6 列各种赛艇平均成绩及最小二乘法可以求得:

$$t=6.797n^{-0.099}, \tag{5.16}$$

其结果与式(5.14)吻合得非常好,如图 5-5 所示,其中圆点为表 5-1 中第 6 列各种赛艇的平均成绩,实线为式(5.16)所表示的曲线.

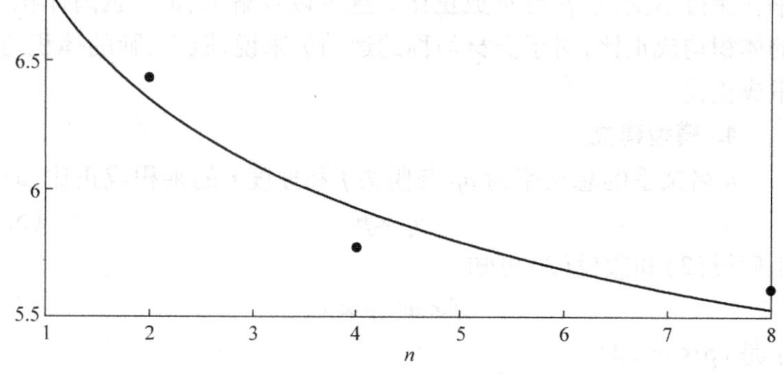

图 5-5 数据图形与拟合式(5.16)的曲线

Lingo 程序如下：

```
sets:
zhibiao/1..4/:n,t;
endsets
data:
n=1 2 4 8;
t=6.79 6.43 5.77 5.61;
enddata
min=@ sum(zhibiao(i):(t(i)-a* (n(i)^(-b)))^2);
```

5.5 利用几何相似性建模

在实际中经常遇到几何相似性，如汽车模型与汽车相似，轮船模型与轮船相似等，它是一个与比例性有关的概念，而且有助于简化数学建模过程.

定义　如果两个物体各点之间存在一一对应关系，使得对应点之间的距离之比对所有可能的点都不变（等于同一个常数），则称这两个物体是几何相似的.

例如，考虑两个长方体盒子，如图 5-6 所示.

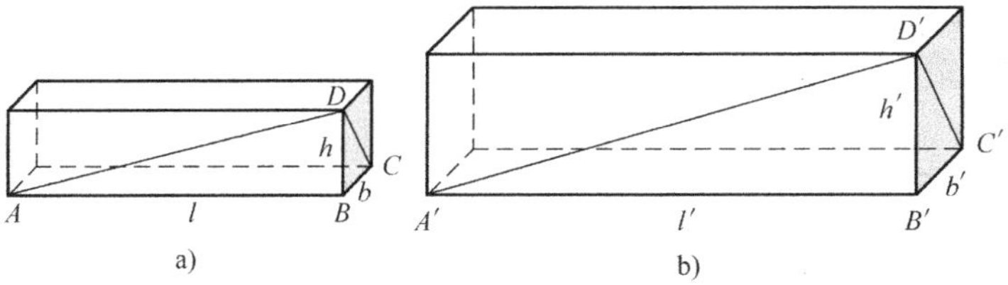

图 5-6　两个相似的长方体

在图 5-6a 中 A 与 B 两点之间的距离记为 l，B 与 C 两点之间的距离记为 b，B 与 D 两点之间的距离记为 h，在图 5-6b 中 A' 与 B' 两点之间的距离记为 l'，B' 与 C' 两点之间的距离记为 b'，B' 与 D' 两点之间的距离记为 h'，对于这两个几何相似的长方体，则存在正常数 k，使得：

$$\frac{l}{l'}=\frac{b}{b'}=\frac{h}{h'}=k. \tag{5.17}$$

从几何角度解释上述等式，在图 5-6 中，由于这两个长方体盒子几何相似，所以 $\triangle ABD$ 与 $\triangle A'B'D'$ 相似. 同理可以说明 $\triangle BCD$ 与 $\triangle B'C'D'$ 相似等. 因此对应角相等的物体几何相似的. 也就是说，对于两个几何相似的物体来说，它们的形状是一样的，而且一个物体可以通过另一个物体的简单放大或缩小复制而成.

当两个物体是几何相似时，它们的一个优点是物体的体积和表面积那样的量的某些计算可以简化. 对于图 5-6 中所给出的两个盒子，由式(5.17)可知，它们的体积之比为：

$$\frac{V}{V'}=\frac{lbh}{l'b'h'}=k^3. \tag{5.18}$$

类似地,它们的表面积之比为:

$$\frac{S}{S'}=\frac{2lh+2lb+2bh}{2l'h'+2l'b'+2b'h'}=k^2. \tag{5.19}$$

如果规定了比例常数 k,我们可以立即可得这些量的比,而且可以把表面积和体积的比例性通过某个选定的特征维数表示出来.选择长度 l 作为特定维数,由于 $\frac{l}{l'}=k$, 有:

$$\frac{S}{S'}=k^2=\frac{l^2}{l'^2},$$

所以

$$\frac{S}{l^2}=\frac{S'}{l'^2}=\text{常数}.$$

任何两个几何相似的物体,其表面积 S 总是与它的特征维数长度 l 的平方成正比,即 $S\propto l^2$.

类似地,体积与长度的三次方成正比,即 $V\propto l^3$.

如果对于依赖于物体的长度、表面积和体积的某个函数,例如:

$$y=f(l,S,V),$$

可以把所有的变量用某个选择好的、诸如长度那样的特征维数表示出来,给出

$$y=g(l,l^2,l^3).$$

例 5.1 从静止的云层落下的雨点.试考虑雨点的终极速度(空气阻力等于重力时的速度)与雨点质量的关系.

问题分析:雨点下落时做自由落体运动,雨点下落时受重力和空气阻力作用.

模型假设:

(1)设作用在雨点上的空气阻力 f_2 与雨点的表面积 S 和雨点下落速度 v 的平方的成绩成正比,即 $f_2\propto Sv^2$.

(2)雨点都是几何相似的.

模型建立与求解:记雨点的质量为 m,体积为 V,雨点所受的重力为 f_1.其体积 V、表面积 S 与某特征尺度(特征维数)l 之间的关系为:

$$S\propto l^2,\quad V\propto l^3, \tag{5.20}$$

因此 $S^{\frac{1}{2}}\propto V^{\frac{1}{3}}$,即 $S\propto V^{\frac{2}{3}}$.又因为 $m\propto V$,所以 $S\propto m^{\frac{2}{3}}$.

由牛顿第二定律可知:

$$f=f_1-f_2=ma,$$

其中 a 为加速度.在终极速度处有 $a=0$,所以:

$$f_1=f_2. \tag{5.21}$$

由于 $f_1\propto m$ 和 $f_2\propto Sv^2$,从而 $m\propto m^{\frac{2}{3}}v^2$.于是 $m^{\frac{1}{3}}\propto v^2$,即 $v\propto m^{\frac{1}{6}}$.也

就是说：雨点的终极速度与其质量的六分之一次方成正比．

5.6 公平的席位分配

席位分配问题在社会活动中经常遇到，比如人大代表或职工学生代表的名额分配或资源的分配等．通常分配结果的公平与否以每个代表席位所代表的人数相等或相近来衡量．目前沿用的惯例分配方法为按比例分配方法，即：

某单位席位分配数 = 某单位总人数比例×总席位

如果按上述公式参与分配的一些单位席位分配数出现小数，则先按席位分配数的整数分配席位，余下席位按所有参与席位分配单位中小数的大小依次分配之，这种方法称为**比例参照惯例法**，也称为**最大剩余法**．这种分配方法公平吗？下面来看一个学院在分配学生代表席位中遇到的问题：

1. 提出问题：

某学院有 3 个系共 200 名学生，其中甲系 100 名，乙系 60 名，丙系 40 名．若学生代表会设有 20 个席位，按比例分配方法，如表 5-2所示．显然甲、乙、丙三系分别应占有 10，6，4 个席位．

表 5-2　比例加惯例分配方法 1

系别	学生人数	学生人数比例(%)	20 个席位的分配	
			比例分配席位	参照惯例结果
甲	100	50	10.0	10
乙	60	30	6.0	6
丙	40	20	4.0	4
总和	200	100	20	20

现在丙系有 3 名学生转入甲系，3 名学生转入乙系，仍按比例分配席位出现了小数，三系同意，在将取得整数的 19 席位分配完毕后，剩下的 1 席位参照所谓惯例分给比例中小数最大的丙系，于是三系仍分别占有 10，6，4 个席位．按比例并参照惯例的席位分配结果，如表 5-3 所示．

表 5-3　比例加惯例分配方法 2

系别	学生人数	学生人数比例(%)	20 个席位的分配		21 个席位的分配	
			比例分配席位	参照惯例结果	比例分配席位	参照惯例结果
甲	103	51.5	10.3	10	10.815	11
乙	63	31.5	6.3	6	6.615	7
丙	34	17	3.4	4	3.570	3
总和	200	100	20	20	21	21

由于 20 个席位的会议代表在表决时可能出现 10：10 的局面，会议决定下一届增加 1 席，按照上述方法重新分配席位．计算结果是甲、乙、丙三系分别应占有 11，7，3 个席位．显然这个结果对丙系

很不公平，因总席位增加1席，而丙系却由4席减为3席.

请问：如何分配才能保证公平？

2. 模型构成

设有A，B两方，其人数分别为p_1和p_2，占有席位分别是n_1和n_2，双方每席所代表的人数分别为p_1/n_1和p_2/n_1. 当$p_1/n_1=p_2/n_2$时席位的分配公平. 但人数为整数，通常$p_1/n_1 \neq p_2/n_2$，这时席位分配不公平，且p/n较大的一方吃亏.

若$p_1/n_1>p_2/n_2$，则说明A方吃亏（即对A方不公平）；

若$p_1/n_1<p_2/n_2$，则说明B方吃亏（即对B方不公平）；

因此可以考虑用算式$p=\left|\frac{p_1}{n_1}-\frac{p_2}{n_2}\right|$来作为衡量分配不公平程度，不过此公式有不足之处（绝对数的特点），如：

如果双方的人数和席位为：$n_1=n_2=10$和$p_1=120$，$p_2=100$，则$p=2$；

如果双方的人数和席位为：$n_1=n_2=10$和$p_1=1\ 020$，$p_2=1\ 000$，则$p=2$.

虽然在两种情况下都有$p=2$，但显然第二种情况比第一种情况公平些.

下面采用相对标准，对公式给予改进，定义席位分配的相对不公平标准公式：

若$\frac{p_1}{n_1}>\frac{p_2}{n_2}$，定义

$$r_A(n_1,n_2)=\frac{\frac{p_1}{n_1}-\frac{p_2}{n_2}}{\frac{p_2}{n_2}} \tag{5.22}$$

为对A的相对不公平度.

若$\frac{p_1}{n_1}<\frac{p_2}{n_2}$，定义

$$r_B(n_1,n_2)=\frac{\frac{p_2}{n_2}-\frac{p_1}{n_1}}{\frac{p_1}{n_1}} \tag{5.23}$$

为对B的相对不公平度.

由定义可知，对某方的不公平度越小，某方在席位分配中越有利，因此可以使用将不公平度尽量减小的分配方案来减少分配中的不公平.

使用不公平度的大小来确定分配方案，不妨设$\frac{p_1}{n_1}>\frac{p_2}{n_2}$，即对$A$方不公平，再分配一个席位时，关于$\frac{p_1}{n_1}$，$\frac{p_2}{n_2}$的关系可能有：

(1) 当$\frac{p_1}{n_1+1}>\frac{p_2}{n_2}$时，说明即使给 A 增加 1 席，仍然对 A 不公平，所以这一席显然应给 A 方.

(2) 当$\frac{p_1}{n_1+1}<\frac{p_2}{n_2}$时，说明给 A 增加 1 席后，变为对 B 不公平，此时对 B 的相对不公平度为：

$$r_B(n_1+1,n_2)=\frac{p_2(n_1+1)}{p_1n_2}-1. \tag{5.24}$$

(3) 当$\frac{p_1}{n_1}>\frac{p_2}{n_2+1}$时，这说明给 B 增加 1 席，将对 A 不公平，此时对 A 的相对不公平度为：

$$r_A(n_1,n_2+1)=\frac{p_1(n_2+1)}{p_2n_1}-1. \tag{5.25}$$

因为公平分配席位的原则是使相对不公平度尽可能小，所以如果

$$r_B(n_1+1,n_2)<r_A(n_1,n_2+1) \tag{5.26}$$

则这 1 席给 A 方，反之这 1 席给 B 方.

把式(5.24)和式(5.25)代入式(5.26)，式(5.26)等价于

$$\frac{p_2^2}{n_2(n_2+1)}<\frac{p_1^2}{n_1(n_1+1)}.$$

记

$$Q_i=\frac{p_i^2}{n_i(n_i+1)},\quad i=1,2.$$

则增加的 1 席给 Q 值大的一方.

上述方法可以推广到有 m 方分配席位的情况. 设第 i 方人数为 p_i，已占有 n_i 个席位. 当总席位增加 1 席时，计算

$$Q_i=\frac{p_i^2}{n_i(n_i+1)},\quad i=1,2,\cdots,m,$$

则增加的 1 席应分配给 Q 值大的一方，这种席位分配的方法称为 **Q 值法**.

3. 模型求解

下面用 Q 值法讨论甲、乙、丙三系分配 21 个席位的问题. 先按照比例将整数部分的 19 席分配完毕，有 $n_1=10, n_2=6, n_3=3$. 再用 Q 值法分配第 20 席和第 21 席.

分配第 20 席，计算得：

$$Q_1=\frac{103^2}{10\times11}=96.4, Q_2=\frac{63^2}{6\times7}=94.5, Q_3=\frac{34^2}{3\times4}=96.3,$$

Q_1 最大，于是这 1 席应分给甲系.

分配第 21 席，计算得：

$$Q_1=\frac{103^2}{11\times12}=80.4, Q_2=\frac{63^2}{6\times7}=94.5, Q_3=\frac{34^2}{3\times4}=96.3,$$

Q_3 最大，于是这 1 席应分给丙系.

这样，21 席分配结果是甲乙丙三系分别占有 11 席、6 席和 4 席，丙系保住了比例参照惯例法将会丢失的 1 席．但从上面计算过程注意到，当总席位数为 20 席时，结果为 11，6，3 席，与比例参照惯例法 10，6，4 席不同．因此这种方法很难说对丙系是有利还是不利．

4. 总结

从 Q 值法与最大剩余法对这个具体问题不同的分配结果看，很难对这两种方法进行评判，可是 Q 值法不仅有明确的不公平度指标，而且由于它是通过每增加 1 个席位来计算 Q 值，所以不会出现总席位数增加而分配席位数减少这种现象．Q 值法是 20 世纪 20 年代由哈佛大学数学家 E. V. Huntington 提出和推荐的一系列席位分配方法中的一种方法．

公平席位分配应该满足什么条件呢？设第 i 方人数为 $p_i, i=1,2,\cdots,m$，总人数为 $P=\sum_{i=1}^{m} p_i$，待分配席位数为 N，第 i 方理想化的分配结果为 n_i，满足 $N=\sum_{i=1}^{m} n_i$. 记 $q_i=Np_i/P$. 显然，若 q_i 均为整数，则有 $n_i=q_i$. 以下考虑 q_i 不全为整数的情况．

由于 n_i 是 N 与 p_i 的函数，记 $n_i=f_i(N,p_1,p_2,\cdots,p_m)$，$[q_i]_-$ 和 $[q_i]_+$ 分别表示 q_i 向下取整和向上取整，一般来说，公平席位分配应该满足如下原则：

(1) $[q_i]_- \leqslant n_i \leqslant [q_i]_+, i=1,2,\cdots,m$；即 n_i 必取 $[q_i]_-$ 和 $[q_i]_+$ 二者之一，称为份额性；

(2) $f_i(N,p_1,p_2,\cdots,p_m) \leqslant f_i(N+1,p_1,p_2,\cdots,p_m), i=1,2,\cdots,m$，即总席位数增加时 n_i 不应该减少，称为席位单调性；

(3) 在总席位不变的情况下，当 i 方相对于 j 方人数增加时，不会导致 i 方席位减少而 j 方席位增加（不排除 i、j 方两方席位都增加或都减少），称为人口单调性．

比较加惯例的方法满足原则(1)，但不一定满足原则(2)与原则(3)．Q 值方法满足原则(2)与原则(3)，但不一定满足原则(1)．令人遗憾的是，当 $m \geqslant 4, N \geqslant m+3$，根本不存在满足这三个原则的分配方法．

5.7 公平的选举

在现代社会的公众生活和政治活动中，有很多事情是靠投票选举的办法决定的．从推选班长、队长，到竞选市长、总统；从评选最佳影片、优秀运动员，到推举旅游胜地、宜居城市；国际奥委会经过层层筛选、一轮一轮地投票选出奥运会举办城市的过程更为世人瞩目．无论什么层次的选举，人们都希望公平、公正，可是，世界上存在公平的选举吗?

我们对投票选举作如下的表述和约定:每位选民对所有候选人按照偏爱程度所做的排序称为一次投票,根据全体选民的投票确定哪位候选人是获胜者的规则称为选举方法.

1. 提出问题

先看一个虚拟的例子:选出班级喜爱的球队.

一个班级 30 名学生从 A,B,C,D 共 4 支球队中投票选出班级喜爱的球队,每个学生按照自己的偏爱程度将球队从第 1 名排到第 4 名的投票结果如表 5-4 所示.

表 5-4　30 名学生对喜爱球队的投票结果

票数	11	10	9
第 1 名	B	C	A
第 2 名	D	D	D
第 3 名	C	A	C
第 4 名	A	B	B

如果只比较哪支球队得第 1 名的票数最多,那么获胜者是 B,但是有近 2/3 的学生将 B 排到最后一名;也可以认为获胜者是 C,因为 C 不仅没有排到最后,而且得第 1 名只比 B 少 1 票;还可以考虑 D,因为没有学生把 D 排到第 2 名以后. 那么怎样决定获胜者呢? 这就取决于采用什么选举方法了.

2. 5 种选举方法

简单多数法　得到第 1 名票数最多的候选人为获胜者.

单轮决胜法　得到第 1 名票数最多和次多的两位候选人进入单轮决胜投票,由简单多数法决定决胜投票的获胜者,并确定为整个选举的获胜者.

在选举喜爱球队例子中,得到第 1 名票数最多和次多的是 B,C,按照单轮决胜法,这 2 支球队进入决胜投票. 假定所有学生对 B,C 的偏爱没有改变,那么决胜投票的结果如表 5-5 所示.

表 5-5　30 名学生对喜爱球队单轮决胜投票的结果

票数	11	10	9
第 1 名	B	C	C
第 2 名	C	B	B

按照单轮决胜法选举的获胜者是 C.

系列决胜法　进行多轮决胜投票,每轮只淘汰得第 1 名票数最少的候选人,当剩下两位候选人时,由简单多数法决定获胜者,并确定为整个选举的获胜者.

在选举喜爱球队的例子中,初次投票得到第 1 名票数最少的是 D,按照系列决胜法进入第 2 轮的球队是 A,B,C. 假设所有学生对这些球队的偏爱没有改变(以下均作偏爱不变的假设,不再重复),那么第2轮的投票结果如表5-6所示.

表5-6　按照系列决胜法对喜爱球队第2轮的投票结果

票数	11	10	9
第1名	B	C	A
第2名	C	A	C
第3名	A	B	B

按照系列决胜法应该淘汰A,进入第3轮的是B,C,投票结果如表5-7所示.

表5-7　按照系列决胜法对喜爱球队第3轮的投票结果

票数	11	10	9
第1名	B	C	C
第2名	C	B	B

于是,按照系列决胜法,整个选举的获胜者是C.

Coombs法　除了每轮不是淘汰第1名票数最少的,而是淘汰倒数第1名票数最多的候选人以外,其余与系列决胜法相同.

在选举喜爱球队的例子中,初次投票倒数第1名票数最多的是B,按照Coombs法进入第2轮的是A,C,D,第2轮的投票结果如表5-8所示.

表5-8　按照Coombs法对喜爱球队第2轮的投票结果

票数	11	10	9
第1名	D	C	A
第2名	C	D	D
第3名	A	A	C

倒数第1名票数最多的A被淘汰,进入第3轮的是C,D,第3轮的投票结果如表5-9所示.

表5-9　按照Coombs法对喜爱球队第3轮的投票结果

票数	11	10	9
第1名	D	C	D
第2名	C	D	C

于是,按照Coombs法,最终获胜者是D.

Borda计数法　对每一张选票,排倒数第1名的候选人得1分,排倒数第2名的候选人得2分,依此下去,排第1名的得分是候选人的总数.将全部选票中各位候选人的得分求和,总分最高的为获胜者.

在选举喜爱球队的例子中,A排第1名9票,第3名10票.第4名11票,A的总分为$9\times4+10\times2+11\times1=67$(分).同样地计算

B 的总分为 $11\times4+19\times1=63$(分),C 的总分为 $10\times4+20\times2=80$(分),D 的总分为 $30\times3=90$(分). 按照 Borda 计数法获胜者是 D.

我们看到,在选举喜爱球队的例子中(见表 5-4),按照简单多数法获胜者是 B,按照单轮决胜法和系列决胜法获胜者是 C,按照 Coombs 法和 Borda 计数法获胜者是 D. 这个结果表明,哪位候选人是获胜者不仅取决于选民的偏爱,也与采用的选举方法有关.

在选民对候选人同样的偏爱下,不同的选举方法可能产生出不同的获胜者,这是一个既有趣又令人不安的现象. 人们自然要问:哪一种选举办法才是公平的?

直接回答这个问题是困难的. 让我们换一个角度思考,讨论在公认的民主法则和选民的理性行为下,选举方法应该满足哪些所谓的“公平性准则”,上面的几种方法满足或者违反了其中的哪些准则.

3. 选举中的公平准则

多数票准则　得到第 1 名票数超过选民半数的候选人应当是获胜者.

Borda 计数法满足还是违反多数票准则呢?请看这样一个例子:27 位选民对 4 位候选人的投票结果如表 5-10 所示.

表 5-10　27 位选民对 4 位候选人的投票结果

票数	9	8	5	4	1
第 1 名	C	A	C	A	B
第 2 名	D	D	D	B	A
第 3 名	A	B	B	D	D
第 4 名	B	C	A	C	C

按照 Borda 计数法计算各位候选人的得分:D 为 $22\times3+5\times2=76$ 分,C 为 69 分,B 为 51 分,A 为 74 分,所以获胜者是 D. 但是 C 得第 1 名票数是 14,超过选民的半数,按照多数票准则获胜者应该是 C.

显然,在这个例子中 Borda 计数法违反多数票准则,当然,并不是说采用 Borda 计数法每次选举都会违反这个准则.

Condorcet 获胜者准则　如果候选人 X 在与每一位候选人的两两对决中都获胜(按照多数票准则),那么 X 应当是获胜者.

考察选举喜爱球队例子中球队两两对决的结果:由表 5-4 可知,在 D 和 B 的对决中,19 名学生将 D 排在 B 前面,11 名学生将 B 排在 D 前面,D 与 B 的票数之比是 19:11,因此 D 获胜. 类似地,D 与 C 的票数之比是 20:10,D 与 A 的票数之比是 21:9. D 在所有的两两对决中都获胜,按照获胜者准则 D 是这次选举的获胜者. 简单多数法(获胜者是 B)、单轮决胜法和系列决胜法(获胜者是 C)都违反获胜者准则.

虽然在选举喜爱球队的例子中 Coombs 法和 Borda 计数法的获胜者正好是 D,但是据此并不能说明这两种方法满足获胜者准则.

Condorcet 失败者准则 如果候选人 Y 在与每一位候选人的两两对决中都未获胜,那么 Y 不应当是获胜者,以下简称失败者准则.

考察选举喜爱球队例子中 B 与其他球队两两对决的结果:由表 5-4 可知 B 与 D,C,A 的票数之比都是 11:19,按照失败者准则 B 不应当是获胜者. 简单多数法(获胜者是 B)违反这条准则.

无关候选人的独立性准则 假定在最终排序中候选人 X 领先于候选人 Y,如果其他一位候选人退出选举,或者一位新的候选人进入选举,那么在最终排序中候选人 X 仍领先于候选人 Y. 这条准则的意思是,候选人的最终排序与其他候选人的退出或进入无关,以下简称独立性准则.

考察用系列决胜法确定选举喜爱球队例子中获胜者的过程,根据被淘汰的顺序,4 支球队最终排序应为 C,B,A,D. 假定 B 退出选举,投票结果将如表 5-11 所示.

表 5-11 学生对喜爱球队的投票结果(B 退出选举)

票数	11	10	9
第 1 名	D	C	A
第 2 名	C	D	D
第 3 名	A	A	C

A 被淘汰,进入第 2 轮的是 C,D,投票结果将如表 5-12 所示.

表 5-12 用系列决胜法的第 2 轮投票结果(B 退出选举)

票数	11	10	9
第 1 名	D	C	D
第 2 名	C	D	C

于是在 B 退出选举后用系列决胜法对其余三支球队的最终排序是 D,C,A. D 排到了 C 和 A 前面,而 B 未退出时,D 是排在最后的,所以系列决胜法违反了独立性准则.

单调性准则 假定候选人 X 在一次选举的最终排序中居于某个位置,如果某些选民只将 X 的顺序提前而其他候选人的排序不变,那么对于新的选举,X 在最终排序中的位置不应在原来位置的后面. 这条准则的意思是,若选民对 X 的排序没有后移,那么在最终排序中 X 相对其他候选人的优先性不应改变.

上面讨论了五种选举方法和五条公平性准则,但是没有一种选举方法满足全部公平性准则. 美国经济学家 K. Arrow 在 1951 年开始研究选举理论时,先列出自己认为的公平性准则,并且为找不到满足所有准则的选举方法而感到困扰,他不断修正提出的准则,在数次尝试但是没有结果之后,他改变了思路. Arrow 用比较短的时间却得到了选举理论历史上最重要的结果,现在称为 Arrow 不可能性定理,正是因为这个成果,Arrow 获得了 1972 年诺贝尔经济学奖.

Arrow 不可能性定理(修正版本)　任何一种选举方法都至少违反下列 4 条准则之一:多数票准则、获胜者准则、独立性准则、单调性准则.

4. 系列决胜法在推选 2004 年奥运会举办城市的应用

国际奥委会采用系列决胜法选择奥运会举办城市. 通常先从申办城市中挑出几座候选城市,然后奥委会成员进行几轮投票,投票时不要求对候选城市排序,只要求投给最偏爱的一座城市,每轮将得票最少的城市淘汰,直至选出获胜城市.

2004 年奥运会的候选城市是雅典、布宜诺斯艾利斯、开普敦、罗马、斯德哥尔摩,在奥委会成员的第 1 轮投票中,5 座城市的票数如表 5-13 第 2 行.

因为得票最少的布宜诺斯艾利斯和开普敦票数相同,按照规定需要对这两座城市进行一轮附加投票,得票少的淘汰. 投票结果布宜诺斯艾利斯被淘汰,其他 4 座城市进入下一轮. 第 2 轮投票结果如表 5-13 第 3 行所示.

斯德哥尔摩被淘汰,其他 3 座城市进入下一轮. 第 3 轮投票结果如表 5-13 第 4 行所示.

开普敦被淘汰,其他 2 座城市进入最后一轮. 第 4 轮投票结果如表 5-13 第 5 行所示.

最终获胜者是雅典.

表 5-13　2004 年奥运会举办城市各轮投票结果

城市	雅典	布宜诺斯艾利斯	开普敦	罗马	斯德哥尔摩
第 1 轮票数	32	16	16	23	20
第 2 轮票数	38		22	28	19
第 3 轮票数	52		20	35	
第 4 轮票数	66			41	

尽管开普敦在第 1 轮投票中是得票最少的城市之一,但它并不是在淘汰布宜诺斯艾利斯后下一个被淘汰的. 如果第 2 轮投票中投给斯德哥尔摩的 19 票在第 3 轮投票中都投给开普敦,那么开普敦将得到 $22+19=41$ 票,第 3 轮淘汰的将是罗马,而开普敦将在最后一轮投票中与雅典对决. 二者之中哪个会获胜? 如果投给罗马的 35 票在最后一轮投票中都投给开普敦,那么开普敦将是最终的获胜者. 这就是说,采用系列决胜法在最初一轮投票中差点被淘汰的城市也可能最终获胜!

在用系列决胜法的第1轮投票中(见表5-13),假设原来投给开普敦的票中有一票转投给雅典,只发生有利于雅典的这一点改变,可使第1轮投票结果如表5-14第2行所示.

于是第1个被淘汰的城市不是布宜诺斯艾利斯,而是开普敦.剩下4座城市进入下一轮,我们无法确切知道会有什么结果,但是出现表5-14第3行所示的情况是可能的.

斯德哥尔摩被淘汰,第3轮投票结果可能如表5-14第4行所示.表中假定第1轮投给开普敦的票中有一票转投给雅典.

罗马被淘汰,雅典和布宜诺斯艾利斯将进入最后一轮的竞争,而布宜诺斯艾利斯有可能最终获胜.

表5-14 2004年奥运会举办城市各轮投票结果

城市	雅典	布宜诺斯艾利斯	开普敦	罗马	斯德哥尔摩
第1轮票数	33	16	15	23	20
第2轮票数	33	31		23	20
第3轮票数	33	51		23	

我们看到,在用系列决胜法的选举过程中,第1轮投票雅典位居第1,而有利于雅典的一点点改变(投给开普敦的票中有一票转投给雅典),在最终排序中却可以使雅典落到第2位.如果真的如此(这是完全可能的),单调性准则就不成立了.

5. 单轮决胜法在2002年法国总统选举的应用

法国总统选举采用单轮决胜法.在初次投票中不要求选民对候选人排序,只投票给最偏爱的一位候选人,获得票数最多和次多的两位候选人进入决胜投票,决胜投票由简单多数法决定获胜者.

在2002年法国总统选举中进入初次投票的有16位候选人,其得票百分比如表5-15所示,略去的候选人得票低于6%.

表5-15 2002年法国总统选举初次投票中候选人的得票百分比

候选人	Chirac	Le Pen	Jospin	Bayrou	…
得票百分比	19.88%	16.86%	16.18%	6.84%	…

得票最多和次多的Chirac和Le Pen进入决胜投票,结果Chirac以82%的绝对优势获胜.

在初次投票中Chirac,Le Pen和Jospin三位候选人得票都超过15%且相差不大,其中Chirac是著名右翼政治家,1995—2007年任法国总统,Le Pen是极右翼政治家,有60%以上选民反对他,Jospin是左翼政治家,1997—2002年任法国总理.本来Chirac和Jospin是被看好能够进入决胜投票的势均力敌的两位候选人,但是Le Pen以稍多一点的票数挤掉了Jospin.然而几乎可以肯定,假如不用单轮决胜法而是采用系列决胜法的话,如果选民的偏爱不变,Chirac

和 Jospin 将有一场决战,结果难料.

假定在初次投票中有 1% 的选民将原来投给 Le Pen 的票转投 Chirac,这会使 Chirac 的得票由 19.88% 上升到 20.88%,而 Le Pen 的得票由 16.86% 下降到 15.86%,低于 Jospin 的 16.18%. 这样在决胜投票中竞选的将是 Chirac 和 Jospin. 虽然无法知道谁会在决胜投票中获胜,但 Jospin 的确有胜出的可能. 而如果 Jospin 获胜,就违反了单调性准则. 这次选举中按照选民最初的真实意愿排序是 Chirac 位居第 1,而好像有利于 Chirac 的 1% 选民的转投这一点点改变,却可能使 Chirac 在最终排序中落到第 2 位.

上面所说的结果清楚地说明单调性准则的重要性. 那些最偏爱 Chirac 将他排到第 1 位的选民,可能会损害 Chirac 在最终排序中的位置! 对于这些选民来说,更好的策略是把一部分票投给 Le Pen(即使很不喜欢他),增加 Le Pen 领先 Jospin 进入决胜投票的可能性(他们知道在决胜投票中 Chirac 一定能击败 Le Pen),以避免让 Jospin 进入有可能胜过 Chirac 的决胜投票. 这就是说,单轮决胜法对于虚假投票非常敏感.

习题 5

1. 什么是数学建模? 数学建模的一般步骤什么?

2. 什么是数学模型? 请举例说明.

3. 在数学建模时为什么要进行模型假设? 哪些内容应该在模型假设中给出?

4. 在数学建模时为什么要进行模型检验? 模型检验要从哪些方面来做?

5. 数学建模的作用有哪些?

6. 将一张四条腿的桌子放在不平的地面上,桌子的四条腿的连线呈长方形,不允许将桌子移到别处,但允许围绕着其中心旋转,问是否总能设法使桌子的四条腿同时落地? 若桌子的四条腿共圆,结果又如何?

7. 兔子出生后两个月就能生小兔,如果最初你养了刚出生的一雌一雄两只小兔,长成后兔子每月生一次且恰好生一雌一雄的一对,出生的小兔年内均不死,问一年后你家里共有多少对兔子? (注:本问题关系到一个十分重要的数列:斐波那契数列)

8. 四足动物的躯干(不包括头尾)的长度和它的体重有什么关系? 这个问题有一定的实际意义. 比如,生猪收购站的人员或养猪专业户,如果能从生猪的身长估计它的重量,那么可以给他们带来很大方便.

9. 通常大包装的商品与小包装的商品相比,前者的单位重量价格较便宜,这主要是受商品的包装材料成本的影响. 现设商品的

包装材料成本 C 与其表面积 S 成正比，商品的包装呈圆柱形，底面直径 D 与高 h 的比为 $D:h=1:2$，试分析商品包装表面积 S 与商品重量 W 的关系，进而说明单位重量的包装材料成本与商品重量 W 的关系.

10. 讨论三层玻璃窗的功效？讨论双层玻璃窗的隔音效果？

11. 比利时(d'Hondt)分配方案：将甲、乙、丙三系的人数都用 1,2,3,…去除，将商从大到小排列，取前 21 个最大的，这 21 个中各系占有几个，就分给几个席位，你认为这种方法合理吗？

12. 学校共有 1 000 名学生，235 人住在 A 楼，333 人住在 B 楼，432 人住在 C 楼. 学生们要组成一个 10 人委员会，使用 Q 值方法及最大剩余数方法给出分配方案. 如果委员会为 15 人，分配方案是什么？

13. 查资料，学习一些新的席位分配方法，探讨这些方法是否满足公平席位分配的分额性、人口单调性与席位单调性？

14. 19 位选民对 4 位候选人的投票结果如表 5-16 所示.

表 5-16　19 位选民对 4 位候选人的投票结果

票数	7	5	4	3
第 1 名	B	D	C	A
第 2 名	A	C	D	C
第 3 名	D	A	A	D
第 4 名	C	B	B	B

(1)分别用简单多数法、单轮决胜法、系列决胜法、Coombs 法和 Borda 计数法确定获胜者.

(2)对于本题，前 4 种方法的结果违反多数票准则、获胜者准则、失败者准则吗？若是，哪种方法违反？若不是，请给出解释.

(3)假定 C 退出选举，选民对其他 3 位候选人的偏爱不变，重新用 Borda 计数法确定获胜者. 这两个选举结果违反独立性准则、单调性准则吗？请给出解释.

第6章 微分方程模型与优化模型

在自然科学以及工程、经济、医学、体育、社会等学科的许多系统中，有时很难找到该系统有关变量之间的函数表达式，但却容易建立这些变量的微小增量或变化率之间的关系式，这种关系式就是微分方程模型．大家都知道：微分方程是研究函数变化最有力的工具之一，与实际问题联系最为密切．要用微分方程解决实际问题，首先要根据实际问题，得到相关变量满足的微分方程模型，然后再用微分方程理论与方法来研究该模型．

同时，在工业、农业、交通运输、商业、国防、建筑、通信、政府机关等各部门各领域的实际工作中，我们经常会遇到求函数的极值或最大(小)值问题，这一类问题称之为优化问题。比如，出门旅行需要考虑选择什么样的路线和交通工具，才能使旅行费用最少？一个工厂需要怎样安排产品的生产，才能使其获得最大的利润？一个设计部门需要考虑怎样在满足结构强度的要求的同时使得所用的材料的总重量最轻？

本章将通过几个案例，介绍微分方程建模和优化问题建模的步骤与方法．

6.1 捕鱼业的持续收获

渔业资源是一种再生资源，再生资源要注意适度开发，不能为了一时的高产"竭泽而渔"，应该在持续稳产的前提下追求最高产量或最优的经济效益．这是一类可再生资源管理与开发的模型，这类模型的建立一般先考虑在没有收获的情况下资源自然增长模型，然后再考虑收获策略对资源增长情况的影响．

1. 资源增长模型

考虑某种鱼群数量的动态发展过程．在建立模型之前，做如下假设：

(1)鱼群的数量本身是离散变量，谈不到可微性．但是，由于突然增加或减少的只是单一个体或少数个体，与总体数量相比，这种增长率是微小的．所以，可以近似地假设鱼群的数量随时间连续地，甚至是可微地变化．

(2)假设鱼群生活在一个稳定的环境中，即增长率与时间无关.

(3)种群的增长是种群个体死亡与繁殖共同作用的结果.

(4)资源有限的生存环境对种群的繁衍,生长有抑制作用,而且这一作用与鱼群的数量是成正比的.

记时刻 t 渔场中鱼量为 $x(t)$,我们可以得到 $x(t)$ 所满足的 Logistic 模型:

$$\begin{cases} \dot{x}(t)=f(x)=rx(1-\dfrac{x}{N}), \\ x(0)=N_0. \end{cases} \tag{6.1}$$

式中,r 是固有增长率,N 是环境容许的最大鱼量. 由分离变量法求得方程(6.1)的解为:

$$x(t)=\frac{N}{1+\dfrac{e^{-rt}(N-N_0)}{N_0}}.$$

方程(6.1)有两个平衡点,即 $x_{10}=0$,$x_{20}=N$,其中,x_{10} 是不稳定的,x_{20} 在正半轴内全局稳定的.

2. 资源开发模型

建立一个在捕捞情况下渔场鱼量满足的方程,分析鱼量稳定的条件,并且在稳定的前提下,讨论如何控制捕捞使持续产量或经济效益达到最大.

设单位时间的捕捞量与渔场鱼量 $x(t)$ 成正比,比例系数 k 表示单位时间的捕捞率,k 可以进一步分解为 $k=qE$,E 称为捕捞强度,用可以控制的参数如出海渔船数来度量;q 称为捕捞系数,表示单位强度下的捕捞率. 为方便取 $q=1$,于是单位时间的捕捞量为:

$$h(x)=Ex(t). \tag{6.2}$$

如果 $h(x)=$ 常数,表示一个特定的捕捞策略,即要求捕鱼者每天只能捕捞一定的数量. 在捕捞的情况下,渔场鱼量满足方程

$$\begin{cases} \dot{x}(t)=F(x)=rx(1-\dfrac{x}{N})-Ex, \\ x(0)=N_0. \end{cases} \tag{6.3}$$

这是一个一阶非线性方程. 想要得到渔场的稳定鱼量和保持稳定的条件,即时间 t 足够长以后渔场鱼量 $x(t)$ 的趋向,并且由此确定最大持续产量. 在平衡点处有 $\dot{x}(t)=0$,方程(6.3)有两个平衡点:

$$x_0=N(1-\frac{E}{r}),\ x_1=0.$$

显然,它们均是方程的解.

在 $E<r$ 的情况下,$F'(x_0)<0$,$F'(x_1)>0$,$x_0=N(1-\dfrac{E}{r})$ 是一个正平衡点,x_0 是稳定平衡解. 即在捕捞强度 $E<r$ 的情况下,渔场鱼量将稳定在 x_0 的水平,因此产量(单位时间的捕捞量)也将稳定

在 Ex_0 的水平，即此时可获得持续收获量 .

当然，在 $E>r$ 时，$F'(x_0)>0$，$F'(x_1)<0$，渔场鱼量将逐渐减少至 $x_1=0$，这时的捕捞其实是“竭泽而渔”，当然谈不上获得持续产量了 .

如何才能做到资源在持续捕捞的条件下为我们提供最大的收益？从数学角度上说，就是在 $\dot{x}(t)=0$ 或 $rx(1-\frac{x}{N})=Ex$ 的条件下极大化所期望的“收益”，这里的“收益”可以理解为产量 $h=Ex(t)$，则问题就可以从数学角度叙述为下述优化问题：

$$\begin{aligned}&\max \quad Ex\\&\text{s.t.} \quad rx\left(1-\frac{x}{N}\right)-Ex=0.\end{aligned} \tag{6.4}$$

它可以归结为 E 的二次函数 $h(E)=NE(1-\frac{E}{r})$ 的最大值问题 . 通过简单的推导不难得到最大持续捕捞强度为 $E_{\max}^*=r/2$，最大持续产量为 $h_{\max}^*=rN/4$，捕捞强度 $E_{\max}^*$ 是得到最大持续捕鱼量的策略 .

其实用图解法也可以非常简单地得到结果 . 根据式(6.1)和式(6.2)画出抛物线 $y=f(x)=rx(1-\frac{x}{N})$ 和直线 $y=h(x)=Ex(t)$，如图 6-1 所示 . 注意到 $y=f(x)$ 在原点的切线为 $y=rx$，所以在 $E<r$ 的条件下 $y=f(x)$ 和 $y=h(x)=Ex(t)$ 有交点 P，P 的横坐标就是稳定平衡点 $x_0=N(1-\frac{E}{r})$，P 的纵坐标就是稳定条件下单位时间的持续产量 . 由图 6-1 可知，当 $y=h(x)=Ex$ 和 $y=f(x)$ 在抛物线顶点 P^* 相交时，可获得最大的持续产量，此时的平衡点为：

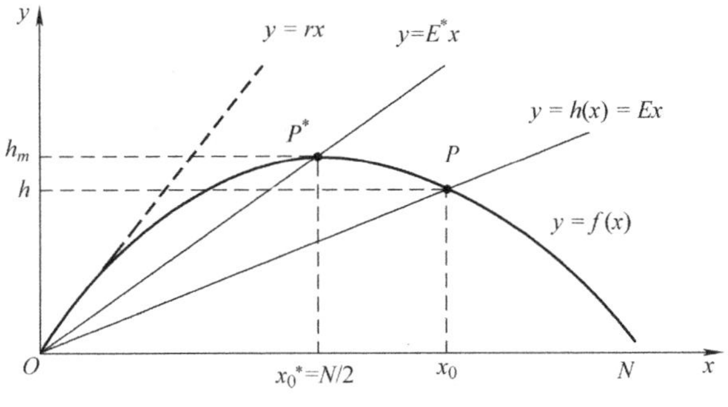

图 6-1　最大持续产量的图解法

$$x_0^*=N/2, \tag{6.5}$$

且最大持续产量为：

$$h_{\max}^*=rN/4, \tag{6.6}$$

与上面分析的结果一致 .

3. 经济效益模型

如今对鱼类资源的开发和利用已经成为人类经济活动的一部分 . 其目的不是追求最大的鱼产量而是追求最大的经济收益 . 因

而一个自然的想法就是进一步分析经济学行为对鱼类资源开发利用的影响.

如果经济效益用从捕捞所得的收入中扣除开支后的利润来衡量,并且简单地设鱼的销售单价为常数 p,单位捕捞强度(如每条出海渔船)的费用为常数 c,那么单位时间的收入 T 和支出 S 分别为

$$T=ph(x)=pEx,S=cE, \tag{6.7}$$

单位时间的利润为

$$R=T-S=pEx-cE. \tag{6.8}$$

利润是渔民所关注的焦点. 因此在制定管理策略时期望极大化"收益",这时就应理解为经济利润或净收入而不是鱼的产量 h 达到最大. 因而所讨论的问题就变成了使鱼量稳定在

$$x_0=N(1-\frac{E}{r}) \tag{6.9}$$

的约束条件下的 $R_{\max}$,即求

$$R(E)=T(E)-S(E)=pNE(1-\frac{E}{r})-cE \tag{6.10}$$

的最大值. 容易求出使 $R(E)$ 达到最大的捕捞强度为

$$E_R=\frac{r}{2}(1-\frac{c}{pN}). \tag{6.11}$$

最大利润下的渔场稳定鱼量

$$x_R=N\left(1-\frac{E_R}{r}\right)=\frac{N}{2}+\frac{c}{2p}. \tag{6.12}$$

最大利润下渔场单位时间的持续产量为

$$h_R=\frac{rN}{4}\left(1-\frac{c^2}{p^2N^2}\right). \tag{6.13}$$

最大可持续净收益模型与前一模型相比较可以看出,在最大效益原则下捕捞强度和持续产量均有减少,而渔场的鱼量有所增加. 并且,增加的比例随着捕捞成本 c 的增长而变大,随着销售价格 p 的增长而变小,这显然是符合实际情况的.

6.2 种群的相互竞争模型

在自然环境中,生物种群丰富多样,它们之间通常存在着相互竞争、相互依存、或是弱肉强食三种基本关系之一. 例如一种动物以另外一种动物作为主要食物来源,这通常称为捕食关系;两个物种为了生存相互依赖,如蜜蜂以植物的花蜜为食,同时替植物传播花粉,这通常称为相互依存. 为论述方便,本节重点讨论两个种群的问题,其使用的方法和结果都可以推广到两个以上的多种群问题中.

设 $x(t)$ 和 $y(t)$ 表示 t 时刻某范围内两个种群个体的数量,当数量 $x(t)$ 和 $y(t)$ 较大时,可以把 $x(t)$ 和 $y(t)$ 都看作 t 的连续函数. 注意到种群的相对变化率通常与研究范围内的种群数有关,利用相

对变化率的概念,将有两个种群的一般数学模型写为:

$$\begin{cases}\dfrac{dx}{dt}\cdot\dfrac{1}{x}=f(x,y),\\[2mm]\dfrac{dy}{dt}\cdot\dfrac{1}{y}=g(x,y).\end{cases}$$

式中,$f(x,y)$,$g(x,y)$就是对应种群的相对增长率或称固有增长率.

当选取

$$\begin{cases}f(x,y)=a+bx+cy,\\g(x,y)=m+nx+sy,\end{cases}$$

时有

$$\begin{cases}\dfrac{dx}{dt}\cdot\dfrac{1}{x}=a+bx+cy,\\[2mm]\dfrac{dy}{dt}\cdot\dfrac{1}{y}=m+nx+sy.\end{cases}$$

整理后,可得到两种群常用的一般数学模型

$$\begin{cases}\dfrac{dx}{dt}=x(a+bx+cy)=ax+bx^2+cxy,\\[2mm]\dfrac{dy}{dt}=y(m+nx+sy)=my+nxy+sy^2.\end{cases}$$

在以上模型中的系数取不同的符号就可以得到两种群的不同关系模型. 下面重点讨论两种群的相互竞争模型.

1. 建立模型

有甲、乙两个种群,当它们独自在一个自然环境中生存时,数量的演变均遵从 Logistic 规律. 记$x_1(t)$,$x_2(t)$是甲、乙两个种群在时刻t的数量,r_1,r_2是它们的固有增长率,$N_i(i=1,2)$分别表示甲、乙两个种群在单种群情况下自然资源所能承受的最大种群数量,于是,对于种群甲有

$$\dot{x}_1=r_1\cdot x_1\cdot(1-x_1/N_1).$$

其中,因子$1-x_1/N_1$反映甲对有限资源的消耗导致的对它本身增长的阻滞作用,x_1/N_1可解释为相对N_1而言单位数量的甲消耗的食物量(设食物总量为 1). 当两个种群在同一自然环境中生存时,考察由于乙消耗同一种有限资源对甲的增长产生的影响,可以合理地在因子$1-x_1/N_1$中再减去一项,该项与种群乙的数量x_2(对N_2而言)成正比,于是种群甲增长的方程为:

$$\dot{x}_1=r_1\cdot x_1\cdot(1-x_1/N_1-\sigma_1x_2/N_2).\tag{6.14}$$

σ_1为折算因子,σ_1表示单位数量乙消耗的供养甲的食物量为单位数量甲消耗的食物量的σ_1倍,σ_1/N_2表示一个单位数量的乙可充当种群甲的生存资源的量,类似地,甲的存在也影响了乙的增长,种群乙的方程应该是:

$$\dot{x}_2=r_2\cdot x_2\cdot(1-\sigma_2\cdot x_1/N_1-x_2/N_2).\tag{6.15}$$

类似 σ_2/N_1 表示一个单位数量的甲可充当种群乙的生存资源的量.

2. 稳定性分析

目的是研究两个种群相互竞争的结局,即 $t\to\infty$ 时, $x_1(t)$, $x_2(t)$ 的趋向,不需要解方程(6.14)和方程(6.15),只需对它的平衡点进行稳定性分析. 方程(6.14)和方程(6.15)等价变形为:

$$\begin{cases}\dot{x}_1=r_1\cdot x_1\cdot\varphi,\\ \dot{x}_2=r_2\cdot x_2\cdot\psi.\end{cases}$$

其中:

$$\begin{cases}\varphi=1-x_1/N_1-\sigma_1\cdot x_2/N_2,\\ \psi=1-\sigma_2\cdot x_1/N_1-x_2/N_2.\end{cases}$$

解代数方程组

$$\begin{cases}f(x_1,x_2)=r_1\cdot x_1(1-x_1/N_1-\sigma_1\cdot x_2/N_2),\\ g(x_1,x_2)=r_2\cdot x_2(1-\sigma_2\cdot x_1/N_1-x_2/N_2).\end{cases}\tag{6.16}$$

求得该模型的四个平衡点:

$$P_1(N_1,0),P_2(0,N_2),P_3\left(\frac{1-\sigma_1}{1-\sigma_1\cdot\sigma_2}\cdot N_1,\frac{1-\sigma_2}{1-\sigma_1\cdot\sigma_2}\cdot N_2\right),$$
$$P_4(0,0).$$

为分析这些点的稳定性,需使用相空间的技巧. 对于 σ_1, σ_2 的不同取值范围,直线

$$\begin{cases}\varphi=0,\\ \psi=0.\end{cases}$$

在相平面上的相对位置不同,图6-2给出了它们的四种情况. 下面分别对四种情况进行分析,每种可能性对应平衡点的稳定性说明如下:

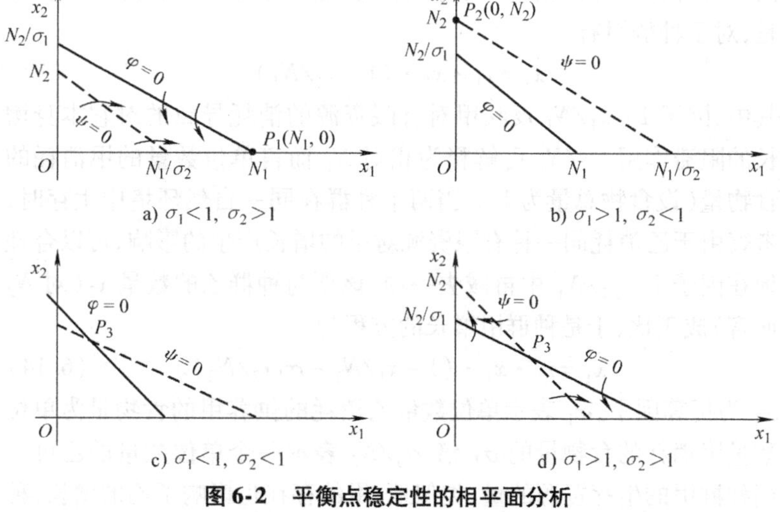

图6-2 平衡点稳定性的相平面分析

(1) $\sigma_1<1$, $\sigma_2>1$,由图6-2a知,两直线 $\varphi=0$, $\psi=0$ 将相平面

划分为三个区域：

$$S_1: \dot{x}_1 > 0, \dot{x}_2 > 0; \qquad (6.17)$$

$$S_2: \dot{x}_1 > 0, \dot{x}_2 < 0; \qquad (6.18)$$

$$S_3: \dot{x}_1 < 0, \dot{x}_2 < 0. \qquad (6.19)$$

因此可以说明不论相轨线从哪个区域出发，$t \to \infty$ 时，都将趋向 $P_1(N_1, 0)$. 若相轨线从 S_1 出发，由式(6.17)可知随着 t 的增加，相轨线向右上方运动，必然进入 S_2；若相轨线从 S_2 出发，由式(6.18)可知相轨线向右下方运动，那么它或者趋向 P_1 点，或者进入 S_3，但进入 S_3 是不可能的. 因为，如果相轨线在某时刻 t_1 经直线 $\varphi = 0$ 进入 S_3，则 $\dot{x}_1(t_1) = 0$，由式(6.14)不难看出：

$$\ddot{x}_1(t_1) = -\frac{r_1 \cdot \sigma_1}{N_2} \cdot x_1(t_1)\dot{x}_2(t_1).$$

由式(6.18)和式(6.19)知 $\dot{x}_2(t_1) < 0$，故 $\ddot{x}_1(t_1) > 0$，表明 $x_1(t_1)$ 在 t_1 达到极小值，而这是不可能的，因为在 S_2 中 $\dot{x}_1 > 0$，即 $x_1(t)$ 一直是增加的. 若相轨线从 S_3 出发，由式(6.19)可知相轨线向左下方运动，那么它或者趋向 P_1 点，或者进入 S_2，而进入 S_2 后，根据上面的分析最终也将趋向 P_1.

(2) $\sigma_1 > 1, \sigma_2 < 1$，由类似的分析可知 $P_2(0, N_2)$ 稳定(见图 6-2b)；

(3) $\sigma_1 < 1, \sigma_2 > 1$，$P_3$ 稳定(见图 6-2c)；

(4) $\sigma_1 > 1, \sigma_2 > 1$，$P_3$ 不稳定(鞍点)(见图 6-2d).

3. 总结应用

因为相轨线的初始位置不同，其走向也不同或趋于 P_1 或趋于 P_2 或趋于 P_3. 根据建模过程中 σ_1, σ_2 的含义，可以说明 P_1, P_2, P_3 点稳定在生态学上的意义：比如 $\sigma_1 < 1$ 意味着在对供养甲的资源的竞争中乙弱于甲，$\sigma_2 > 1$ 意味着在对供养乙的资源的竞争中甲强于乙，于是种群乙终将灭绝，种群甲趋向最大容量.

6.3 食饵－捕食者模型

20 世纪 20 年代，意大利生物学家 U. D' Ancona 在研究鱼类变化规律时，无意中发现了第一次世界大战期间，意大利 Finme 港收购站的软骨掠肉鱼(鲨鱼等以其他鱼为食的鱼)在鱼类收购量中的比例资料，如表 6-1 所示：

表 6-1　软骨掠肉鱼的比例

年份	1914	1915	1916	1917	1918
比例	11.9%	21.4%	22.1%	21.2%	36.4%
年份	1919	1920	1921	1922	1923
比例	27.3%	16.0%	15.0%	14.8%	10.7

令 D' Ancona 感到惊奇的是：在战争期间掠肉鱼捕获的比例显著地增加．起初认为这是由于战争使捕获鱼量减少，掠肉鱼获得了更充裕的食物，从而促使了它们更快地繁殖生长，但后来又想，捕获量的减少也同样有利于非掠肉鱼生长，为什么会出现掠肉鱼的比例上升呢？D' Ancona 无法用生物学观点去解释这一现象，于是就去请教他的朋友——意大利著名的数学家 V. Volterra，希望他能通过数学来解释这一迷惑的现象．V. Volterra 建立了一个简单的数学模型，回答了 D' Ancona 的问题．

V. Volterra 把鱼划分成了两大类：掠肉鱼和食用鱼．前者在鱼类中是捕食种群，后者是被捕食种群或食饵种群．为了建立数学模型，他用 $y(t)$ 表示 t 时刻 Finme 港中掠肉鱼的数量，$x(t)$ 表示 t 时刻食用鱼的数量．

1. 无捕捞情况下，两类鱼群的变化规律

V. Volterra 假设：如果不存在捕食者 $y(t)$ 时，食饵种群规模 $x(t)$ 的增长符合马尔萨斯增长，即：

$$\frac{\mathrm{d}x}{\mathrm{d}t}=ax,$$

其中 a 为一正常数，表示固有增长率．如果捕食者 $y(t)$ 存在时，单位时间内每个捕食者对食饵的吞食量与食饵种群规模 $x(t)$ 成正比，比例常数为 b，则：

$$\frac{\mathrm{d}x}{\mathrm{d}t}=ax(t)-bx(t)y(t).$$

再假设捕食者吞食食饵后，立即转化为能量，供给捕食种群的繁殖增长（这里略去时间滞后的作用）．设转化系数为 α，捕食种群的死亡率与种群规模 $y(t)$ 成正比，比例系数为 d．于是

$$\frac{\mathrm{d}y}{\mathrm{d}t}=\alpha bx(t)y(t)-dy(t).$$

V. Volterra 得到由捕食者与食饵所构成的两种群相互作用的数学模型：

$$\begin{cases}\dfrac{\mathrm{d}x}{\mathrm{d}t}=ax-bxy,\\[2mm]\dfrac{\mathrm{d}y}{\mathrm{d}t}=cxy-dy,\end{cases}\tag{6.20}$$

这里 $c=\alpha b$．系统（6.20）是一个非线性微分方程．下面对系统（6.20）进行定性分析．

首先求系统（6.20）的平衡点，式（6.20）的右端为零，即：

$$\begin{cases}ax-bxy=0,\\cxy-dy=0,\end{cases}$$

求得系统的两个平衡位置

$$O(0,0),P\left(\frac{d}{c},\frac{a}{b}\right).\tag{6.21}$$

在平衡点 $O(0,0)$ 处，系统(6.20)的雅可比矩阵为

$$\boldsymbol{J}_1=\begin{pmatrix} a & 0 \\ 0 & -d \end{pmatrix},$$

矩阵 $\boldsymbol{J}_1$ 的特征值为 $\lambda_1=a>0,\lambda_2=-d<0$，故系统(6.20)的平衡点 $O(0,0)$ 是不稳定的.

在平衡点 $P\left(\dfrac{d}{c},\dfrac{a}{b}\right)$ 处，系统(6.20)的雅可比矩阵为

$$\boldsymbol{J}_2=\begin{pmatrix} 0 & -\dfrac{bd}{c} \\ \dfrac{ac}{b} & 0 \end{pmatrix},$$

其特征根为一对共轭纯虚根，属于临界情形，不能用线性近似方程来判断非线性方程(6.20)的平衡点 P 的稳定性.

可以用数学软件求微分方程(6.20)的数值解，通过对数值结果与图形的观察，系统(6.20)的解是周期解.

从方程(6.20)消去 $\mathrm{d}t$ 得到方程

$$\frac{\mathrm{d}y}{\mathrm{d}x}=\frac{y(cx-d)}{x(a-by)}, \tag{6.22}$$

这是可分离变量的方程，通过分离变量法，我们得到方程(6.20)的相轨线为：

$$(x^d\mathrm{e}^{-cx})(y^a\mathrm{e}^{-by})=C, \tag{6.23}$$

其中，常数 C 由初始条件确定.

为了证明相轨线(6.23)是封闭曲线，记：

$$f(x)=x^d\mathrm{e}^{-cx},\quad g(y)=y^a\mathrm{e}^{-by}, \tag{6.24}$$

易证明：函数 $f(x)$ 和 $g(y)$ 的图形如图 6-3 和图 6-4 所示，函数 $f(x)$ 和 $g(y)$ 分别有唯一的极大值点，记为 $x_0=\dfrac{d}{c}$ 和 $y_0=\dfrac{a}{b}$，极大值记为：

$$f(x_0)=f_m,\quad g(y_0)=g_m, \tag{6.25}$$

则点 (x_0,y_0) 恰好是平衡点 P.

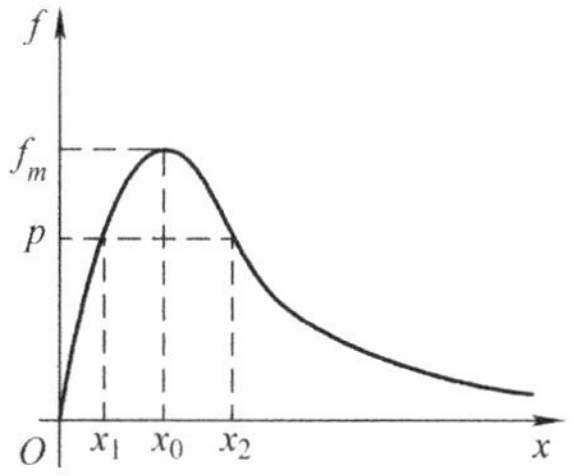

图 6-3　$f(x)$ 的图形

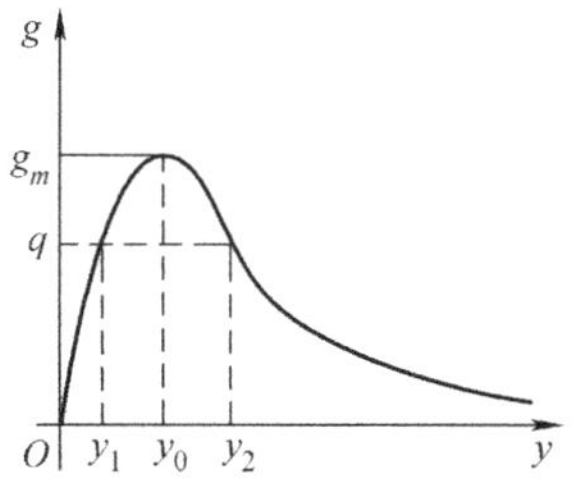

图 6-4　$g(y)$ 的图形

当 $C=f_mg_m$ 时，$x=x_0,y=y_0$，相轨线只有一个点，即平衡点 P.

当 $0<C<f_mg_m$ 时，为了考察相轨线的形状，设 $C=pg_m$，则 $0<p<f_m$. 令 $y=y_0$，则式(6.23) − 式(6.25)可得，$f(x)=p$，由图 6-3 可知，必有点 x_1 和 x_2，使得 $f(x_1)=f(x_2)=p$，且 $x_1<x_0<x_2$，于是相轨线通过图 6-5 中的点 $P_1(x_1,y_0)$ 和 $P_2(x_2,y_0)$.

对于任一点 $x\in(x_1,x_2)$，由于 $f(x)>p$ 及 $f(x)g(y)=pg_m$ 可知：$g(y)<g_m$. 记 $g(y)=q$，由图 6-4 可知：存在 y_1 和 y_2，使得 $g(y_1)=g(y_2)=q$，且 $y_1<y_0<y_2$，于是相轨线又通过图 6-5 中的点 $P_3(x,y_1)$ 和 $P_4(x,y_2)$. 由 $x\in(x_1,x_2)$ 的任意性可知，图 6-5 中的相轨线是一条封闭曲线.

当 C 由最大值 f_mg_m 变小时，相轨线是一族从点 P 向外扩展的

封闭曲线族，P 点外围将有一系列闭相轨线环绕，如图 6-6 所示，此时的平衡点 P 称为中心．每一条闭轨线在式(6.23)中对应着常数 C 的一个确定数值．这说明在 P 点的外围附近，系统的所有解 $x=x(t)$，$y=y(t)$ 都是周期解．

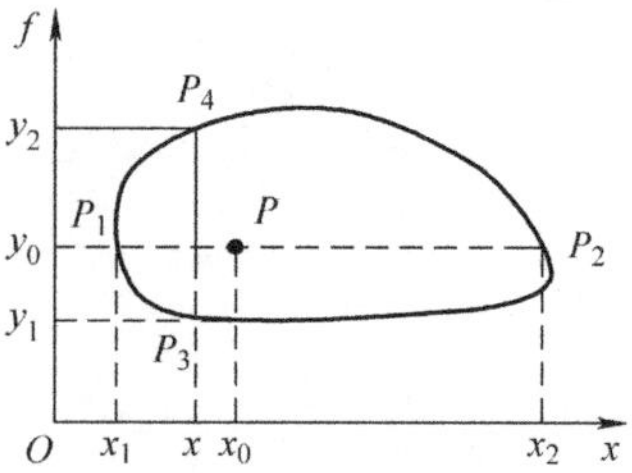

图 6-5　相轨线的图形

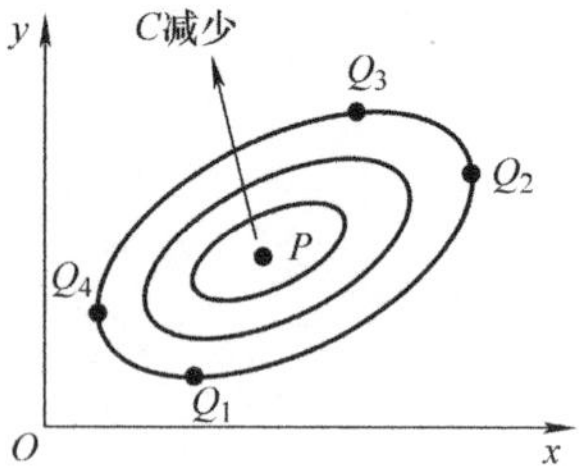

图 6-6　相轨线族

从生态意义来看，上述结论是易于理解的．比如，对给定的初始种群规模 $Q_1(x_1,y_1)$（见图 6-6），当 t 增加时，捕食种群规模 $y(t)$ 与食饵种群规模 $x(t)$ 都将增加．当它们到达点 Q_2 时，由于捕食者数量 y 过多，食饵种群规模 x 开始下降．当种群规模到达点 Q_3 后，由于食饵数量 x 不足，将引起捕食种群规模 y 开始下降．当种群规模到达点 Q_4 时，由于捕食者数量 y 减少到一定程度，又重新使食饵数量 x 增加．捕食种群与食饵种群的规模就是这样相互制约着周而复始地循环．

易证明，尽管在不同的闭相轨线上，两种群的规模 $x(t)$ 与 $y(t)$ 的周期并不相同，但两种群规模在周期时间内的平均值却分别保持常数，而且正好分别等于平衡位置 P 处两种群的规模，即：

$$\frac{1}{T}\int_0^T x(t)\,\mathrm{d}t = \frac{d}{c},\ \frac{1}{T}\int_0^T y(t)\,\mathrm{d}t = \frac{a}{b},$$

式中，T 为周期解 $x=x(t)$，$y=y(t)$ 的周期．

事实上，把方程组(6.20)的第一个方程两端除以 x 后再积分，得

$$\int_0^T \frac{\dot{x}(t)}{x(t)}\mathrm{d}t = \int_0^T (a - by(t))\,\mathrm{d}t,$$

由于

$$\int_0^T \frac{\dot{x}(t)}{x(t)}\mathrm{d}t = \ln|x(T)| - \ln|x(0)| = 0,$$

从而

$$aT - b\int_0^T y(t)\,\mathrm{d}t = 0,$$

即

$$\frac{1}{T}\int_0^T y(t)\,\mathrm{d}t = \frac{a}{b}.$$

同理可证

$$\frac{1}{T}\int_0^T x(t)\,\mathrm{d}t = \frac{d}{c}.$$

2. 捕捞情况下两类鱼群的变化规律

假设由于海上捕捞，食饵与捕食者的数量分别以 hx 和 hy 的速率减少，其中 h 反映了捕捞能力，它由渔船的规模、设备与技术水平、下网次数等因素所决定，$h<a$. 于是在捕捞情况下，相对应于方程组(6.20)的模型为

$$\begin{cases}\dfrac{\mathrm{d}x}{\mathrm{d}t} = (a-h)x - bxy,\\[2mm] \dfrac{\mathrm{d}y}{\mathrm{d}t} = cxy - (d+h)y.\end{cases} \tag{6.26}$$

这时，平衡位置 $\overline{P}$ 的坐标为：

$$\bar{x}=\frac{d+h}{c},\bar{y}=\frac{a-h}{b}, \tag{6.27}$$

它们分别为在捕捞的情况下，一个周期时间内两种鱼群规模的平均值.

在第一次世界大战期间，捕获量系数由 h 下降到 h_1（即 $h_1<h$），食饵 $x(t)$ 和捕食者 $y(t)$ 的平均值为

$$\bar{x}_1=\frac{d+h_1}{c},\bar{y}_1=\frac{a-h_1}{b},$$

从而 $\bar{x}_1<\bar{x}, \bar{y}_1>\bar{y}$. 也就是说，捕捞量的减少使得食用鱼（食饵）种群数量减少，而掠肉鱼（捕食者）数量增加. Volterra 从式（6.27）出发，回答了 D'Ancona 所提出的问题. Volterra 所发现的这一规律称为 Volterra 原理.

6.4 易拉罐形状和尺寸的最优设计

我们只要稍加留意就会发现销量很大的饮料的形状和尺寸几乎都是一样的. 由此可以看出这并非偶然，这应该是某种意义下的最优设计. 本节选自参考文献[1]和[2]，介绍如何利用微积分知识探讨易拉罐形状和尺寸的最优设计.

1. 提出问题

（1）取一个容积为 355mL 的易拉罐，测量你们认为验证模型所需要的数据，例如易拉罐各部分的直径、高度、厚度等，并把数据列表加以说明.

（2）设易拉罐是一个正圆柱体. 什么是它的最优设计？其结果是否可以合理地说明你们所测量的易拉罐的形状和尺寸？例如，半径和高之比，等.

（3）设易拉罐的中心纵断面如图 6-7 所示，即上面部分是一个正圆台，下面部分是一个正圆柱体. 什么是它的最优设计？其结果是否可以合理地说明你们所测量的易拉罐的形状和尺寸？

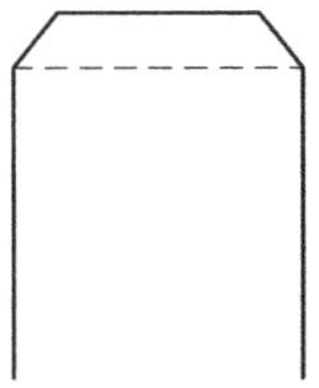

图 6-7　易拉罐纵断面

（4）利用你们对所测量的易拉罐的洞察和想象力，做出你们自己的关于易拉罐形状和尺寸的最优设计.

2. 问题分析

很多微积分教材在导数应用的章节中都有这样的极值问题：设计一个容积固定的、有盖的圆柱形容器，若侧壁及底、盖的厚度都相同，同容器高度与底面半径之比为多少时，所耗的材料最少？

其求解过程简述如下：由于侧壁及底、盖的厚度相同，容器所耗材料可用总面积表示. 记容器底面半径为 r，高度为 h，侧壁及盖、底的总面积为 S，容器容积为 V，则：

$$S=2\pi rh+2\pi r^2, \tag{6.28}$$

$$V=\pi r^2 h. \tag{6.29}$$

问题化为在 V 固定的条件下求 r,h 满足什么关系可使 S 最小.

从式(6.29)解出 h 代入式(6.28)右端,有

$$S=\frac{2V}{r}+2\pi r^2, \tag{6.30}$$

S 对 r 求导并令其等于0,得:

$$\frac{\mathrm{d}S}{\mathrm{d}r}=-\frac{2V}{r^2}+4\pi r=0. \tag{6.31}$$

不必解出 r 与 V 的关系,可以直接从式(6.31)得到 $\frac{V}{\pi r^2}=2r$,代入 $h=\frac{V}{\pi r^2}$ 即得:

$$h=2r. \tag{6.32}$$

表明容器高度与底面直径相等时所耗材料最少.

这个结果不符合日常所见的易拉罐的形状. 通常易拉罐的高度比底面直径大得多. 由于罐底、盖的厚度比侧壁大,就应该增加高度、减少底面直径. 粗略地看,易拉罐是一个正圆柱体,可以计算出它的体积和表面积,在各表面厚度不同的情况下,建立类似于式(6.28)和式(6.29)的模型. 精细一些,易拉罐的形状是圆柱体上面有一个小的圆台,增加变量,建立的模型是多元函数的极值问题.

3. 数据测量

对如图6-7所示的易拉罐的各项尺寸进行测量,将5只罐子测量后计算平均值,得表6-2.

表6-2　易拉罐的各项尺寸

罐高/mm	圆柱高/mm	圆柱直径/mm	圆台高/mm	顶盖直径/mm	罐壁厚/mm	顶盖厚/mm	罐底厚/mm	罐内容积/mm
120.6	110.5	66.1	10.1	60.1	0.103	0.306	0.300	364.8

表6-2数据中值得注意的有两点:一是易拉罐底、盖的厚度约为罐壁的三倍,相差很大,这大概是制作工艺和使用方便的需要,正因为这样,易拉罐尺寸的优化设计需要考虑易拉罐底和盖的厚度;二是圆台高不到圆柱体高度的10%,顶盖与圆柱的直径相差也是10%,所以把圆台近似作圆柱处理误差很小. 另外,表中罐内容积是用量筒测出的,不妨用罐的各项尺寸粗略地核算一下:罐内圆柱直径为 $66.1\text{mm}-(0.1\times2)\text{mm}=65.9\text{mm}$,罐内高度为 $120.6\text{mm}-0.3\times2\text{mm}=120\text{mm}$,所以罐内体积应是 $(\pi\times33^2\times120)\text{mm}^3=410.3\times10^3\text{mm}^3$,比测量数据大12%,这大概是测量误差造成的.

4. 模型建立与求解

圆柱模型　将易拉罐顶部的小圆台近似于圆柱,与下面圆柱体的直径相同.

记圆柱半径为 r,高度为 h,侧壁厚度为 b,底、盖的厚度分别为 kb 和 k_1b. 在罐壁与盖、底厚度不同的情况下,假定所耗材料用侧壁、底、盖的面积乘以厚度得到的体积表示,记作 SV_1,罐的容积记作 V_1,则(若半径 r、高度 h 为罐内尺寸,下式中侧壁体积 $2\pi rhb$ 的精细表示是$[\pi(r+b)^2-\pi r^2][h+k_1b+kb]$,展开后,$b$ 的一次项即 $2\pi rhb$,而由于 b 比 r,h 小得多,从而 b 的二次、三次项可略去)

$$SV_1=2\pi rhb+\pi r^2(kb+k_1b), \tag{6.33}$$

$$V_1=\pi r^2h. \tag{6.34}$$

式中,b,k 和 k_1 为已知常数. 易拉罐尺寸的最优设计是在 V_1 固定的条件下,求 r,h 满足什么关系可使 SV_1 最小. 经过与式(6.30)至式(6.32)完全相似的推导可得:

$$h=(k+k_1)r \tag{6.35}$$

这个结果表明,易拉罐高度是底面半径的多少倍,取决于罐底和罐盖的厚度比侧壁厚度大多少. 显然,这与人们的直观认识是一致的.

如果根据表 6-2 中的测量数据,k 和 k_1 都接近 3,按照式(6.35)将有 $h=6r$,圆柱高度为直径的 3 倍. 但是表 6-2 的数据又显示,罐高大致是直径的 2 倍,这比较符合我们日常看到的情景. 思考一下,为什么会出现这样的矛盾呢?

圆台模型　设圆柱半径、高度、侧壁和底部厚度仍采用圆柱模型的记号 r,h,b 和 kb,圆台上底面(即罐盖)的半径、高度和厚度分别记作 r_1,h_1 和 k_1b,再设圆台侧壁的厚度与圆柱相同,由圆柱和圆台组成的易拉罐所耗材料的体积记作 SV_2,罐的容积记作 V_2,则

$$SV_2=2\pi rhb+\pi r^2kb+\pi r_1^2k_1b+\pi\sqrt{(r-r_1)^2+h_1^2}(r+r_1)b \tag{6.36}$$

$$V_2=\pi r^2h+\frac{\pi h_1(r^2+r_1^2+rr_1)}{3} \tag{6.37}$$

式中,b,k 和 k_1 为已知常数. 易拉罐尺寸的最优设计是在 V_2 固定的条件下,求 r,h,r_1,h_1 满足什么关系可使 SV_2 最小,这个模型实际上只有三个独立变量.

这是一个多元函数的条件极值问题,理论上可用拉格朗日乘子法求解. 令

$$F(r,h,r_1,h_1,\lambda)=SV_2(r,h,r_1,h_1)+\lambda V_2(r,h,r_1,h_1) \tag{6.38}$$

式(6.36)和式(6.37)的最优解由

$$\frac{\partial F}{\partial r}=0,\frac{\partial F}{\partial h}=0,\frac{\partial F}{\partial r_1}=0,\frac{\partial F}{\partial h_1}=0,\frac{\partial F}{\partial \lambda}=0 \tag{6.39}$$

确定. 但是由于这些方程的复杂性,由式(6.38)和式(6.39)难以求出解析解,可以根据式(6.36)和式(6.37)式直接求如下约束极

小问题的数值解:

$$\begin{aligned}&\min \quad SV_2(r,h,r_1,h_1)\\&\text{s. t.}\quad V_2(r,h,r_1,h_1)=V_0\\&\qquad r>0,h>0,r_1>0,h_1>0\end{aligned} \tag{6.40}$$

式中,b,k,k_1 和容积 V_0 可由测量数据给出.

球台模型 将圆台模型中顶部的小圆台改为球台,可以与下面的圆柱连接得更为光滑,并且符合体积一定下球体表面积最小的原则. 设圆柱半径、高度、侧壁和底部厚度仍采用圆柱模型的记号 r, h, b 和 kb,球台上底面(即罐盖)的半径、高度和厚度分别记作 r_1, h_1 和 $k_1 b$,再设球台侧壁的厚度与圆柱相同,由圆柱和圆台组成的易拉罐所耗材料的体积记作 SV_3,罐的容积记作 V_3,则

$$SV_3=2\pi rhb+\pi r^2kb+\pi r_1^2k_1b+\pi b\sqrt{4r^2h_1^2+(r^2-r_1^2-h_1^2)^2} \tag{6.41}$$

$$V_3=\pi r^2h+\frac{\pi h_1(3r^2+3r_1^2+h_1^2)}{6} \tag{6.42}$$

式中,b,k 和 k_1 为已知常数. 易拉罐尺寸的最优设计是在 V_3 固定的条件下,求 r,h,r_1,h_1 满足什么关系可使 SV_3 最小,这个模型实际上仍然是三个独立变量.

可以像圆台模型那样,对球台上底面的半径 r_1 加以限制,求类似于式(6.40)的约束极小问题数值解.

6.5 奶制品的生产计划

1. 提出问题

一个奶制品加工厂用牛奶生产 A_1, A_2 两种奶制品,1 桶牛奶可以在设备甲上用 12h 加工成 3kg A_1,或者在设备乙上用 8h 加工成 4kg A_2. 根据市场需求,生产的 A_1, A_2 全部能售出,且每千克 A_1 获利 24 元,每千克 A_2 获利 16 元. 现在加工厂每天能得到 50 桶牛奶的供应,每天正式工人总的劳动时间为 480h,并且设备甲每天至多能加工 100kg A_1,设备乙的加工能力没有限制. 试为该厂制订一个生产计划,使每天获利最大,并进一步讨论以下三个附加问题:

(1)若用 35 元可以买到 1 桶牛奶,能否进行这项投资?若投资,每天最多购买多少桶牛奶?

(2)若可以聘用临时工人以增加劳动时间,付给临时工人的工资最多是每小时几元?

(3)由于市场需求变化,每千克 A_1 的获利增加到 30 元,应否改变生产计划?

2. 模型假设

这个优化问题的目标是使每天的获利最大,要给出生产计划的

决策,即每天用多少桶牛奶生产 A_1,用多少桶牛奶生产 A_2,决策受 3 个条件的限制:原料(牛奶)供应、劳动时间、设备甲的加工能力.

3. 模型建立

设每天用 x_1 桶牛奶生产 A_1,用 x_2 桶牛奶生产 A_2. 设每天获利为 z 元. x_1 桶牛奶可生产 $3x_1$ A_1,获利 $24\times 3x_1$ 元,x_2 桶牛奶可生产 $4x_2$ A_2,获利 $16\times 4x_2$ 元,故目标函数为:$z=72x_1+64x_2$.

由题目可以得到如下约束条件:

原料供应:生产 A_1,A_2 的原料(牛奶)总量不得超过每天的供应,即 $x_1+x_2\leqslant 50$;

劳动时间:生产 A_1,A_2 的总加工时间不得超过每天正式工人总的劳动时间,即 $12x_1+8x_2\leqslant 480$;

设备能力:A_1 的产量不得超过设备甲每天的加工能力,即 $3x_1\leqslant 100$;

非负约束:x_1 和 x_2 均不能为负值,即 $x_1\geqslant 0$,$x_2\geqslant 0$.

综上可得该问题的数学模型为:

$$\max \quad 72x_1+64x_2$$

$$\text{s. t.}\begin{cases}x_1+x_2\leqslant 50,\\ 12x_1+8x_2\leqslant 480,\\ 3x_1\leqslant 100,\\ x_1\geqslant 0,x_2\geqslant 0.\end{cases}$$

由于目标函数和约束条件对于决策变量而言都是线性的,所以建立的是线性规划模型.

4. 模型求解

方法 1 (图解法)这个线性规划模型的决策变量为二维的,用图解法既简单,又便于直观地把握线性规划的基本性质. 将约束条件中的不等号改为等号,可知它们是 Ox_1x_2 平面上的五条直线,依次记为 $L_1\sim L_5$,如图 6-8 所示. 其中 L_4,L_5 分别是 x_2 轴和 x_1 轴,并且不难判断,可行域是 5 条直线上的线段所围成的 5 边形 $OABCD$. 容易算出,五个顶点的坐标为:$O(0,0)$,$A(0,50)$,$B(20,30)$,$C(100/3,10)$,$D(100/3,0)$.

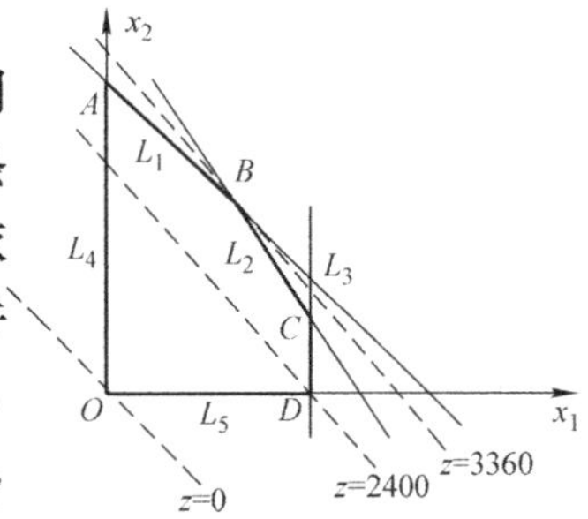

图 6-8　图解法示意图

目标函数中的 z 取不同数值时,在图 6-8 中表示一组平行直线(虚线),称等值线族. 如 $z=0$ 是过 O 点的直线,$z=2\ 400$ 是过 D 点的直线,$z=3\ 040$ 是过 C 点的直线,…. 可以看出,当这族平行线向右上方移动到过 B 点时,$z=3\ 360$,达到最大值,B 点的坐标(20,30)即为最优解:$x_1=20$,$x_2=30$.

从图上可以直观地看到,由于目标函数和约束条件都是线性函数,在二维情形中,可行域为直线段围成的凸多边形,目标函数的等值线为直线,于是最优解一定在凸多边形的某个顶点取得. 推广到 n 维情形,可以猜想,最优解会在约束条件所界定的一个凸多面体

(可行域)的某个顶点取得.

方法 2 (软件求解)在 LINGO 8.0 软件中输入如下程序:

```
max=72* x1+64* x2;
x1+x2<=50;
12* x1+8* x2<=480;
3* x1<=100;
```

运行后结果显示:

```
Global optimal solution found.
  Objective value:                              3360.000
  Total solver iterations:                          2

                 Variable           Value        Reduced Cost
                       X1        20.00000            0.000000
                       X2        30.00000            0.000000

                      Row    Slack or Surplus      Dual Price
                        1        3360.000            1.000000
                        2        0.000000            48.00000
                        3        0.000000            2.000000
                        4        40.00000            0.000000
```

灵敏度分析的结果是:

```
Ranges in which the basis is unchanged:

                       Objective Coefficient Ranges
                   Current         Allowable          Allowable
   Variable      Coefficient        Increase           Decrease
         X1        72.00000         24.00000           8.000000
         X2        64.00000         8.000000           16.00000

                           Righthand Side Ranges
         Row       Current         Allowable          Allowable
                     RHS            Increase           Decrease
           2      50.00000          10.00000           6.666667
           3      480.0000          53.33333           80.00000
           4      100.0000          INFINITY           40.00000
```

即:用 20 桶牛奶生产 A_1,用 30 桶牛奶生产 A_2,最大利润为 3360 元.

5. 总结应用

结果表明:这个线性规划的最优解为 $x_1=20, x_2=30$,最优值为 $z=3\ 360$,即用 20 桶牛奶生产 A_1,用 30 桶牛奶生产 A_2,可获最大利润 3 360 元. 输出中除了告诉我们问题的最优解和最优值以外,还有许多对分析结果有用的信息,下面结合题目中提出的三个附加问题给予说明．三个约束条件的右端不妨看作三种“资源”：原料、劳动时间、车间甲的加工能力．输出中 Slack or Surplus 给出这三种资源在最优解下是否有剩余：原料、劳动时间的剩余均为零，车间甲尚余 40kg 加工能力．

目标函数可以看作“效益”，成为紧约束的“资源”一旦增加，“效益”必然跟着增长．输出中 DUAL PRICES 给出这三种资源在最优解下“资源”增加 1 个单位时“效益”的增量：原料增加 1 个单位（1 桶牛奶）时，利润增长 48 元，劳动时间增加 1 个单位（1h）时，利润增长 2 元，而增加非紧约束车间甲的能力显然不会使利润增长．这里，“效益”的增量可以看作“资源”的潜在价值，经济学上称为影子价格，即 1 桶牛奶的影子价格为 48 元，1h 劳动的影子价格为 2 元，车间甲的影子价格为零．用影子价格的概念很容易回答附加问题（1）：用 35 元可以买到 1 桶牛奶，低于 1 桶牛奶的影子价格 48 元，应该进行这项投资．回答附加问题（2）：聘用临时工人以增加劳动时间，付给的工资低于劳动时间的影子价格才可以增加利润，所以工资最多是 2 元/h.

当目标函数的系数发生变化时，最优解和最优值会改变吗？这个问题不能简单地回答．上面输出给出了最优基不变的条件下目标函数系数的允许变化范围：x_1 的系数为 $(72-8,72+24)=(64,96)$，x_2 的系数为 $(64-16,64+8)=(48,72)$．注意：x_1 系数的允许范围需要 x_2 系数 64 不变，反之亦然．由于目标函数的费用系数变化并不影响约束条件，因此此时最优基不变可以保证最优解也不变，但最优值发生变化．用这个结果很容易回答附加问题（3）：若每千克 A_1 的获利增加到 30 元，则 x_1 系数变为 $30\times3=90$，在允许范围内，所以不应改变生产计划，但最优值变为 $90\times20+64\times30=3\ 720$.

下面对“资源”的影子价格做进一步的分析．影子价格的作用是有限制的．每增加 1 桶牛奶利润增长 48 元，但是，上面输出的 CURRENT RHS 的 ALLOWABLE INCREASE 和 ALLOWABLE DECREASE 给出了影子价格有意义条件下约束右端的限制范围：原料最多增加 10 桶牛奶，劳动时间最多增加 53h．现在可以回答附加问题（1）的第 2 问：虽然应该批准用 35 元买 1 桶牛奶的投资，但每天最多购买 10 桶牛奶．另外，可以用低于 2 元/h 的工资聘用临时工人以增加劳动时间，但最多增加 53.333 3h.

需要注意的是：灵敏性分析给出的只是最优基保持不变的充分条件，而不一定是必要条件．比如对于上面的问题，“原料最多增加 10 桶牛奶”的含义只能是“原料增加 10 桶牛奶”时最优基保持不变，所以影子价格才有意义，即利润的增加大于牛奶的投资．反过来，原料增加超过 10 桶牛奶，影子价格是否一定没有意义？最优基是否一定改变？一般来说，这是不能从灵敏性分析报告中直接得到的．此时，应该重新用新数据求解规划模型，才能给出判断．所以，从正常理解的角度来看，我们上面回答“原料最多增加 10 桶牛奶”并不是完全科学的．

6.6 原油的采购与加工

1. 提出问题

某公司用两种原油（A 和 B）混合加工成两种汽油（甲和乙）．甲、乙两种汽油含原油的最低比例分别为 50% 和 60%，每吨售价分别为 4 800 元和 5 600 元．该公司现有原油 A 和 B 的库存量分别为 500t 和 1 000t，还可以从市场上买到不超过 1 500t 的原油 A. 原油 A 的市场价为：购买量不超过 500t 时的单价为 10 000 元/t；购买量超过 500t 但不超过 1 000t 时，超过 500t 的部分 8 000 元/t；购买量超过 1 000t 时，超过 1 000t 的部分 6 000 元/t. 该公司应如何安排原油的采购和加工？

2. 模型假设

安排原油采购、加工的目标是利润最大，题目中给出的是两种汽油的售价和原油 A 的采购价，利润为销售汽油的收入与购买原油 A 的支出之差．这里的难点在于原油 A 的采购价与购买量的关系比较复杂，是分段函数关系，能否以及如何用线性规划、整数规划模型加以处理是关键所在．

设原油 A 的购买量为 x（单位：t），设原油 A 用于生产甲、乙两种汽油的数量分别为 x_{11} 和 x_{12}，原油 B 用于生产甲、乙两种汽油的数量分别为 x_{21} 和 x_{22}.

3. 模型建立

根据题目所给数据，采购的支出 $c(x)$ 可以表示为如下的分段线性函数（以下价格以千元/t 为单位）：

$$c(x)=\begin{cases}10x, & (0\leqslant x\leqslant 500),\\ 1\,000+8x, & (500<x<1\,000),\\ 3\,000+6x, & (1\,000\leqslant x\leqslant 1\,500).\end{cases}\tag{6.43}$$

本案例的目标函数（利润）为：

$$\max z=4.8(x_{11}+x_{21})+5.6(x_{12}+x_{22})-c(x).\tag{6.44}$$

约束条件包括加工两种汽油用的原油 A 和原油 B 库存量的限制，原油 A 购买量的限制，以及两种汽油含原油 A 的比例限制，它们可以表示为：

$$x_{11}+x_{21}\leqslant 500+x,\tag{6.45}$$

$$x_{21}+x_{22}\leqslant 1\,000,\tag{6.46}$$

$$x\leqslant 1\,500,\tag{6.47}$$

$$\frac{x_{11}}{x_{11}+x_{21}}\geqslant 0.5,\tag{6.48}$$

$$\frac{x_{12}}{x_{12}+x_{22}} \geqslant 0.6, \tag{6.49}$$

$$x_{11}, x_{21}, x_{12}, x_{22}, x \geqslant 0. \tag{6.50}$$

4. 模型求解

由于式(6.43)中的 $c(x)$ 不是线性函数，式(6.43)～式(6.50)给出的是一个非线性规划，而且，对于这样用分段函数定义的 $c(x)$，一般的非线性规划软件也难以输入和求解．能不能想办法将该模型化简，从而用现成的软件求解呢？

一个自然的想法是将原油 A 的采购量 x 分解为三个量，即用 x_1, x_2, x_3 分别表示以价格 10 千元/ t、8 千元/ t、6 千元/ t 采购的原油 A 的吨数，总支出为：

$$c(x) = 10x_1 + 8x_2 + 6x_3$$

且

$$x = x_1 + x_2 + x_3, \tag{6.51}$$

这时目标函数(6.44)变为线性函数：

$$\max z = 4.8(x_{11}+x_{21}) + 5.6(x_{12}+x_{22}) - (10x_1 + 8x_2 + 6x_3). \tag{6.52}$$

应该注意到，只有当以 10 千元/t 的价格购买 $x_1 = 500$t 时，才能以 8 千元/t 的价格购买 $x_2(x_2>0)$，这个条件可以表示为：

$$(x_1 - 500)x_2 = 0. \tag{6.53}$$

同理，只有当以 8 千元/t 的价格购买 $x_2 = 500$t 时，才能以 6 千元/t 的价格购买 $x_3(x_3>0)$ 于是：

$$(x_2 - 500)x_3 = 0. \tag{6.54}$$

此外，x_1, x_2, x_3 的取值范围是

$$0 \leqslant x_1, x_2, x_3 \leqslant 500. \tag{6.55}$$

引入 0－1 变量将式(6.53)和式(6.54)转化为线性约束，令 $y_1 = y_2 = y_3 = 1$ 分别表示以 10 千元/t、8 千元/t、6 千元/t 的价格采购原油 A，则约束(6.53)和式(6.54)可以替换为

$$500y_2 \leqslant x_1 \leqslant 500y_1, y_1, y_2, y_3 \in \{0,1\}, \tag{6.56}$$

$$500y_3 \leqslant x_2 \leqslant 500y_2, y_1, y_2, y_3 \in \{0,1\}, \tag{6.57}$$

$$x_3 \leqslant 500y_3, y_1, y_2, y_3 \in \{0,1\}. \tag{6.58}$$

式(6.45)～式(6.52)，式(6.55)～式(6.58)构成混合整数线性规划模型，将它输入 Lingo 软件如下：

```
max = 4.8* x11 + 4.8* x21 + 5.6* x12 + 5.6* x22 - 10* x1 - 8* x2
- 6* x3;
    x11 + x12 < = x + 500;
    x21 + x22 < = 1000;
    0.5* x11 - 0.5* x21 > 0;
    0.4* x12 - 0.6* x22 > 0;
    x = x1 + x2 + x3;
```

```
x1<=500*y1;
x2<=500*y2;
x3<=500*y3;
-x1<=-500*y2;
-x2<=-500*y3;
@gin(x1);
@gin(x2);
@gin(x3);
@bin(y1);
@bin(y2);
@bin(y3);
```

运行后结果显示：

```
Global optimal solution found.
   Objective value:                              5000.000
   Extended solver steps:                               3
   Total solver iterations:                            17


                 Variable           Value        Reduced Cost
                      X11        0.000000            0.000000
                      X21        0.000000            0.000000
                      X12        1500.000            0.000000
                      X22        1000.000            0.000000
                       X1        500.0000            1.200000
                       X2        500.0000          -0.8000000
                       X3        0.000000           -2.800000
                        X        1000.000            0.000000
                       Y1        1.000000            0.000000
                       Y2        1.000000            0.000000
                       Y3        1.000000            0.000000

                      Row    Slack or Surplus      Dual Price
                        1        5000.000            1.000000
                        2        0.000000            8.800000
                        3        0.000000           0.8000000
                        4        0.000000           -8.000000
                        5        0.000000           -8.000000
                        6        0.000000            8.800000
                        7        0.000000            0.000000
                        8        0.000000            0.000000
                        9        500.0000            0.000000
                       10        0.000000            0.000000
                       11        0.000000            0.000000
```

5. 总结应用

运行上述程序求得全局最优解：购买 1 000t 原油 A，与库存的 500t 原油 A 和 1 000t 原油 B 一起，共生产 2 500t 汽油乙，利润为 5 000 千元．这个问题的关键是处理分段线性函数，请你思考是否还有更具一般性的解法呢？

6.7 选课的策略

1. 提出问题

某个学校规定，某专业的学生毕业时必须至少学习过两门数学课程、三门运筹学课程和两门计算机课程．这些课程的编号、名称、学分、所属类别和先修课程要求如下表 6-3 所示．那么毕业时学生最少可以学习这些课程中的哪些课程？如果某个学生既希望选修课程的数量少，又希望所获得的学分多，那么他可以选修哪些课程？

表 6-3　课程信息

编号	名称	学分	所属类别	先修课程要求
1	微积分	5	数学	
2	线性代数	4	数学	
3	最优化方法	4	数学、运筹学	微积分、线性代数
4	数据结构	3	数学、计算机	计算机编程
5	应用统计	4	数学、运筹学	微积分、线性代数
6	计算机模拟	3	计算机、运筹学	计算机编程
7	计算机编程	2	计算机	
8	预测理论	2	运筹学	应用统计
9	数学实验	3	运筹学、计算机	微积分、线性代数

2. 模型假设

用 $x_i, i=1,2,\cdots,9$ 表示选修第 i 门课程的情况：$x_i=1$ 表示选修该课程；$x_i=0$ 表示不选该课程．

3. 模型建立

决策目标为选修的课程总数最少，即：

$$\min x_1+x_2+\cdots+x_9.$$

约束条件：

（1）满足课程要求：（至少 2 门数学课程，3 门运筹学课程和 2 门计算机课程）

$$x_1+x_2+x_3+x_4+x_5\geqslant 2,$$
$$x_3+x_5+x_6+x_8+x_9\geqslant 3,$$
$$x_4+x_6+x_7+x_9\geqslant 2.$$

（2）先修课程要求：

1）数据结构的先修课程为计算机编程：$x_4=1\Rightarrow x_7=1$ 转换为：$x_4\leqslant x_7$；

2)计算机模拟的先修课程为计算机编程：$x_6 \leqslant x_7$；

3)预测理论的先修课程为应用统计：$x_8 \leqslant x_5$；

4)最优化方法的先修课程为微积分和线性代数：$x_3 \leqslant x_1, x_3 \leqslant x_2$，或者转化为：$-x_1 - x_2 + 2x_3 \leqslant 0$；

5)应用统计的先修课程为微积分和线性代数：$x_5 \leqslant x_1, x_5 \leqslant x_2$，或者转化为：$-x_1 - x_2 + 2x_5 \leqslant 0$；

6)数学实验的先修课程为微积分和线性代数：$x_9 \leqslant x_1, x_9 \leqslant x_2$，或者转化为：$-x_1 - x_2 + 2x_9 \leqslant 0$；

(3)0-1 限制：$x_i = 0, 1$（可以转化为整数规划，$0 \leqslant x_i \leqslant 1$）.

4. 模型求解

在 MATLAB 软件中输入如下程序：

```
c=[1;1;1;1;1;1;1;1;1];
A=[-1 -1 -1 -1 -1 0 0 0 0;
0 0 -1 0 -1 -1 0 -1 -1;
0 0 0 -1 0 -1 -1 0 -1;
0 0 0 1 0 0 -1 0 0;
0 0 0 0 0 1 -1 0 0;
0 0 0 0 -1 0 0 1 0;
-1 -1 2 0 0 0 0 0 0;
-1 -1 0 0 2 0 0 0 0;
-1 -1 0 0 0 0 0 0 2];
b=[-2;-3;-2;0;0;0;0;0;0];
[x,Fval]=bintprog(c,A,b);
```

计算得到该问题的解为(1,1,1,0,0,1,1,0,1)，即选修的课程为微积分、线性代数、最优化方法、计算机模拟、计算机编程和数学实验，总学分为21.

5. 总结应用

对于第二个问题，在选课最少的目标下，还要使得总的学分最大，因此决策的目标除了

$$\min Z = x_1 + x_2 + \cdots + x_9 \tag{6.59}$$

外，还有

$$\max \quad W = 5x_1 + 4x_2 + 4x_3 + 3x_4 + 4x_5 + 3x_6 + 2x_7 + 2x_8 + 3x_9 \tag{6.60}$$

这是一个多目标规划的问题，但是可以使用加权的方式将多目标规划问题转化为单目标规划问题，此时需要知道决策者对每个目标的偏好程度（即对每个目标的重视程度）. 设 $\lambda_1, \lambda_2, \lambda_1 + \lambda_2 = 1, \lambda_{1,2} \geqslant 0$ 分别表示决策者对两个目标的重视程度，则原问题可以转化为下面的单目标问题

$$\min \quad \lambda_1 Z - \lambda_2 W.$$

求解该约束单目标 0-1 规划问题可以得到解.

模型讨论：

(1) $\lambda_1=1, \lambda_2=0$：最优解如上，六门课程，总学分 21；

(2) $\lambda_1=0, \lambda_2=1$：最优情况为选修所有的九门课程；

(3) 在课程最少的前提下以学分最多为目标求解．可以增加条件 $x_1+\cdots+x_9=6$，得到最优解为 $(1,1,1,0,1,1,1,0,0)$．

(4) 对学分数和课程加权形成一个目标，如权重分别为 0.3 和 0.7．此时得到的最优解问题为：$\min \quad -0.3W+0.7Z$，求得最优解为 $(1,1,1,1,1,1,1,0,1)$．

(5) 也可以讨论 λ 的取值对最优解的影响．

习题 6

1. 一个著名的“弱肉强食”模型——Volterra 模型：

$$\begin{cases}\dot{x}_1=x_1\cdot(-r_1+\lambda_1\cdot x_2),\\ \dot{x}_2=x_2\cdot(r_2-\lambda_2\cdot x_1).\end{cases}$$

这里，$r_i, \lambda_i>0\ (i=1,2)$ 为模型参数．试给出各个参数的意义以及模型适用的对象，进而讨论该模型的平衡点及其稳定性．

2. 小李大学毕业后被招聘到一个度假村担任总经理助理．该度假村为吸引更多的游客来度假村游玩，决定建一个人工池塘并在其中投放活的鳟鱼和鲈鱼供游人垂钓．董事长想知道若投放一批这两种鱼后，这两种鱼能否一直在池塘中共存？若不能共存，怎样做才能不会出现池中只有一种鱼的情况？总经理把这个任务交给小李来解决．请你用数学建模的方法来帮助小李解决总经理的问题．

3. 在马来西亚的科莫多岛上有一种巨大的食肉爬虫，它吃哺乳动物，而哺乳动物吃岛上生长的植物，假设岛上的植物非常丰富且食肉爬虫对它没有直接影响，请在适当的假设下建立这三者关系的模型．

4. 解释如下模型中两个种群的相互关系：

$$\begin{cases}\dfrac{dx}{dt}=-ax-bx^2+cxy,\\ \dfrac{dy}{dt}=my+nxy-sy^2.\end{cases}$$

5. 令 $x(t), y(t)$ 分别表示两个种群在时刻 t 的数量，则两个种群的一般数学模型可以写为：

$$\begin{cases}\dfrac{dx}{dt}=ax+bx^2+cxy,\\ \dfrac{dy}{dt}=dy+exy+sy^2.\end{cases}$$

请你根据这个一般模型完成如下任务：

(1) 当两种群 $x(t), y(t)$ 是相互依存关系时，讨论参数之间的关系；

(2)当两种群 $x(t)$，$y(t)$ 是相互竞争关系时，讨论参数之间的关系；

(3)当两种群 $x(t)$，$y(t)$ 是捕食与被捕食关系时，讨论参数之间的关系；

6. 已知某双种群生态系统的数学模型

$$\begin{cases} \dot{x}_1(t) = 2x_1\left(1 - \dfrac{x_1}{10} - \dfrac{1}{2} \times \dfrac{x_2}{15}\right), \\ \dot{x}_2(t) = 4x_2\left(1 - 3 \times \dfrac{x_1}{10} - \dfrac{x_2}{15}\right). \end{cases}$$

其中，以 $x_1(t)$，$x_2(t)$ 分别表示 t 时刻甲、乙两个种群的数量，请问该模型表示哪类生态（相互竞争、相互依存）系统模型，求出系统的平衡点，并画出系统的相轨线图．

7. 利用两种群模型的理论来建立夫妻关系的一种数学模型．

8. 设某渔场鱼量 $x(t)$（t 时刻渔场中鱼的数量）的自然增长规律为：$\dfrac{dx(t)}{dt} = rx(1 - \dfrac{x}{N})$，其中，$r$ 为固有增长率，N' 为环境容许的最大鱼量，而单位时间捕捞量为常数 h.

(1)求渔场鱼量的平衡点，并讨论其稳定性；

(2)试确定捕捞强度 E_m，使渔场单位时间内具有最大持续产量 Q_m，求此时渔场的鱼量水平 x_0^*．

9. 对于圆柱和圆台形状的易拉罐，在容积一定的情况下要求焊缝最短，建立数学模型确定易拉罐的尺寸．

10. 实际测量易拉罐的尺寸，特别注意上盖、下底、圆柱和圆台侧壁的厚度，并考虑对上盖和圆台侧壁高度的限制，按照圆柱模型重新计算．

11. 拟分配甲、乙、丙、丁四人去做四项工作，每人做且仅做一项．他们做各项工作需用天数见表 6-4，问应如何分配才能使总用工天数最少．

表 6-4　工作安排表

工人	工作 1	工作 2	工作 3	工作 4
甲	10	9	7	8
乙	5	8	7	7
丙	5	4	6	5
丁	2	3	4	5

12. 某校经预赛选出 A，B，C，D 四名学生，将派他们去参加该地区各学校之间的竞赛．此次竞赛的四门功课考试在同一时间进行，因而每人只能参加一门考试，比赛结果将以团体总分计名次（不计个人名次）．设下表 6-5 是四名学生选拔时的成绩，问应如何

组队较好?

表 6-5　成绩表

学生	课程			
	数学	物理	化学	外语
A	90	95	78	83
B	85	89	73	80
C	93	91	88	79
D	79	85	84	87

13. 某工厂生产两种标准件,A 种每个可获利 0.3 元,B 种每个可获利 0.15 元. 若该厂仅生产一种标准件,每天可生产 A 种标准件 800 个或 B 种标准件 1 200 个,但 A 种标准件还需经过某种特殊处理,每天最多处理 600 个,A,B 标准件最多每天包装 1 000 个. 问该厂应该如何安排生产计划,才能使每天获利最大.

14. 某银行经理计划用一笔资金进行有价证券的投资,可供购进的证券以及其信用等级、到期年限、收益如下表 6-6 所示. 按照规定,市政证券的收益可以免税,其他证券的收益需按 50% 的税率纳税. 此外还有以下限制:

(1)政府及代办机构的证券总共至少要购进 400 万元;

(2)所购证券的平均信用等级不超过 1.4(信用等级数字越小,信用程度越高);

(3)所购证券的平均到期年限不超过 5 年.

表 6-6　证券收益表

证券名称	证券种类	信用等级	到期年限	到期税前收益(%)
A	市政	2	9	4.3
B	代办机构	2	15	5.4
C	政府	1	4	5.0
D	政府	1	3	4.4
E	市政	5	2	4.5

试解答下列问题:

(1)若该经理有 1 000 万元资金,应如何投资?

(2)如果能够以 2.75% 的利率借到不超过 100 万元资金,该经理应如何操作?

(3)在 1 000 万元资金情况下,若证券 A 的税前收益增加为 4.5%,投资是否改变? 若证券 C 的税前收益减少为 4.8%,投资是否改变?

15. 某储蓄所每天的营业时间是上午 9:00 到下午 5:00. 根据经验,每天不同时间段所需要的服务员的数量如下表 6-7 所示:

表 6-7　人员安排表

时间段	9~10	10~11	11~12	12~1	1~2	2~3	3~4	4~5
服务员数量	4	3	4	6	5	6	8	8

储蓄所可以雇佣全时和半时两类服务员．全时服务员每天报酬 100 元，从上午 9:00 到下午 5:00 工作，但中午 12:00 到下午 2:00之间必须安排 1 小时的午餐时间．储蓄所每天可以雇佣不超过 3 名的半时服务员，每个半时服务员必须连续工作 4 小时，报酬 40 元．问该储蓄所应如何雇佣全时和半时两类服务员？如果不能雇佣半时服务员，每天至少增加多少费用？如果雇佣半时服务员的数量没有限制，每天可以减少多少费用？

16. 一家保姆服务公司专门向顾主提供保姆服务．根据估计，下一年的需求是：春季 6 000 人/日，夏季 7 500 人/日，秋季 5 500 人/日，冬季 9 000 人/日．公司新招聘的保姆必须经过 5 天的培训才能上岗，每个保姆每季度工作（新保姆包括培训）65 天．保姆从该公司而不是从顾主那里得到报酬，每人每月工资 800 元．春季开始时公司拥有 120 名保姆，在每个季度结束后，将有 15% 的保姆自动离职．

（1）如果公司不允许解雇保姆，请你为公司制定下一年的招聘计划，说明哪些季度需求的增加不影响招聘计划？可以增加多少？

（2）如果公司在每个季度结束后允许解雇保姆，请为公司制定下一年的招聘计划．

17. 某公司将四种不同含硫量的液体原料（分别记为甲、乙、丙、丁）混合生产两种产品（分别记为 A、B）．按照生产工艺的要求，原料甲、乙、丁必须首先倒入混合池中混合，混合后的液体再分别与原料丙混合生产 A、B. 已知原料甲、乙、丙、丁的含硫量分别是 3%，1%，2%，1%，进货价格分别为 6，16，10，15（单位：千元/t）；产品 A、B 的含硫量分别不能超过 2.5%，1.5%，售价分别为 9，15（单位：千元/t）．根据市场信息，原料甲、乙、丙的供应没有限制，原料丁的供应量最多为 50t，产品 A，B 的市场需求量分别为 100t、200t. 问应如何安排生产？

18. 有 4 名同学到一家公司参加三个阶段的面试：公司要求每个同学都必须首先到公司秘书处初试，然后到部门主管处复试，最后到经理处参加面试，并且不允许插队（即任何一个阶段 4 名同学的顺序是一样的）．由于 4 名同学的专业背景不同，所以每人在三个阶段的面试时间也不同，如下表 6-8 所示（单位：min）

表 6-8　面试时间安排表

	秘书初试	主管复试	经理面试
同学甲	13	15	20
同学乙	10	20	18
同学丙	20	16	10
同学丁	8	10	15

这 4 名同学约定在他们全部面试完以后一起离开公司．假定现在时间是早晨 8:00，问他们最早何时能离开公司？

第 7 章 线性代数模型

线性代数在数学、物理、计算机和工程技术等方面有着广泛的应用. 本章运用矩阵、向量、方程组等代数形式建立数学模型.

7.1 层次分析方法

本节介绍一种处理决策问题的方法,决策是人们进行选择或判断的一种思维活动. 人们在日常生活和工作中经常要面对各种各样的决策问题,譬如假期到了,人们打算外出旅游,如何选择旅游的景点;学校评选优秀学生,如何评选和评选哪些同学;高中毕业选择大学,如何填写志愿等. 一个国家的物价控制、国债发行以及经济发展的战略规划等都面临着决策的问题. 从系统的观点出发来考虑决策的问题就需要考虑与决策有关的各种因素,至少是有关的重要因素,例如要选择旅游景点,经常会考虑景色、费用、居住、饮食、交通等条件,要选择升学志愿,必然要考虑本人的兴趣爱好、学习基础、专业前途以及收费标准等因素. 当然这种决策是比较简单的,一位经济学家在进行社会、经济以及科学管理等问题的决策时,所面临的问题通常都是相互影响、相互制约,并且由大量因素构成的复杂系统. 对于决策,尽管要考虑的因素有多有少,但都有一个共同的特点,就是在做决策时,许多因素的重要性、影响力或者优先程度都往往难以量化,人的主观选择会起相当主要的作用,这就给用一般的数学方法解决这类问题带来了本质上的困难. 但是,层次分析法却为这类问题的决策和排序提供了一种简洁而实用的建模方法.

层次分析法是一种把定性和定量相结合的层次化分析方法,它是由美国运筹学家 T. L. Saaty 教授于 70 年代初期提出的. 它较好地把半定性和半定量问题转化为定量问题来处理,特别适用以那些难以完全定量分析的问题. 层次分析法在我国社会经济多个领域内得到了广泛的重视和应用,取得了令人瞩目的成绩.

为方便读者学习,这里通过案例引出问题,然后介绍层次分析法的构造过程和用层次分析法解决问题的基本步骤.

例 7.1 大学毕业生就业选择问题

获得大学毕业学位的毕业生,在面临就业的"双向选择"时,用人单位与毕业生都有各自的选择标准和要求. 就毕业生来说:选择

单位的标准和要求是多方面的,例如:

① 能发挥自己的才干为国家做出较好贡献(即工作岗位适合发挥专长);

② 工作收入较好(待遇好);

③ 生活环境好(大城市、气候等工作条件等);

④ 单位名声好(声誉);

⑤ 工作环境好(人际关系和谐等)

⑥ 发展晋升机会多(如新单位或单位发展有前途)等.

相应的层次结构图如图 7-1 所示.

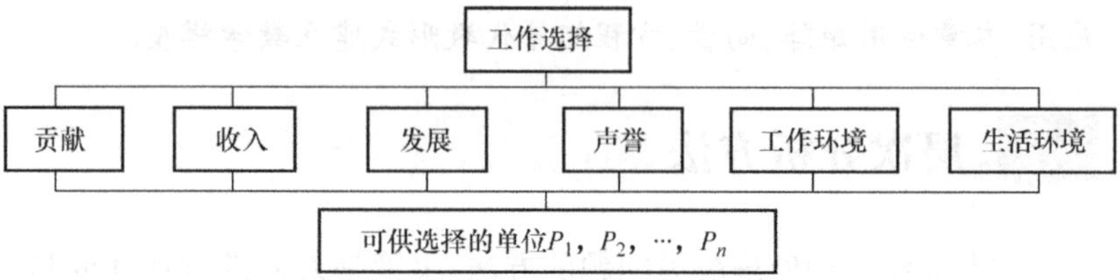

图 7-1 工作的选择

例 7.2 在基础研究、应用研究和数学教育中选择一个领域申报科研课题. 要考虑成果的贡献(实用价值、科学意义),可行性(难度、周期和经费)和人才培养. 相应的层次结构图如图 7-2 所示.

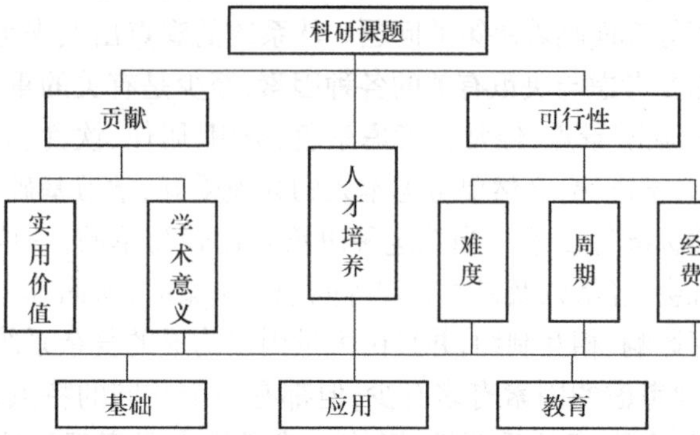

图 7-2 科研课题

例 7.3 6 种金属可供开发,开发后对国家有贡献,决定对哪种资源先开发,效用最好. 相应的层次结构图如图 7-3 所示.

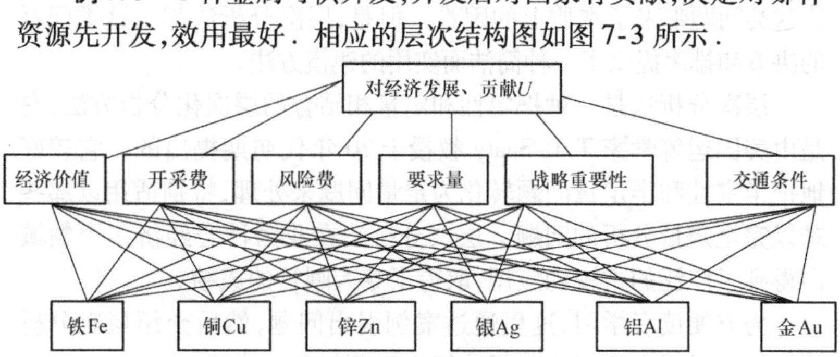

图 7-3 资源的开发

这些问题属于决策问题,即做一件事情有多个选择,怎样才能选择最好的一个. 要在多个选择对象中选择其中一个,人们往往要根据自己的目标和有利于目标实现的多种因素的考量来做出最后的选择，这实际上就是人类做出某种决定的思维过程．

要达到使决策问题化为具有条理化和层次化的结构模型，需要我们先把复杂问题分解为一些因素，然后把这些因素按其属性及关系形成若干层次．上一层次的因素作为准则对下一层次的有关因素起支配作用．把这些层次可以分为三类：

(1) 目标层：这一层次中只有一个因素，一般它是决策问题的预定目标或理想结果，处于层次结构的第一层．

(2) 准则层：这一层次中包含了为实现目标所涉及的中间环节，它可以由若干个层次组成，包括所需考虑的准则、子准则，处于层次结构的中间层．

(3) 方案层：这一层次包括了为实现目标可供选择的各种措施、决策方案等，因此也称为措施层，处于层次结构的最底层．

递阶层次结构中的层次数不受限制，层次数的多少与问题的复杂程度及需要分析的详细程度有关．每一个层次中各因素所支配的因素一般不要超过 9 个．

7.2 层次分析方法建模举例

1. 提出问题

“五一”假期快到了，张同学决定假期去踏青．他想去桂林、黄山和北戴河三个踏青地点，但由于时间的原因，他只能在这三个地点中选一个来作为踏青的目的地．请用数学建模的方式帮他选择一个踏青地．

2. 建立层次结构图

踏青问题可以表示为三层的递阶层次结构．第一层(选择最佳旅游地)是目标层，第二层(判断旅游地的倾向)是准则层，第三层(旅游地点)是方案层，它们之间用线段连接表示它们之间的联系，要依据喜好对三个层次相互比较进行综合判断，在三个旅游地中确定哪一个为最佳地点(见图 7-4)．

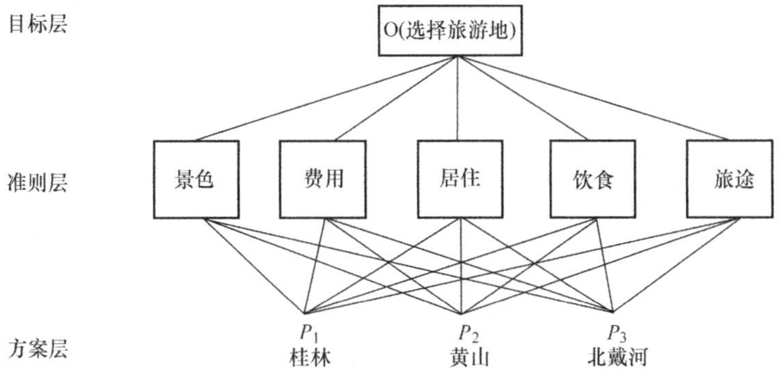

图 7-4　踏青问题的层次结构

3. 构造成对比较矩阵

层次结构反映了各因素之间的关系,但准则层中的各准则因素在目标衡量中所占的比重并不一定相同,在决策者的心目中,它们各占有一定的比例.

在确定影响某因素的诸因子在该因素中所占的比重时,遇到的主要困难是这些比重常常不易定量化.此外,当影响某因素的因子较多时,直接考虑各因子对该因素有多大程度的影响时,常常会因考虑不周全、顾此失彼而使决策者提出与他实际认为的重要性程度不一致的数据,甚至有可能会提出一组隐含矛盾的数据.但两个因子通过比较容易知道它们所影响的因素的大小,根据这个特点,Saaty 等人提出先采取对因子进行两两比较,从而建立成对比较矩阵的办法来描述各因素两两比较后对所影响因素的数据,然后再用代数方法确定影响该因素的诸因子在该因素中所占的比重.

假设要比较 n 个因子 $\{C_1,C_2,\cdots,C_n\}$ 对某因素 Z 的影响大小,每次取其中的两个因子 C_i 和 C_j,以 a_{ij} 表示 C_i 和 C_j 对 Z 的影响大小之比,全部比较结果用矩阵 $\boldsymbol{A}=(a_{ij})_{n\times n}$ 表示,称 $\boldsymbol{A}$ 为成对比较判断矩阵(简称判断矩阵).容易看出,若 C_i 与 C_j 对 Z 的影响之比为 a_{ij},则 C_j 与 C_i 对 Z 的影响之比应为:

$$a_{ji}=\frac{1}{a_{ij}}$$

为确定 a_{ij} 的值,Saaty 等建议引用数字 1 ~ 9 及其倒数作为标度,含义如表 7-1 所示:

表 7-1 1 – 9 标度的含义

标度 a_{ij}	含义
1	C_i 与 C_j 的影响相同
3	C_i 比 C_j 影响稍强
5	C_i 比 C_j 影响强
7	C_i 比 C_j 影响明显的强
9	C_i 比 C_j 影响绝对的强
2,4,6,8	C_i 与 C_j 的影响之比在上述相邻等级之间
1,1/2,…,1/9	C_i 与 C_j 的影响之比为 a_{ij} 的倒数

从心理学的观点来看,分级太多会超越人们的判断能力,既增加了判断的难度,又容易因此而提供虚假数据.Saaty 等人还用实验方法比较了在各种不同标度下人们判断结果的正确性,实验结果也表明,采用 1 ~ 9 标度最为合适.

在本例的准则层对目标的两两比较,张同学是年轻人,认为费用应占最大的比重,其次是风景,再者是旅途,至于吃住不太重要,为此他得出的比较数据如表 7-2 所示:

表 7-2　张同学得出的成对比较数据

项目	景色	费用	饮食	居住	旅途
景色	1	1/2	5	5	3
费用	2	1	7	7	5
饮食	1/3	1/7	1	1/2	1/3
居住	1/5	1/7	2	1	1/2
旅途	1/3	1/5	3	2	1

由此可以得到一个比较判断矩阵:

$$\boldsymbol{A}=\begin{pmatrix}1 & 1/2 & 5 & 5 & 3\\ 2 & 1 & 7 & 7 & 5\\ 1/3 & 1/7 & 1 & 1/2 & 1/3\\ 1/5 & 1/7 & 2 & 1 & 1/2\\ 1/3 & 1/5 & 3 & 2 & 1\end{pmatrix} \tag{7.1}$$

4. 相关知识

成对比较矩阵是一个特殊结构的矩阵. 为方便下面论述,这里引入如下概念:

定义 7.1　若矩阵 $\boldsymbol{A}=(a_{ij})_{n\times n}$满足

$$(1)\,a_{ij}>0;(2)\,a_{ji}=\frac{1}{a_{ij}}(i,j=1,2,\cdots,n)$$

则称之为正互反矩阵.

因为成对比较矩阵$(a_{ij})_{n\times n}$是通过选择 n 个因子$\{C_1,C_2,\cdots,C_n\}$的任意两个对因素 Z 的影响之比来构造的,假设因子 $C_j,j=1,2,\cdots,n$ 对 Z 的权重为 $w_j,j=1,2,\cdots,n$,用一个形式的数学表示,就是

$$Z=w_1\cdot C_1+w_2\cdot C_2+\cdots+w_n\cdot C_n,w_i>0,\sum_{i=1}^{n}w_i=1.$$

如果成对比较矩阵 $\boldsymbol{A}=(a_{ij})_{n\times n}$构造的准确,应该有 $a_{ij}=\dfrac{w_i}{w_j},i,j=1,2,\cdots,n$ 和 $\boldsymbol{A}$ 的元素满足一致性条件 $a_{ij}a_{jk}=a_{ik}$, $i,j,k=1,2,\cdots,n$. 写出此时 $\boldsymbol{A}$ 的形式

$$\boldsymbol{A}=\begin{pmatrix}\frac{w_1}{w_1} & \frac{w_1}{w_2} & \cdots & \frac{w_1}{w_n}\\ \frac{w_2}{w_1} & \frac{w_2}{w_2} & \cdots & \frac{w_2}{w_n}\\ \vdots & \vdots & & \vdots\\ \frac{w_n}{w_1} & \frac{w_n}{w_2} & \cdots & \frac{w_n}{w_n}\end{pmatrix},\text{并记权向量 }\boldsymbol{w}=\begin{pmatrix}w_1\\ w_2\\ \vdots\\ w_n\end{pmatrix}.$$

借助矩阵运算,有矩阵关系 $\boldsymbol{Aw}=n\boldsymbol{w}$,这说明权向量 $\boldsymbol{w}$ 可以通过求矩阵 $\boldsymbol{A}$ 的特征值 n 对应的特征向量得到. 注意到权向量要求每个

分量为正,且所有分量之和为 1,故确定权的问题,可以通过求成对比较矩阵 $\boldsymbol{A}$ 的特征值 n 对应的分量均为正且归一化的特征向量得到. 这里归一化指分量之和为 1 的向量.

上面论述中,将满足一致性条件 $a_{ij}a_{jk}=a_{ik}$, $\forall i,j,k=1,2,\cdots,n$ 的正互反矩阵称为一致矩阵.

在构造成对比较矩阵时,虽能较客观地反映出一对因子影响上级因素的差别,但构造过程中难免会出现一定程度的非一致性,导致所构造的成对比较矩阵不是一致矩阵,这样会使求出的权向量不能反映各因子对上级因素的真实权值. 此时应该怎样借助成对比较矩阵来确定权向量呢?

层次分析法主要通过权重的大小排序来进行决策,因此各因子真实权重并不是必须要精确,只要能保证排序正确即可. 根据这个规律,可以尝试构造一个能达到权值排序目的的方法. 通过对成对比较矩阵的研究可以得到如下结论:

定理 7.1 n 阶正互反矩阵 $\boldsymbol{A}$ 为一致矩阵当且仅当其最大特征值 $\lambda_{\max}=n$,且当正互反矩阵 $\boldsymbol{A}$ 非一致时,必有 $\lambda_{\max}>n$.

这个结论说明一致矩阵的最大特征值 $\lambda_{\max}=n$. 根据这个结论,就可以由 $\lambda_{\max}$ 是否等于 n 来检验判断矩阵 $\boldsymbol{A}$ 是否为一致矩阵. 由于特征根连续地依赖于矩阵元素 a_{ij},故 $\lambda_{\max}$ 若比 n 大时,可以认为 $\boldsymbol{A}$ 的非一致性程度不好,$\lambda_{\max}$ 对应的归一化特征向量可能不会真实地反映出权对因素 Z 的影响中所占的比重,但若 $\lambda_{\max}$ 与 n 相差不多时,可以认为 $\boldsymbol{A}$ 的非一致性程度不严重,此时 $\lambda_{\max}$ 对应的归一化特征向量有可能也会真实地反映出因子对因素 Z 的影响中所占的比重. 因此,对决策者提供的判断矩阵有必要引进一个指标来对其做一次一致性检验,以决定该成对比较矩阵是否能被接受.

因为进行一致性检验的指标没有标准的做法,Saaty 采用了最大特征值 $\lambda_{\max}$ 与一致矩阵的最大特征值 n 之差尽量小的计算公式作为一个标准. 要做到相差尽量小,$\lambda_{\max}-n$ 是一个选择,注意到 $\lambda_{\max}-n$ 也是 $\boldsymbol{A}$ 的另外 $n-1$ 个特征值之和,将此 $n-1$ 个特征值之和取平均值后给出了一个计算一致性指标的计算公式:

$$CI=\frac{\lambda_{\max}-n}{n-1}.$$

注意到上述一致性指标 CI 是一个绝对量,不易说明取值多小才算是很小. 为确定 A 的不一致程度的容许范围,还要找出衡量一致性指标的标准,要引入一个相对的量来描述"很小"的取值. 为此,Saaty 借助随机试验的方式引入了随机一致性指标 RI,它描述了一致性指标 CI 的平均值.

随机一致性指标 RI 的得出为对每个固定的 n,随机的构造 100 至 500 个正互反矩阵 $\boldsymbol{A}$,然后计算每一个矩阵的一致性指标 CI,再取平均值,由此得到随机一致性指标 RI 的值如表 7-3 所示:

表 7-3　随机一致性指标 *RI* 的值

n	1	2	3	4	5	6	7	8	9	10
RI	0	0	0.58	0.90	1.12	1.24	1.32	1.41	1.45	1.49

随机一致性指标 RI 给出了统计意义下阶数为 n 的正互反矩阵的平均一致性指标的取值，将其除以所考察正互反矩阵的一致性指标 CI，得到一个相对的量——一致性比例 CR，它的计算公式为：

$$CR=\frac{CI}{RI}.$$

通常 0.1 被用作临界值．若规定 CR 的临界值是 0.1，即 $CR<0.1$ 作为比较矩阵的一致性是可以接受的标准，它暗示了该比较矩阵的一致性指标 CI 比其平均值的 10% 还小，可以认为是一个很小的数了．如果没有通过一致性检验，应该对比较矩阵作适当修正以使其通过一致性检验．

上面的做法得到的是一组元素对其上一层中某元素的权重向量．如果还有下一层的一组元素与该组元素相连，则有下层的元素通过该层建立了与上层元素的权重集合，这种权重集合称为组合权向量．要用层次分析法解决决策问题，我们最终要得到各元素，特别是最底层中各方案对于目标的排序权重，从而进行方案选择．总排序权重是自上而下地将单准则下的权重进行合成，下面给出组合权向量之间的公式．

设目标层只有一个因素 O，第二层包含 n 个因素 $\boldsymbol{B}=(B_1,B_2,\cdots,B_n)$，它们关于 O 的权重分别为 $\boldsymbol{w}^{(2)}=(w_1,w_2,\cdots,w_n)^{\mathrm{T}}$；第三层次包含 m 个因素 $\boldsymbol{C}=(C_1,C_2,\cdots,C_m)$，第三层对第二层的每个因素 B_j 的权重为 $\boldsymbol{w}_j^{(3)}=(w_{1j},\cdots,w_{mj})^{\mathrm{T}}$，$j=1,2,\cdots,n$（当 C_i 与 B_j 无关联时，$w_{ij}=0$）．把如上关系表示为数学形式，有：

$$O=w_1\cdot B_1+w_2\cdot B_2+\cdots+w_n\cdot B_n=\boldsymbol{B}\cdot\boldsymbol{w}^{(2)},\qquad(7.2)$$

$$B_j=w_{1j}\cdot C_1+w_{2j}\cdot C_2+\cdots+w_{mj}\cdot C_n=\boldsymbol{C}\cdot\boldsymbol{w}_j^{(3)},j=1,2,\cdots,n.$$

记：

$$\boldsymbol{W}^{(3)}=(w_1^{(3)},w_2^{(3)},\cdots,w_n^{(3)})=\begin{pmatrix}w_{11} & w_{12} & \cdots & w_{1n}\\ w_{21} & w_{22} & \cdots & w_{2n}\\ \vdots & \vdots & & \vdots\\ w_{m1} & w_{m2} & \cdots & w_{mn}\end{pmatrix}.$$

有

$$\begin{aligned}\boldsymbol{B}&=(B_1,B_2,\cdots,B_n)=(\boldsymbol{C}\cdot w_1^{(3)},\boldsymbol{C}\cdot w_2^{(3)},\cdots,\boldsymbol{C}\cdot w_n^{(3)})\\&=\boldsymbol{C}(w_1^{(3)},w_2^{(3)},\cdots,w_n^{(3)})=\boldsymbol{C}\cdot\boldsymbol{W}^{(3)}\end{aligned}$$

代入到式(7.2)有

$$\boldsymbol{O}=\boldsymbol{B}\cdot\boldsymbol{w}^{(2)}=\boldsymbol{C}\cdot\boldsymbol{W}^{(3)}\cdot\boldsymbol{w}^{(2)}=(C_1,C_2,\cdots,C_m)\cdot(W^{(3)}\cdot w^{(2)})$$

上式说明第三层对第一层的组合权向量为：

$$\boldsymbol{w}^{(3)}=\boldsymbol{W}^{(3)}\cdot\boldsymbol{w}^{(2)}$$

类似地讨论易知，层次结构中的第 k 层对第一层的组合权向量为

$$\boldsymbol{w}^{(k)}=\boldsymbol{W}^{(k)}\cdot\boldsymbol{w}^{(k-1)},k=2,3,\cdots$$

其中 $\boldsymbol{w}^{(k)}$ 是第 k 层对第一层的组合权向量，$\boldsymbol{W}^{(k)}$ 是第 k 层对第 $k-1$ 层各元素的权向量组成的权矩阵，该矩阵的第 j 列就是 k 层对第 $k-1$ 层的第 j 个元素的权向量.

根据这个结果，如果层次结构有 p 层，有最底层对第一层的组合权向量为

$$\boldsymbol{w}^{(p)}=\boldsymbol{W}^{(p)}\cdot\boldsymbol{W}^{(p-1)}\cdots\boldsymbol{W}^{(3)}\cdot\boldsymbol{w}^{(2)}$$

计算出 $\boldsymbol{w}^{(p)}$ 的值，根据权值的大小，就可以帮助决策者在最底层的方案中做出选择.

一致性检验的目的是确定求出的权是否能对相应因素进行正确排序. 组合权重是经过至少两次以上的复合运算得到的跨层权重，由于各层次在一致性检验时会出现误差积累的情况，如果误差积累较严重，会导致最终分析结果出现错误，因此组合权重也需要一致性检验，这种检验就是组合一致性检验.

为了使组合一致性检验公式达到更好的匹配效果，参考层次分析法的做法给出相应的计算格式. 方法为：由于层次分析法是从高层到低层逐次计算权向量的，因此，进行组合一致性检验也要由高层到低层逐层检验的顺序进行；层次分析法每层对上一层的权只与相应的成对比较矩阵有关，而与其他成对比较矩阵无关，因此，可以把组合一致性检验分解到各层考虑；层次分析法的组合权向量具有递推计算的特点，构造的组合一致性检验公式也可以采用递推格式.

注意到从第三层开始，每一层都产生多个成对比较矩阵，因此该层有多个一致性指标，这些指标决定着该层一致性检验的通过与否. 为把这些一致性指标作为一个整体来构造该层的一个一致性指标，这里采用加权这些一致性指标的方式来完成此工作. 具体做法为：

设第 k 层有 n 个成对比较矩阵，其对应的 n 个一致性指标为 $CI_j^{(k)},j=1,2,\cdots,n$，随机一致性指标为 $RI_j^{(k)},j=1,2,\cdots,n$，定义第 k 层的一致性指标 $\boldsymbol{CI}^{(k)}$ 和随机一致性指标 $\boldsymbol{RI}^{(k)}$：

$$\boldsymbol{CI}^{(k)}=(CI_1^{(k)},CI_2^{(k)},\cdots,CI_n^{(k)})\cdot\boldsymbol{w}^{(k-1)}$$

$$\boldsymbol{RI}^{(k)}=(RI_1^{(k)},RI_2^{(k)},\cdots,RI_n^{(k)})\cdot\boldsymbol{w}^{(k-1)}$$

其中，$\boldsymbol{w}^{(k-1)}$ 是第 $k-1$ 层对第 1 层的组合权向量. 用 $\boldsymbol{CI}^{(k)}$ 除以 $\boldsymbol{RI}^{(k)}$ 就得到第 k 层的一致性比率.

注意到，误差是逐次从上到下的顺序累加的，故可以定义第 k 层对第 1 层组合一致性比率 $CR^{(k)}$ 为第 $k-1$ 层对第 1 层组合一致性比率 $CR^{(k-1)}$ 加上第 k 层的一致性比率，由此得到第 k 层对第 1

层组合一致性比率计算公式：

$$CR^{(k)}=CR^{(k-1)}+\frac{CI^{(k)}}{RI^{(k)}},k=3,4,\cdots$$

因为层次分析法的结构图中规定第 1 层只有一个因素，故 $CR^{(2)}$ 直接用最初的一致性比率计算可以得出．假设层次结构有 p 层，规定若

$$CR^{(p)}<0.1,$$

则认为整个层次的比较判断通过一致性检验．当然，在层次数较多时，上面的临界值 0.1 可以放宽．

5. 求解模型

下面用层次分析法来求解本节选择踏青地点的问题．

前面我们已经建立了一个具有三层的层次结构模型，并建立了第 2 层的一个成对比较矩阵 $\boldsymbol{A}$，见式(7.1)，用数学软件求出的矩阵 $\boldsymbol{A}$ 的最大特征值为 $\lambda_{\max}=5.253\,34$ 和对应的特征向量：

$$\boldsymbol{X}=(0.496\,306,0.829\,804,0.096\,847\,4,0.120\,603,0.202\,934)$$

这里矩阵 $\boldsymbol{A}$ 的大小是 $n=5$，由公式 $CI=\frac{\lambda_{\max}-n}{n-1}$，得 $CI=0.063\,335$. 此外查阅表 7-3，随机一致性指标得 $RI=1.12$，由计算一致性比率公式 $CR=\frac{CI}{RI}$，得一致性比率

$$CR=CR^{(2)}=0.056\,549<0.1.$$

所以 $\boldsymbol{A}$ 通过一致性检验．因为特征向量 $\boldsymbol{X}$ 不是归一化的（即不是所有分量之和为 1），用该向量的所有分量之和去除以每个分量就得出如下归一化的特征向量

$$\boldsymbol{w}^{(2)}=(0.284,0.475,0.055,0.069,0.116).$$

至此，完成了第 2 层的一致性检验．

同理，用同样的方法，给出第 3 层对第 2 层的每一准则成对比较矩阵，进行一致性检验，并求出最大特征值所对应的归一化的特征向量：

$$\text{景色 }\boldsymbol{B}_1=\begin{pmatrix}1&2&5\\1/2&1&2\\1/5&1/2&1\end{pmatrix},CI_1^{(3)}=0.003,\boldsymbol{w}_1^{(3)}=\begin{pmatrix}0.595\\0.227\\0.129\end{pmatrix}.$$

$$\text{费用 }\boldsymbol{B}_2=\begin{pmatrix}1&1/3&1/8\\3&1&1/3\\8&3&1\end{pmatrix},CI_2^{(3)}=0.001,\boldsymbol{w}_2^{(3)}=\begin{pmatrix}0.082\\0.236\\0.682\end{pmatrix}.$$

$$\text{饮食 }\boldsymbol{B}_3=\begin{pmatrix}1&1&3\\1&1&3\\1/3&1/3&1\end{pmatrix},CI_3^{(3)}=0,\quad \boldsymbol{w}_3^{(3)}=\begin{pmatrix}0.429\\0.429\\0.142\end{pmatrix}.$$

$$\text{居住 }\boldsymbol{B}_4=\begin{pmatrix}1&3&4\\1/3&1&1\\1/4&1&1\end{pmatrix},CI_4^{(3)}=0.005,\boldsymbol{w}_4^{(3)}=\begin{pmatrix}0.633\\0.193\\0.175\end{pmatrix}.$$

$$\text{旅途 } \boldsymbol{B}_5=\begin{pmatrix}1 & 1 & 1/4\\1 & 1 & 1/4\\4 & 4 & 1\end{pmatrix}, CI_5^{(3)}=0,\quad \boldsymbol{w}_5^{(3)}=\begin{pmatrix}0.166\\0.166\\0.668\end{pmatrix}.$$

第 3 层的权矩阵为：

$$\boldsymbol{W}^{(3)}=(w_1^{(3)},w_2^{(3)},\cdots,w_5^{(3)})=\begin{pmatrix}0.595 & 0.082 & 0.429 & 0.633 & 0.166\\0.277 & 0.236 & 0.429 & 0.193 & 0.166\\0.129 & 0.682 & 0.142 & 0.175 & 0.668\end{pmatrix}.$$

得第 3 层对第 1 层的组合权向量为：

$$\boldsymbol{w}^{(3)}=\boldsymbol{W}^{(3)}\boldsymbol{w}^{(2)}$$

$$=\begin{pmatrix}0.595 & 0.082 & 0.429 & 0.633 & 0.166\\0.277 & 0.236 & 0.429 & 0.193 & 0.166\\0.129 & 0.682 & 0.142 & 0.175 & 0.668\end{pmatrix}\begin{pmatrix}0.282\\0.475\\0.055\\0.069\\0.116\end{pmatrix}=\begin{pmatrix}0.294\\0.247\\0.458\end{pmatrix}.$$

第 3 层有 5 个成对比较矩阵，其对应的 5 个一致性指标为 $CI_j^{(3)}, j=1,2,\cdots,5$，随机一致性指标为 $RI_j^{(3)}=0.58, j=1,2,\cdots,5$，算出第 3 层的一致性指标和随机一致性指标：

$$CI^{(3)}=(CI_1^{(3)},CI_2^{(3)},\cdots,CI_5^{(3)})\cdot\boldsymbol{w}^{(2)}=0.017,$$

$$RI^{(3)}=(RI_1^{(3)},RI_2^{(3)},\cdots,RI_5^{(3)})\cdot\boldsymbol{w}^{(2)}=0.579.$$

得到第 3 层对第一层的组合一致性比率：

$$CR^{(3)}=CR^{(2)}+\frac{CI^{(3)}}{RI^{(3)}}=0.056\ 549+\frac{0.017}{0.579}=0.059\ 4<0.1.$$

通过组合一致性检验．

通过组合权向量 $\boldsymbol{w}^{(3)}$ 可知：方案 3（北戴河）在踏青旅游选择中占权重为 0.458，明显大于方案 1（桂林，权重为 0.247）、方案 2（黄山，权重为 0.247）．故在他所设定标准的前提下，他们应该去北戴河．

6. 总结应用

根据如上讨论，用层次分析法解决决策问题有如下基本步骤：

（1）建立层次结构模型，其中最高层为单个目标层，最底层是要决策的方案；

（2）从第 2 层开始，由上到下的顺序对每一层构造出各层次中的所有成对比较矩阵；并计算每一个成对比较矩阵的最大特征值和特征向量，计算

$$CI=\frac{\lambda_{\max}-n}{n-1}, CR=\frac{CI}{RI}.$$

判别 $CR<0.10$ 是否成立．若成立，一致性检验通过，将特征向量归一化得到权重，否则，重新构造该成对比较矩阵；

（3）按公式 $\boldsymbol{w}^{(k)}=\boldsymbol{W}^{(k)}\cdot\boldsymbol{w}^{(k-1)}, k=2,3,\cdots$ 计算组合权重

（4）按公式

$CI^{(k)}=(CI_1^{(k)},CI_2^{(k)},\cdots,CI_n^{(k)})\cdot \boldsymbol{w}^{(k-1)}$，和 $RI^{(k)}=(RI_1^{(k)},RI_2^{(k)},\cdots,RI_n^{(k)})\cdot \boldsymbol{w}^{(k-1)}$

$CR^{(k)}=CR^{(k-1)}+\dfrac{CI^{(k)}}{RI^{(k)}}$，$k=3,4,\cdots$ 计算组合一致性比率；

(5)按公式 $CR^{(p)}<0.1$ 进行组合一致性检验．若通过，则根据组合权向量的分量做出决策；若不通过，重新考虑模型结构或重新构造那些一致性比率较大的成对比较矩阵．

7.3 循环比赛的名次

1. 提出问题

若干支球队参加循环比赛，各队两两交锋，假设每场比赛只计胜负，不计比分，且不允许平局．在循环赛结束后怎样根据他们的比赛成绩确定名次呢．直观的一种方法是用图中的顶点表示球队，而用连接两个顶点的、以箭头标明方向的边表示两支球队的比赛结果．图7-5给出了6支球队的比赛结果，即1队战胜2、4、5、6队，而输给了3队；5队战胜3、6队，而输给1、2、4队等．

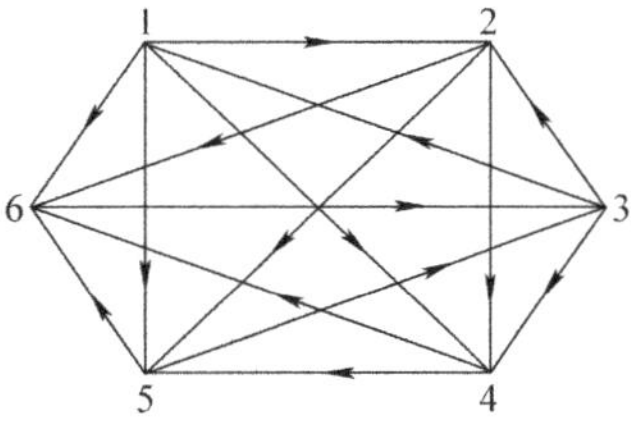

图7-5 循环赛的比赛结果

根据比赛结果排名次的一个办法是在图中顺箭头方向寻找一条通过全部6个顶点的路径，如3→1→2→4→5→6，这表示3队胜1队，1队胜2队，…，于是3队为冠军，1队为亚军等．但是还可以找出其他路径，如1→4→6→3→2→5，4→5→6→3→1→2等．所以用这种方法显然不能决定谁是冠亚军．

排名次的另一个办法是计算得分，即每支球队获胜的场次．本案例中1队胜4场，2、3队各胜3场，4、5队各胜2场，6队胜1场．由此虽可决定1队为冠军，但2、3队之间与4、5队之间无法决出高低．如果只因为3→2、4→5，就将3排在2之前、4排在5之前，而未考虑它们与其他队的比赛结果，也是不恰当的．

2. 竞赛图及其性质

在每条边上都标出方向的图称为有向图．每对顶点之间都有一条边相连的有向图称为**竞赛图**．只计胜负、没有平局的循环比赛的结果可用竞赛图表示，如图7-5所示的问题可以考虑用竞赛图排出顶点的名次．

两个顶点的竞赛图排名次不成问题．三个顶点的竞赛图只有如图7-6所示的两种形式（不考虑顶点的标号）．对于图7-6a，三个

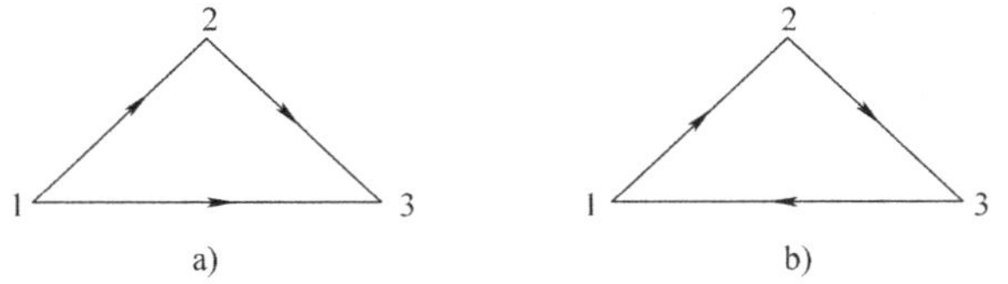

图7-6 3个顶点的竞赛图

队的名次排序显然应是{1,2,3};对于图7-6b,则三个队名次相同,因为他们各胜一场. 四个顶点的竞赛图共有图7-7所示的四种形式,下面分别进行讨论:

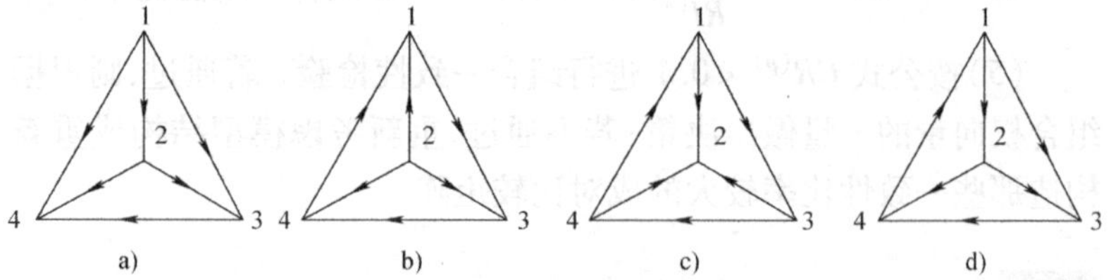

图7-7　4个顶点的竞赛图

(1)对于图7-7a有唯一的通过全部顶点的有向路径1→2→3→4,这种路径称完全路径;4个队得分为(3,2,1,0). 名次排序无疑应该记作{1,2,3,4}.

(2)对于图7-7b点2显然应排在第1,其余3点如图7-6b的形式,名次相同;4个队得分为(1,3,1,1). 名次排序计作{2,(1,3,4)}.

(3)对于图7-7c点2排在最后,其余3点名次相同;得分为(2,0,2,2). 名次排序记作{(1,3,4),2}.

(4)对于图7-7d有不止一条完全路径,如1→2→3→4,3→4→1→2无法排名次;得分为(2,2,1,1). 由得分只能排名为{(1,2),(3,4)},如果由1→2,3→4就简单地排名为{1,2,3,4},是不合适的. 这种情形是研究的重点. 还可以注意到,图7-7d具有(1)~(3)所没有的性质:对于任何一对顶点,存在两条有向路径,使两顶点可以相互连通,这种有向图称为**双向连通**的.

五个顶点以上的竞赛图虽然更加复杂,但基本类型仍如图7-7所给出的三种,第一种类型:有唯一完全路径的竞赛图,如图7-7a;第二种类型:双向连通竞赛图,如图7-7d;第三种类型:不属于以上类型,如图7-7b和c所示.

3. 双向连通竞赛图的名次排序

三个顶点的双向连通竞赛图,如图7-6b所示,名次排序相同. 下面讨论$n(\geqslant 4)$个顶点的双向连通竞赛图.

为了用代数方法进行研究,定义竞赛图的邻接矩阵$(a_{ij})_{n\times n}$如下:

$$(a_{ij})_{n\times n}=\begin{cases}1, & \text{存在从顶点 } i \text{ 到 } j \text{ 的有向边,}\\ 0, & \text{否则.}\end{cases} \tag{7.3}$$

如图7-7d所示的邻接矩阵为:

$$\boldsymbol{A}=\begin{pmatrix}0&1&1&0\\0&0&1&1\\0&0&0&1\\1&0&0&0\end{pmatrix}. \tag{7.4}$$

若记顶点的得分向量为$\boldsymbol{s}=(s_1,s_2,\cdots,s_n)^{\mathrm{T}}$,其中$s_i$是顶点$i$的得

分,则由式(7.3)不难知道

$$s = Ae, e = (1,1,\cdots,1)^{\mathrm{T}} \tag{7.5}$$

由式(7.3)和式(7.4)容易算出双向连通的图 7-7d 的得分向量是 s,正如前面已经给出的,有 s 也无法排出全部名次.

记 $s = s^{(1)}$,称为 1 级得分向量,进一步计算

$$s^{(2)} = As^{(1)}. \tag{7.6}$$

称为 2 级得分向量. 每只球队(顶点)的 2 级得分是他战胜的各个球队的(1 级)得分之和,与 1 级得分相比,2 级得分更有理由作为排名次的依据. 对于图 7-7d, $s^{(1)} = (2,2,1,1)^{\mathrm{T}}$, $s^{(2)} = (3,2,1,2)^{\mathrm{T}}$,

对于图 7-7d 有

$$s^{(3)} = (3,3,2,3)^{\mathrm{T}}, s^{(4)} = (5,5,3,3)^{\mathrm{T}},$$
$$s^{(5)} = (8,6,3,5)^{\mathrm{T}},\ s^{(6)} = (9,8,5,8)^{\mathrm{T}},$$
$$s^{(7)} = (13,13,8,9)^{\mathrm{T}}, s^{(8)} = (21,17,9,13)^{\mathrm{T}},$$

继续这个程序,得到 k 级得分向量.

$$s^{(k)} = As^{(k-1)} = A^{(k)}e, k = 1,2,\cdots \tag{7.7}$$

k 越大,用 $s^{(k)}$ 作为排名次的依据越合理,如果 $k\to\infty$ 时,$s^{(k)}$ 收敛于某个极限得分向量,那么就可以用这个向量作为排名次的依据.

极限得分向量是一定存在呢? 答案是肯定的. 因为对于 $n(\geqslant 4)$ 个顶点的双向连通竞赛图,存在正整数 r,使得邻接矩阵 A 满足 $A^r > 0$,这样的 A 称为素阵.

再利用著名的 Perron – Frobenius 定理,素阵 A 的最大特征根为正单根 λ,λ 对应正特征向量 s,且有

$$\lim_{k\to\infty}\frac{A^k e}{\lambda^k} = s. \tag{7.8}$$

与式(7.7)比较可知,k 级得分向量 $s^{(k)}$,$k\to\infty$ 时(归一化后)将趋向 A 的对应于最大特征根的特征向量 s,s 就是作为排名次依据的极限得分向量. 如对图 7-7d,算出其邻接矩阵的最大特征根 $\lambda = 1.4$和对应特征向量 $s = (0.323, 0.280, 0.167, 0.230)^{\mathrm{T}}$,从而确定名次排列为{1,2,3,4}. 可以看出,虽然 3 胜了 4,但由于 4 战胜了最强大的 1,所以 4 排名在 3 之前.

4. 模型求解

对于本节开始提出的 6 支球队循环比赛的结果如图 7-5 所示,不难看出这个竞赛图是双向连通的. 写出其邻接矩阵

$$A = \begin{pmatrix} 0 & 1 & 0 & 1 & 1 & 1 \\ 0 & 0 & 0 & 1 & 1 & 1 \\ 1 & 1 & 0 & 1 & 0 & 0 \\ 0 & 0 & 0 & 0 & 1 & 1 \\ 0 & 0 & 1 & 0 & 0 & 1 \\ 0 & 0 & 1 & 0 & 0 & 0 \end{pmatrix}. \tag{7.9}$$

由式(7.7)可以算出各级得分向量为:

$$s^{(1)}=(4,3,3,2,2,1)^{\mathrm{T}},\quad s^{(2)}=(8,5,9,3,4,3)^{\mathrm{T}},$$

$$s^{(3)}=(15,10,16,7,12,9)^{\mathrm{T}},s^{(4)}=(38,28,32,21,25,16)^{\mathrm{T}},$$

进一步算出 $\boldsymbol{A}$ 的最大特征根 $\lambda=2.232$ 和特征向量

$$s=(0.238,0.164,0.231,0.113,0.150,0.104)^{\mathrm{T}},$$

排出名次为:

$$\{1,3,2,5,4,6\}.$$

7.4 量纲分析法

在建立数学模型的过程中,通常必须对影响行为的变量进行分类,然后考虑变量之间确立的关系. 量纲分析是20世纪初提出的,它是在物理和工程等领域中确立所选变量之间关系的一种方法. 它根据各物理量都有量纲,而且各物理定律不随变量量纲的单位变化而改变. 因此所研究的现象可以用变量之间的量纲方程来加以描述.

在物理学研究中把若干物理量的量纲作为基本量纲,它们之间是相互独立的. 另外一些物理量的量纲则可以根据其定义或物理定律由基本量纲推导出来的,称为导出量纲. 例如,在研究力学问题时,通常将长度 l,质量 m 和时间 t 的量纲作为基本量纲,记为相应的大写字母 L,M 和 T. 物理量 p 的量纲记为 $[p]$,于是 $[l]=\mathrm{L}$,$[m]=\mathrm{M}$,$[t]=\mathrm{T}$. 速度 v 和加速度 a 的量纲可以表示为 $[v]=\mathrm{LT}^{-1}$,$[a]=\mathrm{LT}^{-2}$,力 f 的量纲则根据牛顿第二定律可以表示为 $[f]=\mathrm{LMT}^{-2}$,它们都是导出量纲. 在国际单位制中,有以下七个基本量纲:长度、质量、时间、电流、热力学温度、物质的量、发光强度,它们的量纲分别记为 L、M、T、I、Q、N 和 J. 在电磁学中常用的基本量纲为:长度、质量、时间和电流.

有些物理常数也有量纲,如万有引力定律 $f=k\dfrac{m_1m_2}{r^2}$ 中引力常数 $k=\dfrac{fr^2}{m_1m_2}$,k 的量纲可以从 f,长度 r 和质量 m 的量纲推导出来:

$$[k]=\mathrm{LMT}^{-2}\cdot\mathrm{L}^2\cdot\mathrm{M}^{-2}=\mathrm{L}^3\mathrm{M}^{-1}\mathrm{T}^{-2}.$$

在实际中,也有些量是无量纲的,比如常数 e 等,此时记为 $[\mathrm{e}]=1$.

使用无量纲量来描述客观规律,在量纲的表达式中,其基本量量纲的全部指数均为零的量,即**无量纲量**,也称**纯数**. 无量纲量具有数值的特性,它可以通过两个量纲相同的物理量相除得到,也可由几个量纲不同的物理量通过乘除组合得到. 无量纲量具有这样一些特点:

(1)无量纲数既无量纲又无单位,因此其数值大小与所选单位无关,即无论选择什么单位制计算,其结果总是相同的. 当然,同一问题必须用同一单位制进行计算.

(2)对数、指数、三角函数等超越函数的运算往往都是对无量纲量来讲的.

(3)一个力学方程,如果用无量纲数表示,那么它的应用就可以不受单位制的限制.

量纲齐次原则　当用数学公式表示一个物理定律时,等号两端必须保持量纲的一致性,这种性质称为**量纲齐次性**. 当方程中各项具有相同的量纲时,这个方程被称为是**量纲齐次的**,也只有具有相同量纲的量才可以作比较或相加、减,由此可知,物理定律必须是量纲齐次的. 根据量纲齐次原理,可以有下面的量纲分析法的基本定理.

Pi 定理(Buckingham Pi) 设有 m 个物理量 $q_1,q_2,\cdots,q_m$ 满足某定律:

$$f(q_1,q_2,\cdots q_m)=0,$$

$X_1,X_2,\cdots,X_n$ 是基本量纲($n\leqslant m$). q_j 的量纲可以表示为

$$[q_j]=\prod_{i=1}^{n}X_i^{a_{ij}}(j=1,2,\cdots,m).$$

矩阵 $A=(a_{ij})_{n,m}$ 称为**量纲矩阵**,若 A 的秩 $\mathrm{rank}(A)=r$,可设线性齐次方程组 $AY=0$(Y 是 m 维向量),有 $m-r$ 个基本解为

$$y_k=(y_{k_1},y_{k_2},\cdots,y_{k_m})^{\mathrm{T}}(k=1,2,\cdots,m-r),$$

则 $\pi_k=\prod_{j=1}^{m}q_j^{\,y_{k_j}}$ 为 $m-r$ 个相互独立的无量纲的量,且有 $F(\pi_1,\pi_2,\cdots,\pi_{m-r})=0$ 与 $f(q_1,q_2,\cdots,q_m)=0$ 等价,其中,F 为一未知函数.

量纲分析的一般步骤

(1) 将与问题有关的物理量(变量或常量)收集起来,记为 $q_1,q_2,\cdots,q_m$,根据问题的物理意义确定基本量纲,记为 $X_1,X_2,\cdots,X_n$ ($n\leqslant m$);

(2)写出 q_j 的量纲 $[q_j]=\prod_{i=1}^{n}X_i^{a_{ij}}(j=1,2,\cdots,m)$;

(3)设 $q_1,q_2,\cdots,q_m$ 满足关系 $\pi=\prod_{j=1}^{m}q_j^{y_j}$,其中,$y_j$ 为待定的,π 为无量纲的量,因此 $[\pi]=\prod_{j=1}^{m}X_j^{\,a_j}=1$,于是 $a_i=\sum_{j=1}^{m}a_{ij}y_j=0(i=1,2,\cdots,n)$;

(4)解线性方程组 $\sum_{j=1}^{m}a_{ij}y_j=0(i=1,2,\cdots,n)$,矩阵 $A=(a_{ij})_{n,m}$ 称为量纲矩阵,若 A 的秩 $\mathrm{rank}(A)=r$,则线性齐次方程组有 $m-r$ 个基本解为

$$y_k=(y_{k_1},y_{k_2},\cdots,y_{k_m})^{\mathrm{T}}(k=1,2,\cdots,m-r);$$

(5)记 $\pi_k = \prod_{j=1}^{m} q_j^{\gamma_{k_j}}$，则 $\pi_k(k=1,2,\cdots,m-r)$ 为无量纲的量；

(6)由 $F(\pi_1,\pi_2,\cdots,\pi_{m-r})=0$ 解出物理规律．

例 7.4　单摆运动

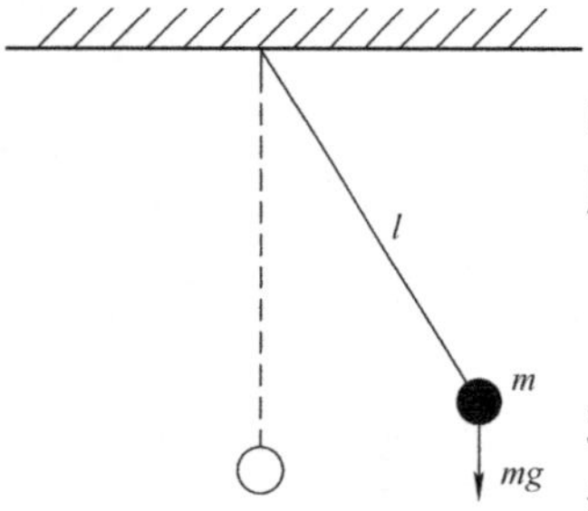

图 7-8　单摆

如图 7-8 所示，设一个质量为 m 的小球系在一端固定长度为 l 的线的另一端，小球稍微偏离平衡位置后在重力 mg（g 为重力加速度）的作用下作往复摆动，忽略阻力，求摆动周期 t 的表达式．

该问题中涉及的物理量有 t,m,l,g，设它们之间的关系为

$$\pi_1 = m^{y_1} l^{y_2} g^{y_3} t^{y_4}, \tag{7.10}$$

式中，y_1,y_2,y_3,y_4 为待定常数，π_1 为无量纲量．式(7.10)的量纲表示为：

$$[\pi_1] = [m]^{y_1}[l]^{y_2}[g]^{y_3}[t]^{y_4}. \tag{7.11}$$

由于 $[\pi_1]=1$，$[m]=M$，$[l]=L$，$[g]=\mathrm{LT}^{-2}$，$[t]=\mathrm{T}$，代入式(7.11)得

$$1 = \mathrm{M}^{y_1}\mathrm{L}^{y_2+y_3}\mathrm{T}^{-2y_3+y_4},$$

根据量纲齐次原理得：

$$\begin{cases} y_1 = 0, \\ y_2 + y_3 = 0, \\ -2y_3 + y_4 = 0, \end{cases} \tag{7.12}$$

方程(7.12)的解为 $y_1=0, y_2=\frac{1}{2}, y_3=-\frac{1}{2}, y_4=-1$. 代入式(7.10)得

$$t = \lambda\sqrt{\frac{l}{g}}. \tag{7.13}$$

其中 λ 是无量纲的比例常数．这与我们大家熟知的力学知识推导的单摆周期公式 $t=2\pi\sqrt{\frac{l}{g}}$ 是一致的．

例 7.5　雨滴的落地速度

问题提出：从一片不动的云朵中落下一个雨点，考虑其雨滴下落速度 v 的问题．

问题分析：影响雨滴性态的变量有哪些？显然，下落速度会依赖于雨滴的尺寸，尺寸可以由它的半径 r 表示，空气的密度 ρ 和空气的黏度 μ 也会影响雨滴的落速，这里黏度用于度量运动阻力，在空气中，这种阻力是由快速运动的分子相互碰撞引起的，黏度定义为：运动物体在流体中受到的摩擦力与速度梯度和接触面积的乘积成正比，比例系数为**黏度**．由重力产生的加速度 g 也是影响雨滴落速的量．为了简化问题，我们忽略雨滴的表面张力．

该问题中涉及的物理量有 v,r,g,ρ,μ，设它们之间的关系为：

$$\pi = v^{y_1} r^{y_2} g^{y_3} \rho^{y_4} \mu^{y_5}, \tag{7.14}$$

其中，y_1, y_2, y_3, y_4, y_5 为待定常数，π 为无量纲量.

由于 $[\pi]=1, [v]=LT^{-1}, [r]=L, [\mu]=MLT^{-2}/(L^2T^{-1})=ML^{-1}T^{-1}, [g]=LT^{-2}, [\rho]=ML^{-3}$，代入式(7.14)得

$$1=L^{y_1+y_2+y_3-3y_4-y_5}M^{y_4+y_5}T^{-y_1-2y_3-y_5}, \tag{7.15}$$

从而

$$\begin{cases} y_1+y_2+y_3-3y_4-y_5=0, \\ y_4+y_5=0, \\ -y_1-2y_3-y_5=0, \end{cases} \tag{7.16}$$

求解方程组(7.16)，得其基础解系：

$$\boldsymbol{\eta}_1=\left(1,-\frac{1}{2},-\frac{1}{2},0,0\right), \boldsymbol{\eta}_2=\left(0,\frac{3}{2},\frac{1}{2},1,-1\right). \tag{7.17}$$

由式(7.17)的两个解得到两个无量纲量：

$$\pi_1=vr^{-\frac{1}{2}}g^{-\frac{1}{2}}=\frac{v}{\sqrt{rg}},$$

$$\pi_2=r^{\frac{3}{2}}g^{\frac{1}{2}}\rho\mu^{-1}=\frac{r^{\frac{3}{2}}g^{\frac{1}{2}}\rho}{\mu}.$$

根据 Pi 定理，存在函数 f 使得：

$$f\left(\frac{v}{\sqrt{rg}},\frac{r^{\frac{3}{2}}g^{\frac{1}{2}}\rho}{\mu}\right)=0,$$

即可以表示为：

$$v=\sqrt{rg}h\left(\frac{r^{\frac{3}{2}}g^{\frac{1}{2}}\rho}{\mu}\right),$$

其中，h 是单一变量 π_2 的某个函数.

例 7.6 烤火鸡应该烤多长时间？

一条烤火鸡的普通规则是：烤炉设置为 400℉[⊖]，每磅烘烤 20min. 问这条规则制定是否合理？请给出理由.

问题分析：设 t 表示火鸡烘烤时间. 首先 t 与火鸡尺寸有关，假设火鸡在几何上是彼此相似的，用 l 表示未火烤火鸡肉的某个特征尺度，如假设 l 代表火鸡的长度. 还需要考虑生肉与烤炉之间的温度差 ΔT_m，同时当火鸡的内部温度达到一定温度时才算火鸡烤好了，因此烤肉与烤炉之间的温度差 ΔT_c 也是一个确定烹调时间的变量. 最后，我们知道不同的食物需要不同的与尺寸有关的烹调时间；如烤一盘小点心只需要 10min，而烤一盘牛肉或火鸡可能需要 30min 到 1h. 对食物间差异因素，其度量可以用特定未烹调食物的**热传导系数** k 来表示. 于是我们建立如下模型：

$$t=f(\Delta T_m,\Delta T_c,l,k).$$

量纲分析：该问题中涉及的变量 $\Delta T_m, \Delta T_c, l, k, t$，设它们之间的关系为

⊖ ℉表示华氏度，1 华氏度 = −17.222 2 摄氏度.

$$\pi = \Delta T_m^{y_1} \Delta T_c^{y_2} l^{y_3} k^{y_4} t^{y_5}, \tag{7.18}$$

式中，y_1, y_2, y_3, y_4, y_5 为待定常数，π 为无量纲量.

由于自变量 ΔT_m 和 ΔT_c 是度量单位体积的能量，因而有量纲 $[\Delta T_m] = \mathrm{ML^2T^{-2}/L^3} = \mathrm{ML^{-1}T^{-2}}$，$[\Delta T_c] = \mathrm{ML^{-1}T^{-2}}$，$[\pi] = 1$，$[l] = \mathrm{L}$，$[t] = \mathrm{T}$. 热传导系数 k 定义为每秒穿过单位横截面的总能量除以垂直于这个截面的温度梯度，

$$k = \frac{\text{能量}/(\text{面积}\times\text{时间})}{\text{温度}/\text{长度}},$$

故 $[k] = (\mathrm{ML^2T^{-2}})(\mathrm{L^{-2}T^{-1}})/((\mathrm{ML^{-1}T^{-2}})(\mathrm{L^{-1}})) = \mathrm{L^2T^{-1}}$.

把上述变量和参数的量纲代入式(7.18)得

$$1 = (\mathrm{ML^{-1}T^{-2}})^{y_1}(\mathrm{ML^{-1}T^{-2}})^{y_2}\mathrm{L}^{y_3}(\mathrm{L^2T^{-1}})^{y_4}\mathrm{T}^{y_5}. \tag{7.19}$$

由式(7.19)得下列方程组

$$\begin{cases} y_1 + y_2 = 0, \\ -y_1 - y_2 + y_3 + 2y_4 = 0, \\ -2y_1 - 2y_2 - y_4 + y_5 = 0, \end{cases} \tag{7.20}$$

求得方程组(7.20)的基础解系为：

$$\boldsymbol{\eta}_1 = (-1,1,0,0,0), \boldsymbol{\eta}_2 = (0,0,-2,1,1). \tag{7.21}$$

由式(7.21)的两个线性无关解得到两个无量纲量

$$\pi_1 = \Delta T_m^{-1}\Delta T_c \text{和} \pi_2 = l^{-2}kt,$$

根据 Pi 定理，存在函数 f 使得

$$f(\Delta T_m^{-1}\Delta T_c, l^{-2}kt) = 0,$$

即可以表示为：

$$t = \frac{l^2}{k}H\left(\frac{\Delta T_c}{\Delta T_m}\right), \tag{7.22}$$

其中，H 是 π_1 的某个函数.

如果用火鸡重量 w 来表示烘烤时间，可以假定火鸡在几何上相似，即有 $w \propto l^3$. 如果假设火鸡的密度是常数，则重量是密度乘以体积，而体积正比例于 l^3，也可以得到 $w \propto l^3$. 另外，假设烤炉设定一个不变的烘烤温度，而且指定火鸡初始温度接近室温(65℉)，于是 $\frac{\Delta T_c}{\Delta T_m}$ 是一个无量纲量，k 对于火鸡是常数. 结合式(7.22)，得到比例式

$$t \propto w^{\frac{2}{3}}. \tag{7.23}$$

如果烘烤重 w_1 磅[㊀]的火鸡需要 t_1 小时，w_2 磅的火鸡需要 t_2 小时，就有：

$$\frac{t_1}{t_2} = \left(\frac{w_1}{w_2}\right)^{\frac{2}{3}}.$$

㊀ 磅是非法定计量单位. 1 磅 = 0.453 592 37kg.

火鸡重量加倍而烘烤时间只是增加到乘以因子 $2^{\frac{2}{3}}\approx 1.59$.

我们将所得的结果与题目所叙述的规则比较,假设 ΔT_m、ΔT_c 和 k 都与火鸡的长度和重量无关,考虑烘烤 23 磅和 8 磅的两只火鸡. 按照题目的规则,烘烤时间比为

$$\frac{t_1}{t_2}=\frac{20\times 23}{20\times 8}=2.875.$$

另一方面,由量纲分析可知:

$$\frac{t_1}{t_2}=\left(\frac{23}{8}\right)^{\frac{2}{3}}\approx 2.02.$$

综合上述,原规则预测:烘烤 23 磅的火鸡所用时间差不多是烘烤 8 磅火鸡的时间三倍. 而通过量纲分析预测只需两倍的时间.

检验结果　假定把各种尺寸的火鸡放在一个预热到 325℉的炉内烘烤,火鸡的初始温度是 65℉. 用温度计测量的火鸡内部温度达到 195℉时,就把它从烤炉内拿出来. 对不同的火鸡烘烤时间记录如表 7-4 所示.

表 7-4　不同质量火鸡的烘烤时间

w(磅)	5	10	15	20
t/h	2	3.4	4.5	5.4

考虑时间 t 关于 $w^{\frac{2}{3}}$ 的关系,通过数学软件拟合得 $t=0.731\,504w^{\frac{2}{3}}$,其曲线图像如图 7-9 所示. 拟合效果非常好,与我们通过量纲分析法所得预测模型结果相同.

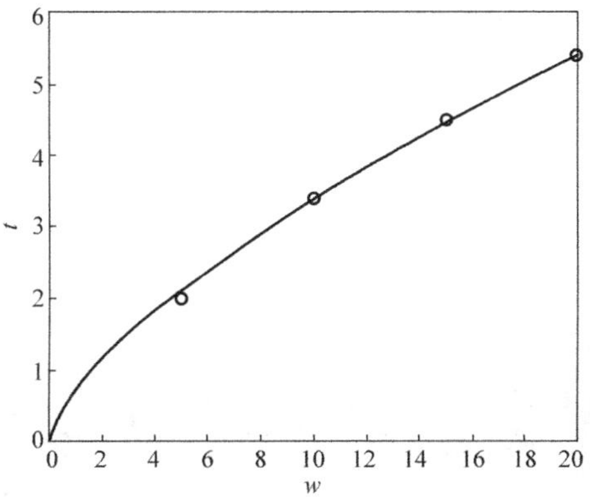

图 7-9　烘烤时间是关于重量三分之二次方的函数图像

为了便于读者学习,我们给出如表 7-5 所示的常用物理量的量纲.

表 7-5　常用物理量的量纲

物理量	量纲式	物理量	量纲式
长度	L	角加速度	T^{-2}
质量	M	角动量	L^2MT^{-1}
时间	T	转动惯量	L^2M

（续）

物理量	量纲式	物理量	量纲式
力	LMT^{-2}	温度	θ
速度	LT^{-1}	能量或功	L^2MT^{-2}
加速度	LT^{-2}	热量	L^2MT^{-2}
压强	$L^{-1}MT^{-2}$	比热容	$L^2T^{-2}\theta$
表面张力	MT^{-2}	功率	L^2MT^{-3}
密度	$L^{-3}M$	热导率	$LMT^{-3}\theta$
黏度	$L^{-1}MT^{-1}$	传热系数	$MT^{-3}\theta^{-1}$
角速度	T^{-1}	扩散系数	L^2T^{-1}

7.5 原子弹爆炸的能量估计

1. 提出问题

1945 年 7 月 16 日，美国科学家在墨西哥州阿拉莫戈多沙漠进行了“三位一体实验”，试爆了全球第一颗原子弹（见图 7-10）．这一事件令全球震惊．由此开始了一个新的时代．当时，有关原子弹的所有资料都是保密的．两年后，美国政府首次公布了这次爆炸的录像带，但是仍未公布任何数据．英国物理学家泰勒（Taylor）（1886—1975）通过研究爆炸时的录像带，建立数学模型对这次爆炸所释放的能量进行了估计，得到的结果为 19.2kt[⊖]．而这次爆炸所释放的实际能量为 21kt，可见两者是相当接近的．

除了公开的录像带，泰勒在不掌握这次原子弹爆炸任何信息的情况下，是如何估计爆炸释放的能量呢？泰勒知道，爆炸产生的冲击波以爆炸点为中心呈球面向四周传播，爆炸的能量越大，在一定时刻冲击波传播得越远，而冲击波又可以通过爆炸形成的“蘑菇云”反映出来．泰勒通过研究这次爆炸的录影带，测量出了从爆炸开始，不同时刻爆炸所产生的“蘑菇云”的半径大小．表 7-6 是他测量出的时刻 t 所对应的“蘑菇云”的半径 $r(t)$．现在的任务就是利用表中数据和其他知识，估计此次爆炸所释放的能量．

图 7-10　原子弹爆炸示意图

⊖ kt 为千吨，即相当于 1 千吨 TNT 的核子能量．

表7-6　时刻 t/ms 所对应的“蘑菇云”半径 r/m

t/ms	r/m	t/ms	r/m	t/ms	r/m	t/ms	r/m	t/ms	r/m
0.10	11.1	0.80	34.2	1.50	44.4	3.53	61.1	15.0	106.5
0.24	19.9	0.94	36.3	1.65	46.0	3.80	62.9	25.0	130.0
0.38	25.4	1.08	38.9	1.79	46.9	4.07	64.3	34.0	145.0
0.52	28.8	1.22	41.0	1.93	48.7	4.34	65.6	53.0	175.0
0.66	31.9	1.36	42.8	3.26	59.0	4.61	67.3	62.0	185.0

2. 模型假设

原子弹的爆炸是在瞬间完成的，不考虑爆炸的核反应过程；原子弹爆炸产生的能量主要是以冲击波的形式表现出来；不考虑其他（如辐射）的影响；只考虑冲击波的动力学特征；冲击波可以通过爆炸形成的“蘑菇云”来表征．爆炸形成的“蘑菇云”的半径 r 与时间 t 和能量 E 有关，还与“蘑菇云”周围的空气密度 ρ 和大气压强 P 有关．

3. 模型建立与求解

根据上面的分析，使用量纲分析法来尝试建立数学模型．设冲击波的半径 r、时间 t、能量 E、空气密度 ρ、大气压强 P 满足的一般函数形式为：

$$f(r,t,E,\rho,P)=0. \tag{7.24}$$

取三个基本量纲，分别为长度 L，质量 M 和时间 T，则式(7.24)中各个物理量的量纲分别是：

$[r]=\mathrm{L},[t]=\mathrm{T},[E]=\mathrm{L}^2\mathrm{MT}^{-2},[\rho]=\mathrm{L}^{-3}\mathrm{MT}^0,[P]=\mathrm{L}^{-1}\mathrm{MT}^{-2}$，

代入式(7.24)，得到量纲矩阵：

$$\boldsymbol{A}_{3\times5}=\begin{pmatrix}1&0&2&-3&-1\\0&0&1&1&1\\0&1&-2&0&-2\end{pmatrix} \tag{7.25}$$

对矩阵 $\boldsymbol{A}_{3\times5}$ 做初等行变换

$$\boldsymbol{A}_{3\times5}\rightarrow\begin{pmatrix}1&0&0&-5&-3\\0&1&0&2&0\\0&0&1&1&1\end{pmatrix}$$

因为 $\boldsymbol{A}$ 的秩是3，所以齐次方程组 $\boldsymbol{Ay}=\boldsymbol{0}$，$\boldsymbol{y}=(y_1,y_2,y_3,y_4,y_5)^{\mathrm{T}}$ 有 $5-3=2$ 个基本解．

设其中的两个基本解为：

$$\boldsymbol{y}_1=(1,\quad -2/5,\quad -1/5,\quad 1/5,\quad 0)^{\mathrm{T}},$$

$$\boldsymbol{y}_2=(0,\quad 6/5,\quad -2/5,\quad -3/5,\quad 1)^{\mathrm{T}},$$

根据量纲分析的 Pi 定理，由这两个基本解可以得到两个无量纲量：

$$\pi_1=rt^{-2/5}E^{-1/5}\rho^{1/5}=r\left(\frac{\rho}{t^2E}\right)^{1/5}, \tag{7.26}$$

$$\pi_2=t^{6/5}E^{-2/5}\rho^{-3/5}P=\left(\frac{t^6P^5}{E^2\rho^3}\right)^{1/5}, \tag{7.27}$$

且存在某个函数 F 使得

$$F(\pi_1,\pi_2)=0 \tag{7.28}$$

与式(7.24)等价.

取式(7.28)的特殊形式 $\pi_1=\psi(\pi_2)$,其中,ψ 是某个函数,由式(7.26)和式(7.27),得

$$r\left(\frac{\rho}{t^2E}\right)^{1/5}=\psi\left(\left(\frac{t^6P^5}{E^2\rho^3}\right)^{1/5}\right), \tag{7.29}$$

于是

$$r=\left(\frac{t^2E}{\rho}\right)^{1/5}\psi\left(\left(\frac{t^6P^5}{E^2\rho^3}\right)^{1/5}\right),$$

泰勒知道,对于原子弹爆炸来说,所经历的时间非常短,而所释放的能量非常大,仔细分析式(7.27),可知 $\pi_2=\left(\frac{t^6P^5}{E^2\rho^3}\right)^{1/5}\approx 0$,于是 $\psi(0)=\lambda$. 为了确定 λ 的大小,泰勒借助一些小型的爆炸试验数据,最终决定取 $\lambda\approx 1$,这样就得到能量 E 的近似估计

$$E=\frac{\rho r^5}{t^2} \tag{7.30}$$

利用表 7-6 的数据,取式(7.30)右端的平均值,空气密度 $\rho=1.25\text{kg/m}^3$,得到爆炸能量为 19.759 7kt,与实际值 21kt 相差不大. 式(7.30)还表明:

$$r^5=\frac{E}{\rho}t^2\Rightarrow r=\left(\frac{E}{\rho}\right)^{\frac{1}{5}}t^{\frac{2}{5}}\Rightarrow r=at^b \tag{7.31}$$

式中 a,b 是待定系数,对式(7.31)取对数后用线性最小二乘法拟合,

$$r=\left(\frac{E}{\rho}\right)^{\frac{1}{5}}t^{\frac{2}{5}}\Rightarrow \ln r=\frac{2}{5}\ln t+\frac{1}{5}\left(\frac{E}{\rho}\right)$$

得到 $b=0.405\,8$,与量纲得到的非常接近. 式(7.31)与实际数据拟合情况如图 7-11 所示,相应的 MATLAB 代码如下:

```
clf
clear
t = [0.10 0.24 0.38 0.52   0.66 0.80 0.94 1.08 1.22 1.36 1.50
1.65 1.79 1.93 3.26 3.53 3.80 4.07 4.34 4.61 15.0 25.0 34.0 53.0
62.0];
r = [11.1 19.9 25.4 28.8 31.9 34.2   36.3 38.9 41.0 42.8 44.4
46.0 46.9 48.7  59.0 61.1  62.9 64.3 65.6 67.3 106.5  130.0 145.0
175.0 185.0];
mean(1.25* (r.^5)./(t.^2))
x0 = log(t);
y0 = log(r);
pp = polyfit(x0,y0,1)
xx = log(t);
```

```
subplot(1,2,1)
yy = polyval(pp,xx);
plot(x0,y0,'rp',xx,yy)
xlabel('lnt')
ylabel('lnr')
legend('实际数据','拟合曲线')
subplot(1,2,2)
plot(t,r,'rp',t,exp(yy))
xlabel('t')
ylabel('r')
legend('实际数据','拟合曲线')
```

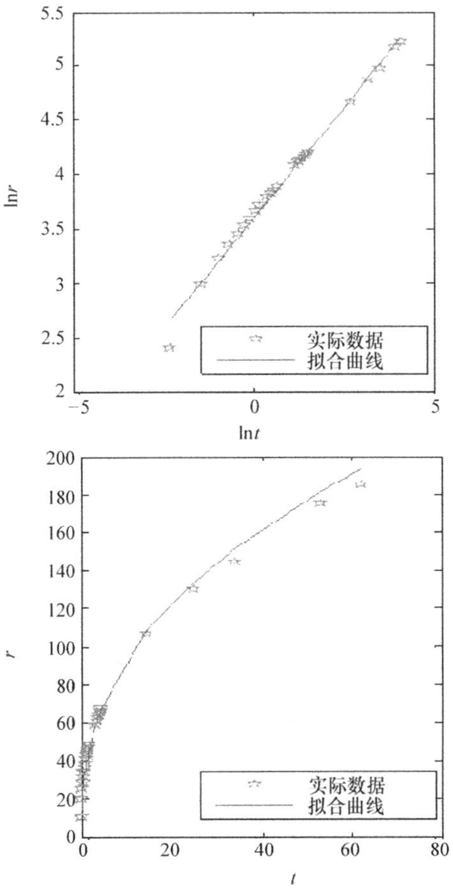

图 7-11　实际数据与拟合曲线示意图

7.6 航船的阻力

1. 提出问题

航船的船体尺寸是 l，浸没面积是 s，以速度 v 航行，海水密度是 ρ，重力加速度是 g，用量纲分析法分析航船阻力 f 和这些物理量之间的关系．并分析如何做物理模拟，可以通过物理模型计算原型船受的阻力．

2. 模型建立与求解

本题涉及的物理量有 g,l,ρ,v,s,f，我们要寻求的关系式为：

$$\phi(g,l,\rho,v,s,f)=0 \tag{7.32}$$

这些物理量中涉及的基本量纲为长度 L，质量 M 和时间 T，则式(7.32)中各个物理量的量纲分别是：

$[g]=\mathrm{LT}^{-2},[l]=\mathrm{L},[\rho]=\mathrm{L}^{-3}\mathrm{M},[v]=\mathrm{LT}^{-1},[s]=\mathrm{L}^2,[f]=\mathrm{LMT}^{-2}$

按照量纲齐次原理可以得到：

$$\boldsymbol{A}=\begin{pmatrix}1 & 1 & -3 & 1 & 2 & 1\\ 0 & 0 & 1 & 0 & 0 & 1\\ -2 & 0 & 0 & -1 & 0 & -2\end{pmatrix}\begin{matrix}(\mathrm{L})\\(\mathrm{M})\\(\mathrm{T})\end{matrix}$$

显然 $\operatorname{rank}(\boldsymbol{A})=3$，又因为 $\phi(g,l,\rho,v,s,f)=0$，所以方程 $\boldsymbol{Ay}=\boldsymbol{0}$ 有 $m-r=3$ 个基本解：

$$\begin{cases}\boldsymbol{y}_1=(-1/2,-1/2,0,1,0,0)^{\mathrm{T}},\\ \boldsymbol{y}_2=(0,-2,0,0,1,0)^{\mathrm{T}},\\ \boldsymbol{y}_3=(-1,-3,-1,0,0,1)^{\mathrm{T}}.\end{cases}$$

即有

$$\begin{cases}\pi_1=g^{-\frac{1}{2}}l^{-\frac{1}{2}}v,\\ \pi_2=l^{-2}s,\\ \pi_3=g^{-1}l^{-3}\rho^{-1}f.\end{cases} \tag{7.33}$$

且存在某个函数 F 使得

$$F(\pi_1,\pi_2,\pi_3)=0 \tag{7.34}$$

与式(7.32)等价．

取式(7.34)的特殊形式 $\pi_3=\psi(\pi_1,\pi_2)$，其中 ψ 是某个函数，由式(7.33)和式(7.34)，可得到阻力 f 的表达式为

$$f=l^3g\rho\psi(\pi_1,\pi_2), \tag{7.35}$$

其中 ψ 是未知的函数关系，在力学上，$\pi_1=g^{-\frac{1}{2}}l^{-\frac{1}{2}}v$ 称为 Froude 数，记为 Fr. 因此式(7.35)又可以写为

$$f=l^3g\rho\psi(Fr,\pi_2), \tag{7.36}$$

3. 应用

下面我们利用物理模拟进一步确定航船在水中的阻力．设 f,s,l,v,ρ,g 和 $f_1,s_1,l_1,v_1,\rho_1,g_1$ 分别表示模型和原型中的各物理量，由式(7.35)，已知模型船所受阻力：

$$f=l^3g\rho\psi(\pi_1,\pi_2),\pi_1=\frac{v}{\sqrt{gl}},\pi_2=\frac{s}{l^2},$$

可得原型船所受阻力：

$$f_1=l_1^3g_1\rho_1\psi(\pi_1',\pi_2'),\pi_1'=\frac{v_1}{\sqrt{g_1l_1}},\pi_2'=\frac{s_1}{l_1^2},$$

如果在实验中采用跟实际同样的水质，则 $\rho=\rho_1, g=g_1$. 当无量纲量

$$\pi_1=\pi_1', \pi_2=\pi_2',$$

于是有

$$\left(\frac{v_1}{v}\right)^2=\frac{l_1}{l}, \frac{s_1}{s}=\left(\frac{l_1}{l}\right)^2 \tag{7.37}$$

所以

$$\frac{f_1}{f}=\frac{l_1^3}{l^3} \tag{7.38}$$

这样，确定了原型和模型船体的比例 $l_1:l$，只有模拟时使得式(7.37)成立，在测得模型船阻力后，才可确定原型船的阻力.

7.7 无量纲化

1. 提出问题

抛射问题：在某星球表面以初速度 v 竖直向上发射火箭，记星球半径为 r，星球表面重力加速度为 g，忽略阻力，讨论发射高度 x 随时间 t 的变化规律.

2. 模型假设与建立

设 x 轴竖直向上，$t=0$ 时，$x=0$，火箭和星球质量分别记为 m_1 和 m_2，根据牛顿第二定律和万有引力定律可得：

$$m_1\ddot{x}=-k\frac{m_1m_2}{(x+r)^2}, \tag{7.39}$$

并且 $x=0, \ddot{x}=-g$，代入式(7.39)可得 $gr^2=km_2$，故得如下初值问题

$$\begin{cases}\ddot{x}=-\dfrac{r^2g}{(x+r)^2},\\ x(0)=0,\\ \dot{x}(0)=v.\end{cases} \tag{7.40}$$

式(7.40)的解可以表为 $x=x(t;r,v,g)$，也即发射高度是以 r, v, g 为参数的 t 的函数，下面我们采用无量纲化方法化简初值问题(7.40).

3. 模型求解

显然抛射问题中的基本量纲为 L 和 T，而

$$[x]=\mathrm{L},[t]=\mathrm{T},[r]=\mathrm{L},[v]=\mathrm{LT}^{-1},[g]=\mathrm{LT}^{-2}$$

所谓无量纲化是指，对式(7.30)中的 x 和 t 分别构造且有相同量纲的参数 x_0 和 t_0，使得新变量

$$\bar{x}=\frac{x}{x_0}, \bar{t}=\frac{t}{t_0}$$

为无量纲量，其中，x_0 和 t_0 称为特征尺度或参考尺度；把方程

(7.40)化为 $\bar{x}$ 对 $\bar{t}$ 的微分方程,如何寻找特征尺度?这里我们以 t_0 为例,首先写出参数 r,v,g 的量纲矩阵 $\boldsymbol{A}$

$$\boldsymbol{A}=\begin{pmatrix}1 & 1 & 1\\0 & -1 & -2\end{pmatrix}$$

t 的量纲向量为 $\boldsymbol{\beta}_0=(0\quad 1)^{\mathrm{T}}$,求解线性方程组 $\boldsymbol{A\beta}=\boldsymbol{\beta}_0$ 得通解:

$$\boldsymbol{\beta}=(1,-1,0)^{\mathrm{T}}+k(1,-2,1)^{\mathrm{T}}.$$

任取 k,即得到一种特征尺度,例如 $k=0$ 得 $t_0=rv^{-1}$,$k=-1$ 得 $t_0=vg^{-1}$,$k=-\dfrac{1}{2}$ 得 $t_0=\sqrt{rg^{-1}}$. 同理可得 x 的几种特征尺度 r,v^2g^{-1} 等. 下面利用不同的 x_0 和 t_0 化简(7.40):

(1)令 $x_0=r$, $t_0=rv^{-1}$,则 $\bar{x}=\dfrac{x}{r}$,$\bar{t}=\dfrac{t}{rv^{-1}}$

由 $\dot{x}=v\dfrac{\mathrm{d}\bar{x}}{\mathrm{d}\bar{t}}$,$\ddot{x}=\dfrac{v^2}{r}\dfrac{\mathrm{d}^2\bar{x}}{\mathrm{d}\bar{t}^2}$,代入式(7.40)可得:

$$\begin{cases}\varepsilon\ddot{\bar{x}}=-\dfrac{1}{(\bar{x}+1)^2}, \quad \varepsilon=\dfrac{v^2}{rg},\\ \bar{x}(0)=0,\\ \dot{\bar{x}}(0)=1.\end{cases}\tag{7.41}$$

式(7.41)的解可表为 $\bar{x}=\bar{x}(\bar{t},\varepsilon)$,含一个独立参数 ε 且为无量纲量.

(2)令 $x_c=r$,$t_c=\sqrt{rg^{-1}}$,类似地可将式(7.40)化为:

$$\begin{cases}\ddot{\bar{x}}=-\dfrac{1}{(\bar{x}+1)^2},\\ \bar{x}(0)=0,\\ \dot{\bar{x}}(0)=\sqrt{\varepsilon},\varepsilon=\dfrac{v^2}{rg}.\end{cases}\tag{7.42}$$

(3)令 $x_0=v^2g^{-1}$,$t_0=vg^{-1}$,可将式(7.40)化为

$$\begin{cases}\ddot{\bar{x}}=-\dfrac{1}{(\varepsilon\bar{x}+1)^2},\varepsilon=\dfrac{v^2}{rg},\\ \bar{x}(0)=0,\\ \dot{\bar{x}}(0)=1.\end{cases}\tag{7.43}$$

按照现有的科技能力,$v\ll\sqrt{rg}\approx 8\ 000\mathrm{m/s}$,所以 $\varepsilon\ll 1$,在式(7.43)中令 $\varepsilon=0$,则有

$$\begin{cases}\ddot{\bar{x}}=-1,\\ \bar{x}(0)=0,\\ \dot{\bar{x}}(0)=1.\end{cases}\tag{7.44}$$

式(7.44)的解为:$\bar{x}(\bar{t})=-\dfrac{\bar{t}^2}{2}+\bar{t}$,

代回原变量得:

$$x(t) = -\frac{1}{2}gt^2 + vt. \tag{7.45}$$

式(7.45)恰为假定火箭运动过程中所受星球引力不变的运动方程.

4. 总结应用

无量纲化是用数学工具研究物理问题时常用的方法,恰当地选择特征尺度不仅可以减少参数的数量,而且可以帮助人们决定舍弃哪些次要因素.

习题 7

1. 证明层次分析模型中定义的 n 阶一致阵 $\boldsymbol{A}$ 有下列性质:

(1)$\boldsymbol{A}$ 的秩为 1,唯一非零特征根为 n;

(2)$\boldsymbol{A}$ 的任一列向量都是对应于 n 的特征向量.

2. 基于省时、收入、岸间商业、当地商业、建筑就业五项因素,拟用层次分析法在建桥梁、修隧道、设渡轮这三个方案中选一个,画出目标为“越海方案的最优经济效益”的层次结构图,并用层次分析法选出方案.

3. 简述层次分析法的基本步骤. 对于一个即将毕业的大学生来说选择工作岗位的决策问题要分成哪三个层次?具体内容分别是什么?

4. 速度为 v 的风吹在迎风面积为 s 的风车上,空气密度为 ρ. 用量纲分析法确定风车获得的功率 p 与 v,s,ρ 的关系.

5. 用量纲分析法研究人体浸在匀速流动的水里时损失的热量. 记水的流速为 v,密度为 ρ,比热为 c,黏度为 μ,热传导系数为 k,人体尺寸为 d. 证明:人体与水的热交换系数 h 与上述各物理量的关系可表示为 $h=\frac{k}{d}\varphi\left(\frac{v\rho d}{\mu},\frac{\mu c}{k}\right)$,$\varphi$ 是未定函数,h 的定义为单位时间内在人体与水的温差为 1℃ 时,通过人体单位面积的流失的热量.

6. 雨滴的速度 v 与空气密度 ρ,黏度 μ 和重力加速度 g 有关,其中黏度的定义是:运动物体在流体中受的摩擦力与速度梯度和接触面积的乘积成正比,比例系数为黏度,用量纲分析方法给出速度 v 的表达式.

7. 考察阻尼摆的周期,即在单摆运动中考虑阻力,并设阻力与摆的速度成正比. 给出周期的表达式,然后讨论物理模拟的比例模型,即怎样根据模型摆的周期计算原型摆的周期.

第8章 概率统计模型

在前面几章中，我们讨论的模型都是确定性的，即模型假设中所涉及的变量不考虑随机因素的影响．但是，在生产、科研以及日常生活中，我们所要研究的许多变量往往受到随机因素的影响，因此，我们需要引入随机性模型并加以研究．

8.1 报童的诀窍

1. 提出问题

报童每天清晨购进报纸进行零售，购进价格为0.15元，售出价格为0.2元，晚上卖不出去的可以退回，但退回价格要比购进价格低，为0.12元．请你给报童规划一下，他应该如何确定每天购进报纸的数量，以获得最大的收入．

报童购进数量应根据需求量确定，但需求量是随机的，所以报童每天如果购进的报纸太少，不够卖，会少赚钱；如果购进太多，卖不完就要赔钱。这样由于每天报纸的需求量是随机的，致使报童每天的收入也是随机的，因此衡量报童的收入，不应该是报童每天的收入，而应该是他长期卖报的日均收入．从概率论中的大数定律的观点看，这相当于报童每天收入的期望值，以下简称平均收入．

2. 模型假设

假设报童已经通过自己的经验或其他渠道掌握了需求量的随机规律，即在他的销售范围内每天报纸的需求量为 r 份的概率是 $P(r)$，$(r=0,1,2,\cdots)$．不考虑有重大事件发生时卖报的高峰期，也不考虑风雨天气时卖报的低谷期．a 为零售价格，b 为购进价格，c 为退回价格．

3. 模型建立

根据上面的符号约定，显然有 $a>b>c$. 设报童每天购进 n 份报纸，因为需求量 r 是随机的，r 可以小于 n、等于 n 或大于 n；由于报童每卖出一份报纸赚 $a-b$，退回一份报纸赔 $b-c$，所以当这天的需求量 $r\leqslant n$，则他售出 r 份，退回 $n-r$ 份，即赚了 $(a-b)r$，赔了 $(b-c)(n-r)$；而当 $r>n$ 时，则 n 份全部售出，即赚了 $(a-b)n$.

记报童每天购进 n 份报纸时平均收入为 $G(n)$，考虑到需求量为 r 的概率是 $P(r)$，所以

$$G(n) = \sum_{r=0}^{n}[(a-b)r-(b-c)(n-r)]P(r) + \sum_{r=n+1}^{\infty}(a-b)nP(r) \tag{8.1}$$

问题归结为在$f(r)$,a,b,c已知时,求n使$G(n)$最大.

4. 模型分析

通常需求量r的取值和购进量n都相当大,将r视为连续变量,这时$f(r)$转化为概率密度函数$P(r)$,这样式(8.1)变为:

$$G(n) = \int_{r=0}^{n}[(a-b)r-(b-c)(n-r)]P(r)\mathrm{d}r + \int_{r=n+1}^{\infty}(a-b)nP(r)\mathrm{d}r \tag{8.2}$$

计算

$$\begin{aligned}\frac{\mathrm{d}G}{\mathrm{d}n} &= (a-b)nP(n) - \int_0^n(b-c)P(r)\mathrm{d}r - (a-b)nP(r) + \int_n^{+\infty}(a-b)P(r)\mathrm{d}r \\ &= -(b-c)\int_0^n P(r)\mathrm{d}r + (a-b)\int_n^{+\infty}P(r)\mathrm{d}r,\end{aligned}$$

令$\frac{\mathrm{d}G}{\mathrm{d}n}=0$,得

$$\frac{\int_0^n P(r)\mathrm{d}r}{\int_n^{+\infty}P(r)\mathrm{d}r} = \frac{a-b}{b-c}, \tag{8.3}$$

使报童日平均收入达到最大的购进量n应满足式(8.3),因为$\int_0^{+\infty}P(r)\mathrm{d}r = 1$,所以式(8.3)可变为

$$\frac{\int_0^n P(r)\mathrm{d}r}{1-\int_0^n P(r)\mathrm{d}r} = \frac{a-b}{b-c},$$

即有

$$\int_0^n P(r)\mathrm{d}r = \frac{a-b}{a-c}. \tag{8.4}$$

根据需求量的概率密度$P(r)$的图形很容易从式(8.4)确定购进量n,式(8.3)又可记作:

$$\frac{P_1}{P_2} = \frac{a-b}{b-c}. \tag{8.5}$$

式中,$P_1 = \int_0^n P(r)\mathrm{d}r$是需求量$r$不超过$n$的概率,即卖不完的概率;$P_2 = \int_n^{+\infty}P(r)\mathrm{d}r$是需求量$r$超过$n$的概率,即卖完的概率;

所以式(8.5)表明:购进的份数n应该是卖不完与卖完的概率之比,恰好等于卖出一份赚的钱$a-b$与退回一份赔的钱$b-c$之比. 显然,当报童与邮局签订的合同使报童每份赚钱与赔钱之比越

大时,报童购进的份数就应该越多.

5. 模型求解

我们假设在上面的问题中报童的需求量服从均值为 500 份,均方差为 50 份的正态分布

按照上面的模型,根据式(8.5),因为 $a-b=0.05$, $b-c=0.03$, $\frac{P_1}{P_2}=\frac{5}{3}$, $r\sim N(\mu,\sigma^2)$

其中 $\mu=500$,$\sigma=50$,

查表可得

$$n=\mu+0.32\sigma=516.$$

即每天购进 516 份报纸.

按照式(8.2),可得最高收入 $G\approx 23.484$ 元,这样我们就能根据具体情况来确定报童的购报数量了.

8.2 牙膏的销售

1. 提出问题:

某大型牙膏制造企业为了更好地拓展产品市场,有效地管理库存,公司董事会要求销售部门根据市场调查,找出公司生产的牙膏销售量、价格、广告投入等之间的关系,从而预测出在不同价格和广告费用下的销售量. 为此,销售部的研究人员收集了过去 30 个销售周期(4 周为一个销售周期)公司生产的牙膏销量、销售价格、投入的广告费用、以及同期其他厂家生产的同类牙膏的平均销售价格,见表 8-1. 试根据这些数据建立一个数学模型,分析牙膏销售量与其他因素的关系,为制定价格策略和广告投入策略提供数据依据.(其中价格差指其他厂家平均价格与公司销售价格之差)

表 8-1 牙膏销售量与销售价格、广告费用等数据

销售周期	公司销售价格/元	其他厂家平均价格/元	广告费用/百万元	价格差/元	销售量/百万支
1	3.85	3.80	5.50	-0.05	7.38
2	3.75	4.00	6.75	0.25	8.51
3	3.70	4.30	7.25	0.60	9.52
4	3.70	3.70	5.50	0	7.50
5	3.60	3.85	7.00	0.25	9.33
6	3.60	3.80	6.50	0.20	8.28
7	3.60	3.75	6.75	0.15	8.75
8	3.80	3.85	5.25	0.05	7.87
9	3.80	3.65	5.25	-0.15	7.10
10	3.85	4.00	6.00	0.15	8.00

（续）

销售周期	公司销售价格/元	其他厂家平均价格/元	广告费用/百万元	价格差/元	销售量/百万支
11	3.90	4.10	6.50	0.20	7.89
12	3.90	4.00	6.25	0.10	8.15
13	3.70	4.10	7.00	0.40	9.10
14	3.75	4.20	6.90	0.45	8.86
15	3.75	4.10	6.80	0.35	8.90
16	3.80	4.10	6.80	0.30	8.87
17	3.70	4.20	7.10	0.50	9.26
18	3.80	4.30	7.00	0.50	9.00
19	3.70	4.10	6.80	0.40	8.75
20	3.80	3.75	6.50	-0.05	7.95
21	3.80	3.75	6.25	-0.05	7.65
22	3.75	3.65	6.00	-0.10	7.27
23	3.70	3.90	6.50	0.20	8.00
24	3.55	3.65	7.00	0.10	8.50
25	3.60	4.10	6.80	0.50	8.75
26	3.65	4.25	6.80	0.60	9.21
27	3.70	3.65	6.50	-0.05	8.27
28	3.75	3.75	5.75	0	7.67
29	3.80	3.85	5.80	0.05	7.93
30	3.70	4.25	6.80	0.55	9.26

2. 模型假设：

牙膏的销售量受多种因素影响，例如：产品销售价格、同类产品销售价格、广告费用投入量、产品质量等因素．但是我们只考虑两个对结果有显著性影响的因素，即广告费用投入量及同类价格产品. 在考虑同类产品价格时不好处理，在这里我们仅考虑其他产品同本公司产品的价格差.

模型假设：

（1）在一定时期内假设市场总需求量没有太大的变化；

（2）同类产品在一定时期内价格无明显变化；

（3）通过调节本公司的价格调整都能够达到理想的价格差；

（4）销售量为 y，价格差 x_1，广告投入量 x_2，其他厂家平均价格 x_3，公司销售价格 x_4，$x_1=x_3-x_4$.

3. 模型建立

为了大致分析 y 与 x_1 和 x_2 的关系，首先利用散点图观察销售量 y 与价格差 x_1 及 y 与广告投入量 x_2 之间的关系．y 与 x_1 的关系如图 8-1 所示．

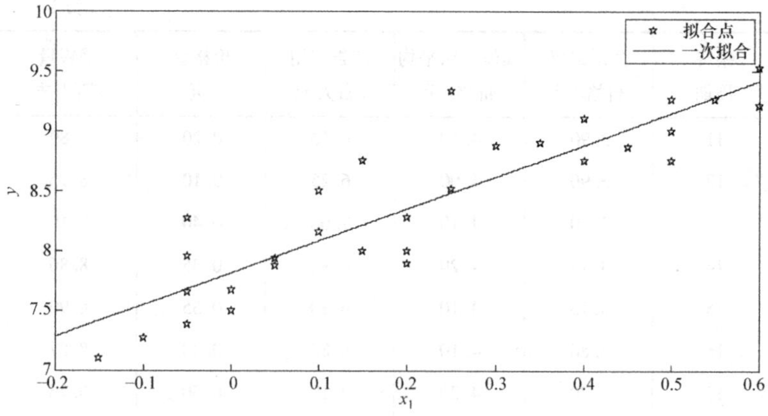

图 8-1　y 对 x_1 散点图

从图 8-1 中发现，随着 x_1 增加，y 的值有明显的线性增加趋势，图中直线是用线性模型

$$y=\beta_0+\beta_1x_1+\varepsilon \tag{8.6}$$

拟合的(其中 ε 是随机误差). y 与 x_2 的关系如图 8-2 所示，当 x_2 增大时，y 有向上弯曲增加的趋势，图中的曲线用二次函数模型

$$y=\beta_0+\beta_1x_2+\beta_2x_2^2+\varepsilon \tag{8.7}$$

拟合.

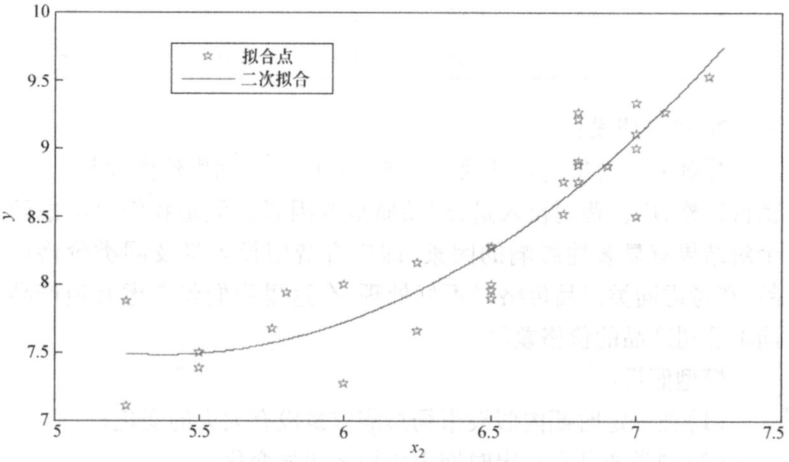

图 8-2　y 对 x_2 的散点图

综上分析，结合模型(8.6)和模型(8.7)建立如下回归模型

$$y=\beta_0+\beta_1x_1+\beta_2x_2+\beta_3x_2^2+\varepsilon. \tag{8.8}$$

式中，y 是建立的模型，我们用 $\hat{y}=\beta_0+\beta_1x_1+\beta_2x_2+\beta_3{x_2}^2$ 对 y 进行估计，其中，$\beta_0,\beta_1,\beta_2,\beta_3$ 是我们待估计的参数.

4. 模型求解：

MATLAB 代码为：

```
clf
clear
x1 = [ -0.05  0.25  0.6 0  0.25  0.2 0.15  0.05   -0.15  0.15
0.2 0.1 0.4 0.45  0.35  0.3 0.5 0.5 0.4 -0.05  -0.05  -0.1
0.2 0.1 0.5 0.6 -0.05  0  0.05  0.55]';
x2 = [5.5 6.75  7.25  5.5 7  6.5 6.75  5.25  5.25  6  6.5 6.25
7  6.9 6.8 6.8 7.1 7  6.8 6.5 6.25  6  6.5 7  6.8 6.8 6.5 5.75
5.8 6.8]';
Y = [7.38 8.51  9.52  7.5 9.33  8.28  8.75  7.87  7.1 8  7.89
8.15  9.1 8.86  8.9 8.87  9.26  9  8.75  7.95  7.65  7.27  8
8.5 8.75  9.21  8.27  7.67  7.93  9.26]';
X = [ones(30,1)x1 x2 x2.^2];
[b,bint,r,rint,stats] = regress(Y,X);
p2 = polyfit(x1,Y,1);
p3 = polyfit(x2,Y,2);
x11 = -0.2:0.001:0.6;  y1 = polyval(p2,x11);
x22 = 5.25:0.001:7.3;  y2 = polyval(p3,x22);
subplot(1,2,1)
plot(x1,Y,'rp',x11,y1)
legend('拟合点','一次拟合')
xlabel('x1')
ylabel('y')
subplot(1,2,2)
plot(x2,Y,'rp',x22,y2)
legend('拟合点','二次拟合')
xlabel('x2')
ylabel('y')
rcoplot(r,rint)
disp('回归系数估计值')
b'
disp('回归系数估计值的置信区间')
bint'
disp('残差平方和,相关系数的平方,F 统计量,与统计量 F 对应的概率
p')
[r'* r,stats(1),stats(2),stats(3)]
```

运行后结果显示：

```
回归系数估计值
    17.3244    1.3070   -3.6956    0.3486
回归系数估计值的置信区间
    5.7282    0.6829   -7.4989    0.0379
    28.9206    1.9311    0.1077    0.6594
```

残差平方和，相关系数的平方，F 统计量，与统计量 F 对应的概率 p

1.2733　　0.9054　82.9409　　0.0000

5. 结果分析

得到模型(8.8)回归系数的估计值及其置信区间(置信水平 $\alpha=0.05$)、检验统计量的结果见下表 8-2，残差分析图见图 8-3.

表 8-2　模型(8.8)的参数估计结果

参数	参数估计	参数置信区间
β_0	17.324 4	[5.728 2 28.920 6]
β_1	1.307 0	[0.682 9 1.931 1]
β_2	−3.695 6	[−7.498 9 0.107 7]
β_3	0.348 6	[0.037 9 0.659 4]
$R^2=0.905\ 4$　　$F=82.940\ 9$　　$p<0.000\ 1$		

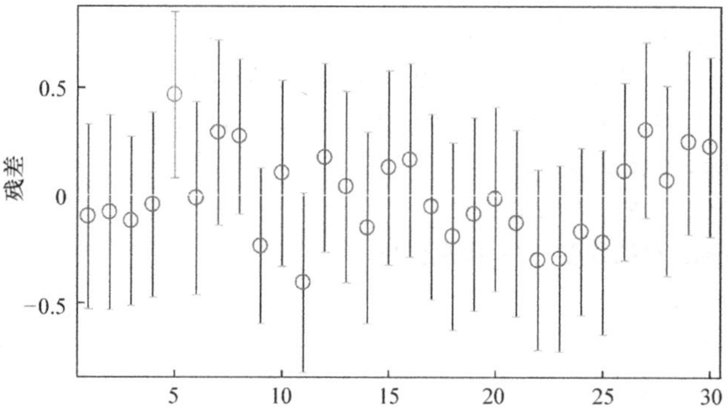

图 8-3　模型(8.8)的残差分析结果

由表中的数据可知，$R^2=0.905\ 4$ 指因变量的 y 的 90.54% 可由模型确定，F 值远远超过 F 检验的临界值，p 远远小于 α，因而模型(8.8)可用．表 8-2 的回归系数给出了模型(8.8)中 $\beta_0,\beta_1,\beta_2,\beta_3$ 的估计值 $\hat{\beta}_0=17.324\ 4,\hat{\beta}_1=1.307\ 0,\hat{\beta}_2=-3.695\ 6,\hat{\beta}_3=0.348\ 6$. 检查它们的置信区间发现，只有 β_2 的置信区间包含零点(但区间右端点距零点很近)，表明回归变量 x_2(对因变量 y 的影响)是不太显著的，但由于 x_2^2 是显著的，我们仍将变量 x_2 保留在模型中．经回归系数的估计值代入模型(8.8)，即可预测公司未来某个销售周期牙膏的销售量，将预测值记为 $\hat{y}$，得到模型(8.8)的预测方程：

$$\hat{y}=\hat{\beta}_0+\hat{\beta}_1x_1+\hat{\beta}_2x_2+\hat{\beta}_3x_2^2. \tag{8.9}$$

只需知道该销售周期的价格差 x_1 和投入的广告费用 x_2，就可以计算预测值 $\hat{y}$. 公司无法直接确定价格差 x_1，只能制定公司的牙膏销售价格 x_4，但是其他厂家的平均价格一般可以通过根据市场情况及原材料的价格变化等估计．模型中用价格差做为回归变量的好处在于公司可以更灵活地来预测产品的销售量或市场需求量，因为其他厂家的平均价格不是公司所能控制的．预测时只要调整公司的牙膏销售价格达到设定的回归变量价格差 x_1 的值．回归模型的一个重要应用是，对于给定的回归变量的取值，能够以一定的置信度预测因变量的取值范围，即预测区间．

6. 模型改进

模型(8.8)中回归变量 x_1，x_2 对因变量 y 的影响是相互独立的，即牙膏销售量 y 的均值和广告费用 x_2 的二次关系由回归系数 β_2，β_3 确定，而不依赖于价格差 x_1，同样，y 的均值与 x_1 的线性关系由回归系数 β_1 确定，不依赖于 x_2. 根据经验可猜想，x_1 和 x_2 之间的交互作用会对 y 有影响，简单地用 x_1，x_2 的乘积代表它们的交互作用，将模型(8.8)增加一项，得到：

$$y = \beta_0 + \beta_1 x_1 + \beta_2 x_2 + \beta_3 x_2^2 + \beta_4 x_1 x_2 + \varepsilon \qquad (8.10)$$

在这个模型中，y 的均值与 x_2 的二次关系为 $\beta_2 x_2 + \beta_3 x_2^2 + \beta_4 x_1 x_2$，由系数 β_2，β_3，β_4 确定，并依赖于价格差 x_1.

8.3 最佳订票问题

1. 提出问题：

在激烈的市场竞争中，航空公司为了争取更多的客源而开展的一个优质服务项目是预订票业务．公司承诺，预先订购机票的乘客如果未能按时登机，可以乘坐下一班飞机或退票，无需附加任何费用．当然也可以订票时只订座，登机时才付款，这两种办法对于下面的讨论是等价的．

设某种型号的飞机容量为 n，若公司限制预定 n 张机票，那么，由于总会有一些订了机票的乘客不按时登机，致使飞机因不满员飞行而利润降低，甚至亏本，如果不限制订票数量，那么当持票按时登机的乘客超过飞机容量时，必然会引起那些不能登机飞走的乘客（以下称被挤掉者）的抱怨．导致公司不管以什么方式予以补救，都会使公司受到一定的经济损失，如客源减少、或挤到以后班机的乘客，公司要无偿供应食宿或者支付一定的赔偿金等．这样，综合考虑公司的经济利益，必然存在一个恰当的订票数量和限额．

假设飞机容量为 300，乘客准时到达机场而未乘飞机的赔偿费是机票价格的 10%，飞行费用与飞机容量、机票价格成正比（由统计资料知，比例系数为 0.6，乘客不按时登机的概率为 0.03），请：

(1) 建立一个数学模型，给出衡量公司经济利益和社会声誉的指标，对上述预订票业务确定最佳的预订票的数量．

(2) 考虑不同客源的不同需要，如商人喜欢上述这种无约束的预订票业务，他们宁愿接受较高的票价；而按时上下班的雇员或游客，愿意以若不能按时前来登机，则机票失效为代价，换取较低额的票价．公司为降低风险，可以把后者作为基本客源．根据这种实际情况，制定更好的预订票策略．

2. 模型假设：

(1)假设预订票的乘客能否按时登机是随机的．

(2)假设已预订票但不能登机的乘客数是一个随机变量．

(3)假设飞机的飞行费用与乘客的数量无关．

符号说明：n 为飞机的座位数，即飞机的容量；g 为机票的价格；f 为飞行的费用；b 为乘客准时到达机场而未乘上飞机的赔偿费；m 为售出的机票数；k 为已预订票但不能前来登机乘客数，即迟到的乘客数，它是一个随机变量；p_k 为已预订票的 m 个乘客中有 k 个乘客不能按时前来登机的概率；p 为每位乘客迟到的概率；$P_j(m)$ 为已预订票前来登机的乘客中至少挤掉 j 人的概率，即社会声誉指标；S 为公司的利润；ES 为公司的平均利润．

3. 模型建立

通过上面引进的符号易知，赔偿费 $b=0.1g$，飞行费用 $f=0.6ng$，每位乘客迟到概率 $p=0.03$，已预订票的 m 个乘客中，恰有 k 个乘客不能按时前来登机，即迟到的乘客数 k 服从二项分布 $B(m,p)$，此时，

$$p_k=C_m^k p^k(1-p)^{m-k}\quad(k=0,1,2,\cdots,m)$$

当 $m-k\leqslant n$ 时，说明 $m-k$ 个乘客全部登机，此时利润为

$$S=(m-k)g-f.$$

当 $m-k>n$ 时，说明有 n 个乘客登机，有 $m-k-n$ 个乘客没有登上飞机，即被挤掉了，此时利润为

$$S=ng-f-(m-k-n)b.$$

根据以上的分析，利润 S 可表示为：

$$S=\begin{cases}(m-k)g-f, & m-k\leqslant n,(k\geqslant m-n)\\ ng-f-(m-k-n)b, & m-k>n,(k<m-n)\end{cases}$$

迟到的乘客数 $k=0,1,2,\cdots,m-n-1$ 时，说明有 $m-k-n$ 个乘客被挤掉了；迟到的乘客数 $k=m-n,m-n+1,\cdots,m$ 时，说明已来的 $m-k$ 个乘客全部登机了．

于是平均利润为：

$$ES=\sum_{k=0}^{m-n-1}[ng-f-(m-k-n)b]p_k+\sum_{k=m-n}^{m}[(m-k)g-f]p_k$$

因为

$$\sum_{k=m-n}^{m}[(m-k)g-f]p_k=(mg-f)\Big(1-\sum_{k=0}^{m-n-1}p_k\Big)-g\Big(\sum_{k=0}^{m}kp_k-\sum_{k=0}^{m-n-1}kp_k\Big)$$

$$= (mg - f) - (mg - f)\sum_{k=0}^{m-n-1} p_k - gE(k) + g\sum_{k=0}^{m-n-1} kp_k$$

所以

$$ES = \sum_{k=0}^{m-n-1}[ng - f - (m - k - n)b]p_k + (mg - f) - (mg - f)\sum_{k=0}^{m-n-1} p_k$$

$$- gE(k) + g\sum_{k=0}^{m-n-1} kp_k$$

$$= [m - E(k)]g - f + \sum_{k=0}^{m-n-1}[ng - f - (m - k - n)b$$

$$- (mg - f) + gk]p_k$$

$$= [m - E(k)]g - f - (b + g)\sum_{k=0}^{m-n-1}(m - k - n)p_k$$

由于 $k \sim B(m,p)$，$p_k = \mathrm{C}_m^k p^k (1-p)^{m-k}$ 可知，随机变量 k 的数学期望 $E(k) = mp$，此时，

$$ES = (1-p)mg - f - (b+g)\sum_{k=0}^{m-n-1}(m - k - n)\mathrm{C}_m^k p^k (1-p)^{m-k}$$

通过以上分析，可以在一定的社会声誉指标 $P_j(m)$ 范围内，寻求合适的 m，根据 $f = 0.6ng$ 的关系，使得目标函数 ES/f 达到最大，即

$$\max\frac{ES}{f} = \frac{1}{0.6N}\left[(1-p)m - \left(1 + \frac{b}{g}\right)\sum_{k=0}^{m-n-1}(m - k - n)\mathrm{C}_m^k p^k (1-p)^{m-k}\right] - 1$$

$$= \frac{1}{180}\left[0.97m - 1.1\sum_{k=0}^{m-n-1}(m - k - 300)\mathrm{C}_m^k p^k (1-p)^{m-k}\right] - 1$$

下面考虑社会声誉指标 .

由于 $m = n + k + j$，所以 $k = m - n - j$，即当被挤掉的乘客数为 j 时，等价的说法是恰有 $m - n - j$ 个迟到的乘客 . 公司希望被挤掉的乘客人数不要太多，被挤掉的概率不要太大，可用至少挤掉 j 人的概率作为声誉指标，相应地 k 的取值范围为 $k = 0,1,2,\cdots,m-n-j$，社会声誉指标

$$P_j(m) = \sum_{k=0}^{m-n-j}\mathrm{C}_m^k p^k (1-p)^{m-k}.$$

4. 模型求解：

为了对模型进行求解，可以分别给定 m，比如 $m = 305,306,\cdots,350$，，计算 ES/f，同时，给定 j，比如取 $j = 5$，计算社会声誉指标 $P_j(m)$，从中选取使 ES/f 最大，且社会声誉指标 $P_j(m)$ 小于等于某个(比如取 $\alpha = 0.05$)最佳订票数 m.

下面给出 MATLAB 计算程序 .

```
%m 表示售出的票数;Es 表示平均利润;p 表示声誉指标;
for m=305:325
```

```
sm=0;
p=0;
for k=0;m-305
pp=(prod(m-k+1:m)/prod(1:k))* 0.03^k* 0.97^(m-k);
p=p+pp;
  sm=sm+(m-k-300)* pp/prod(1:k);
  end
  Es=(1/180)* [0.97* m-1.1* sm]-1;
  m
  Es
  p
end
```

执行后可输出以下结果：

m	ES	P
305	0.643 6	9.233 8e-005
306	0.649 0	9.372 3e-004
307	0.654 3	0.004 8
308	0.659 6	0.016 7
309	0.664 9	0.044 2
310	0.670 3	0.095 2
311	0.675 6	0.174 2
312	0.681 0	0.279 6
313	0.686 4	0.402 8
314	0.691 7	0.531 4
315	0.697 1	0.652 5
316	0.702 4	0.756 6
317	0.707 8	0.838 8
318	0.713 2	0.889 0
319	0.718 5	0.939 9
320	0.723 9	0.966 1
321	0.729 3	0.981 8
322	0.734 7	0.990 7
323	0.740 0	0.995 4
324	0.745 4	0.997 9
325	0.750 8	0.999 0

5. 总结应用

从计算结果易见，当 $m=309$ 时，社会声誉指标 $p_5(309)=0.044\,2<0.05$，当 $m=310$ 时，社会声誉指标 $p_5(310)=0.095\,2>0.05$，所以为了使 ES/f 尽量大，且要满足社会声誉指标 $p_5(m)<$

0.05，则最佳订票数可取 $m=309$.

8.4 软件开发人员的薪金

1. 提出问题

一家高科技公司人事部门为研究软件开发人员的薪金与他们的资历、管理责任、教育程度等因素之间的关系，需要建立一个数学模型，以便分析公司人事策略的合理性，并作为新聘用人员薪金的参考. 他们认为目前公司人员的薪金总体上是合理的，可以作为建模的依据，于是调查了 46 名软件开发人员的档案资料，数据如表 8-3所示（见数据二维码），包括薪金（单位：元）、资历（从事专业工作的年数）、管理责任（1 表示管理人员，0 表示非管理人员）、教育程度（1 表示中学，2 表示大学，3 表示研究生）.

表 8-3　软件开发人员的薪金与资历、管理责任、教育程度

编号	薪金	资历	管理	教育
1	13 876	1	1	1
2	11 608	1	0	3
⋮	⋮	⋮	⋮	⋮
46	19 346	20	0	1

2. 分析与假设

按照常识，薪金自然随着资历的增长而增加，管理人员的薪金应高于非管理人员，教育程度越高薪金也越高. 薪金记作 y，资历记作 x_1，定义

$$x_2=\begin{cases}1, & \text{管理人员},\\ 0, & \text{非管理人员}.\end{cases}$$

为了表示三种教育程度，定义

$$x_3=\begin{cases}1, & \text{中学},\\ 0, & \text{其他}.\end{cases}\qquad x_4=\begin{cases}1, & \text{大学},\\ 0, & \text{其他}.\end{cases}$$

这样，中学用 $x_3=1,x_4=0$ 表示，大学用 $x_3=0,x_4=1$ 表示，研究生则用 $x_3=0,x_4=0$ 表示.

为简单起见，我们假定资历对薪金的作用是线性的，即资历每加一年，薪金的增长是常数；管理责任、教育程度、资历诸因素之间没有交互作用，于是建立线性回归模型.

3. 基本模型

薪金 y 与资历 x_1，管理责任 x_2，教育程度 x_3,x_4 之间的多元线性回归模型为：

$$y=a_0+a_1x_1+a_2x_2+a_3x_3+a_4x_4+\varepsilon. \tag{8.11}$$

式中，$a_0,a_1,\cdots,a_4$ 是待估计的回归系数，ε 是随机误差.

利用 MATLAB 的统计工具箱可以得到回归系数及其置信区间

(置信水平 $\alpha=0.05$)、检验统计量 R^2,F,p,s^2 的结果,如表 8-4 所示.

表 8-4　模型(8.11)的计算结果

参数	参数估计值	参数置信区间
a_0	11 032	[10 258,11 807]
a_1	546	[484,608]
a_2	6 883	[6 248,7 517]
a_3	-2 994	[-3 826,-2 162]
a_4	148	[-636,931]
$R^2=0.957$　$F=226$　$p<0.000\ 1$　$s^2=1.057\times10^6$		

4. 结果分析

从表 8-4 知 $R^2=0.957$,即因变量(薪金)的 95.7% 可由模型确定,F 值远远超过 F 检验的临界值. p 远小于 α,因而模型(8.11)整体来看是可用的.

模型中各个回归系数的含义可初步解释如下:x_1 的系数为 546,说明资历每增加 1 年,薪金增长 546;x_2 的系数为 6 883,说明管理人员的薪金比非管理人员多 6 883;x_3 的系数为 -2 994,说明中学程度的薪金比研究生少 2 994;x_4 的系数为 148,说明大学程度的薪金比研究生多 148,但是应该注意到 a_4 的置信区间包含零点,所以这个系数的解释是不可靠的.

a_4 的置信区间包含零点,说明基本模型(8.11)存在缺点. 为寻找改进的方向,常用残差分析方法. 我们将影响因素分成资历与管理-教育组合两类,管理-教育组合的定义如表 8-5 所示.

表 8-5　管理-教育组合

组合	1	2	3	4	5	6
管理	0	1	0	1	0	1
教育	1	1	2	2	3	3

为了对残差进行分析,图 8-4 给出 ε 与资历 x_1 的关系,图 8-5

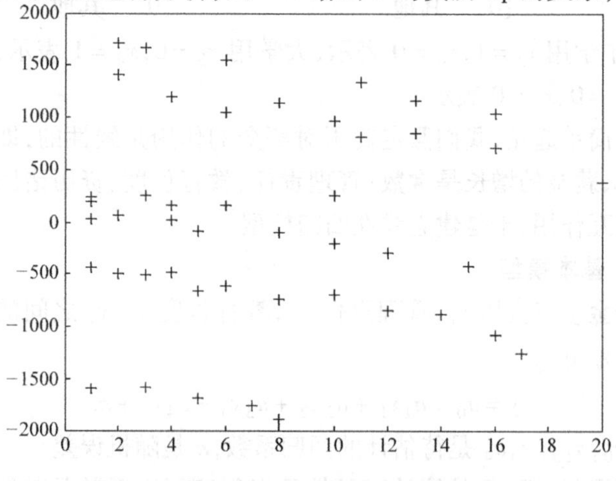

图 8-4　模型(8.11)ε 与资历 x_1 的关系

给出 ε 与管理 x_2 - 教育 x_3, x_4 组合间的关系.

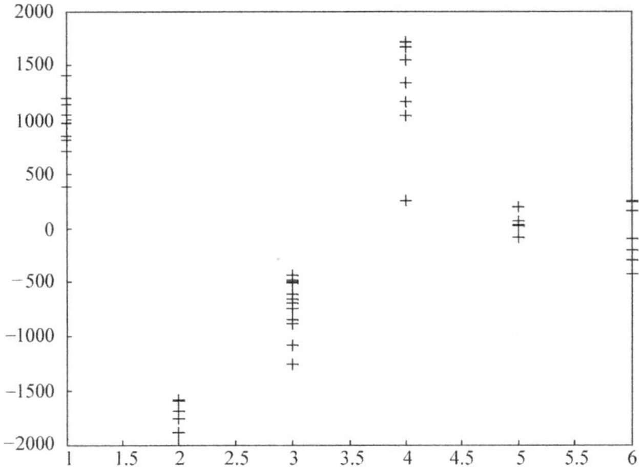

图 8-5　模型(8.11) ε 与管理 x_2、教育 x_3, x_4 组合的关系

从图 8-4 中可知,残差大概分成三个水平,这是由于 6 种管理 - 教育组合混在一起,在模型中未被正确反映的结果;从图 8-5 中可知,对于前 4 个管理 - 教育组合,残差或者全为正,或者全为负,也表明管理 - 教育组合在模型中处理不当.

在模型(8.11)中管理责任和教育程度是分别起作用的,事实上,二者可能起着交互作用,如大学程度的管理人员的薪金会比二者分别的薪金之和高一点.

以上分析提示我们,应在基本模型(8.11)中增加管理 x_2 与教育 x_3, x_4 的交互项,建立新的回归模型.

5. 修正模型

增加 x_2 与 x_3, x_4 的交互项后,模型记作

$$y = a_0 + a_1x_1 + a_2x_2 + a_3x_3 + a_4x_4 + a_5x_2x_3 + a_6x_2x_4 + \varepsilon. \tag{8.12}$$

利用 MATLAB 的统计工具箱得到的结果如表 8-6.

表 8-6　模型(8.12)的计算结果

参数	参数估计值	参数置信区间
a_0	11 204	[11 044, 11 363]
a_1	497	[486, 508]
a_2	7 048	[6 841, 7 255]
a_3	-1 727	[-1 939, -1 514]
a_4	-348	[-545, -152]
a_5	-3 071	[-3 372, -2 769]
a_6	1 836	[1 571, 2 101]
$R^2 = 0.998\,8$　$F = 5\,545$　$p < 0.000\,1$　$s^2 = 3.004\,7 \times 10^4$		

由表 8-6 可知,模型(8.12)的 R^2 和 F 值都比模型(8.11)有所改进,并且所有回归系数的置信区间都不含零点,表明模型(8.12)是完全可用的.

与模型(8.11)类似,给出模型(8.12)的两个残差分析图(图 8-6,图 8-7),可以看出,已经消除了图 8-3 和图 8-4 中的不正常现象,这也说明了模型(8.12)的适用性.

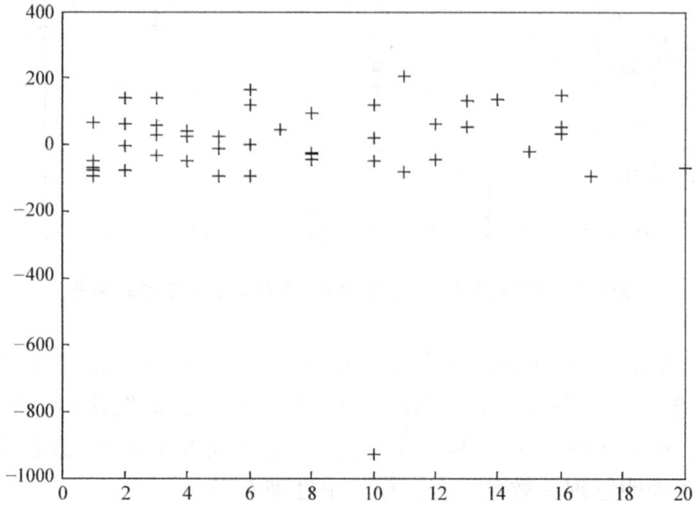

图 8-6 模型(8.12)ε 与资历 x_1 的关系

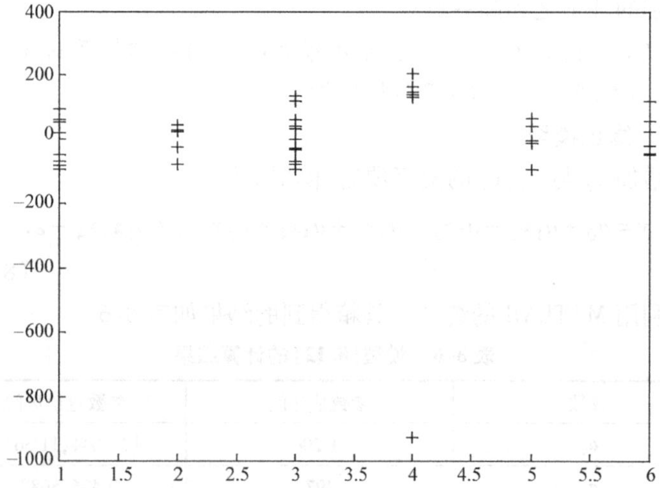

图 8-7 模型(8.12)ε 与管理 x_2 − 教育 x_3,x_4 组合的关系

从图 8-6、图 8-7 还可以发现一个异常点:具有 10 年资历、大学程度的管理人员(从数据文件可以查出是 33 号),他的实际薪金明显低于模型的估计值,也明显低于与他有类似经历的其他人的薪金.这可能是由我们未知的原因造成的. 为了使个别的数据不致影响整个模型,应该将这个异常数据去掉,对模型(8.12)重新估计回归系数，得到的结果如表 8-7 所示，残差分析图见图 8-8 和图 8-9. 可以看出，去掉异常数据后结果又有改善.

表 8-7　模型(8.12)去掉异常数据后的计算结果

参数	参数估计值	参数置信区间
a_0	11 200	[11 139,11 261]
a_1	498	[494,503]
a_2	7 041	[6 962,7 120]
a_3	−1 737	[−1 818, −1 656]
a_4	−356	[−431, −281]
a_5	−3 056	[−3 171, −2 942]
a_6	1 997	[1 894,2 100]
$R^2=0.999\ 8$　$F=36\ 701$　$p<0.000\ 1$　$s^2=4.347\times10^3$		

6. 模型应用

对于回归模型(8.12)，用去掉异常数据(33 号)后估计出的系数，得到的结果是令人满意的. 作为这个模型的应用之一，不妨用它来“制订”6 种管理－教育组合人员的“基础”薪金(即资历为零的薪金，当然，这也是平均意义上的). 利用模型(8.12)和表 8-7 得到表 8-8. 可以看出，大学程度的管理人员的薪金比研究生程度的管理人员的薪金高，而大学程度的非管理人员的薪金比研究生程度的非管理人员的薪金略低.

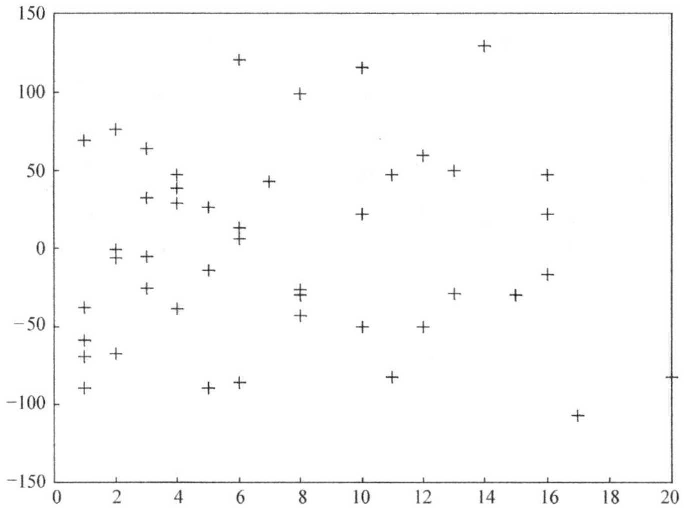

图 8-8　模型(8.12)去掉异常数据后 ε 与资历 x_1 的关系

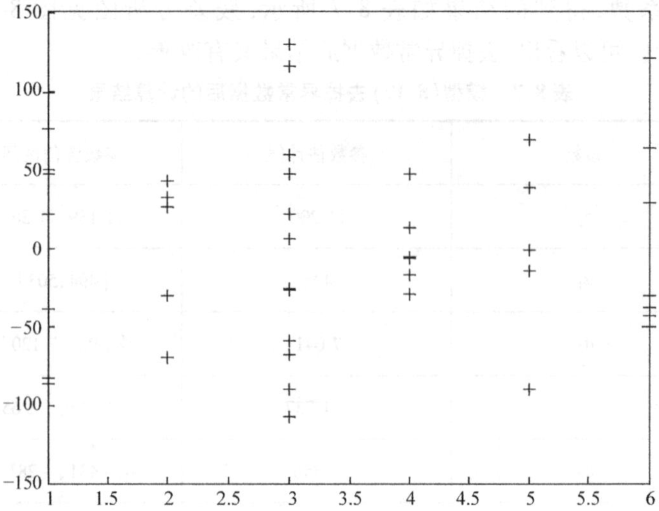

图 8-9 模型(8.12)去掉异常数据后 ε 与管理 x_2 – 教育 x_3,x_4 组合的关系

表 8-8 6 种管理 – 教育组合人员的“基础”薪金

组合	管理	教育	系数	“基础”薪金
1	0	1	a_0+a_3	9 463
2	1	1	$a_0+a_2+a_3+a_5$	13 448
3	0	2	a_0+a_4	10 844
4	1	2	$a_0+a_2+a_4+a_6$	19 882
5	0	3	a_0	11 200
6	1	3	a_0+a_2	18 241

8.5 主成分分析法

主成分分析的基本思想是通过构造原变量的适当的线性组合,以产生一系列互不相关的新变量,从中选出少数几个新变量并使它们尽可能多地包含原变量的信息(降维),从而使得用这几个新变量替代原变量分析问题成为可能. 即在尽可能少丢失信息的前提下从所研究的 m 个变量中求出几个新变量,它们能综合原有变量的信息,相互之间又尽可能不包含重复信息,用这几个新变量进行统计分析(例如回归分析、判别分析、聚类分析等)仍能达到我们的目的.

设有 n 个样品,m 个变量(指标)的数据矩阵

$$\boldsymbol{X}_{n\times m}=\begin{pmatrix} x_{11} & x_{12} & \cdots & x_{1m} \\ x_{21} & x_{22} & \cdots & x_{2m} \\ \vdots & \vdots & \vdots & \vdots \\ x_{n1} & x_{n2} & \cdots & x_{nm} \end{pmatrix}=\begin{pmatrix} x_{(1)} \\ x_{(2)} \\ \vdots \\ x_{(n)} \end{pmatrix}$$

寻找 k 个新变量 $y_1,y_2,\cdots,y_k(k\leqslant m)$，使得

(1) $y_l=a_{l1}x_1+a_{l2}x_2+\cdots+a_{lm}x_m,(l=1,2,\cdots,k)$；

(2) $y_1,y_2,\cdots y_k$ 彼此不相关.

这便是主成分分析．主成分的系数向量 $\boldsymbol{a}_l=(a_{l1},a_{l2},\cdots,a_{lm})$ 的分量 a_{lj} 刻划出第 j 个变量关于第 l 个主成分的重要性．

可以证明，若 $\boldsymbol{x}=(x_1,x_2,\cdots,x_m)^{\mathrm{T}}$ 为 m 维随机向量，它的协方差矩阵 $\boldsymbol{V}$ 的 m 个特征值为 $\lambda_1\geqslant\lambda_2\geqslant\cdots\geqslant\lambda_m\geqslant 0$，相应的标准正交化的特征向量为 $\boldsymbol{u}_1,\boldsymbol{u}_2,\cdots,\boldsymbol{u}_m$，则 $\boldsymbol{x}=(x_1,x_2,\cdots,x_m)^{\mathrm{T}}$ 的第 i 个主成分为 $\boldsymbol{y}_i=\boldsymbol{u}_i^{\mathrm{T}}\boldsymbol{x}(i=1,2,\cdots,m)$．称 $\lambda_i/\sum\limits_{j=1}^{m}\lambda_j$ 为主成分 $\boldsymbol{y}_i=\boldsymbol{u}_i^{\mathrm{T}}\boldsymbol{x}(i=1,2,\cdots,m)$ 的贡献率，$\sum\limits_{j=1}^{k}\lambda_j/\sum\limits_{j=1}^{m}\lambda_j$ 为主成分 $y_1,y_2,\cdots y_k$ 的累计贡献率，它表达了前 k 个主成分中包含原变量 $x_1,x_2,\cdots,x_m$ 的信息量大小，通常取 k 使累计贡献率在 85% 以上即可．当然这不是一个绝对不变的标准，可以根据实际效果进行取舍，例如当后面几个主成分的贡献率较接近时，只选取其中一个就不公平了，若都选入又达不到简化变量的目的，那时常常将它们一同割舍．

计算步骤如下：

(1) 由已知的原始数据矩阵 $\boldsymbol{X}_{n\times m}$ 计算样本均值向量 $\hat{\boldsymbol{\mu}}=\bar{\boldsymbol{x}}=(\bar{x}_1,\bar{x}_2,\cdots,\bar{x}_m)^{\mathrm{T}}$；

其中，$\bar{x}_i=\dfrac{1}{n}\sum\limits_{j=1}^{n}x_{ij}(i=1,2,\cdots,m)$

(2) 计算样本协方差矩阵 $\hat{\boldsymbol{V}}=\dfrac{1}{n-1}(s_{ij})\stackrel{\Delta}{=}(\sigma_{ij})$，

其中，$s_{ij}=\sum\limits_{l=1}^{n}(x_{li}-\bar{x}_i)(x_{lj}-\bar{x}_j)(i,j=1,2,\cdots,m)$

(3) 把原始数据标准化，即 $\tilde{x}_{ij}=\dfrac{x_{ij}-\bar{x}_j}{\sqrt{\sigma_{jj}}}$，记 $\tilde{\boldsymbol{X}}_{n\times m}=(\tilde{x}_{ij})$，形成样本相关矩阵 $\hat{\boldsymbol{R}}=\tilde{\boldsymbol{X}}^{\mathrm{T}}\tilde{\boldsymbol{X}}$；

(4) 求 $\hat{\boldsymbol{R}}$ 的特征根 $\lambda_1\geqslant\lambda_2\geqslant\cdots\geqslant\lambda_m\geqslant 0$ 及相应的标准正交化的特征向量 $\boldsymbol{u}_1,\boldsymbol{u}_2,\cdots,\boldsymbol{u}_m$，可得主成分为 $\boldsymbol{y}_i=\boldsymbol{u}_i^{\mathrm{T}}\boldsymbol{x}(i=1,2,\cdots,m)$.

例 8.1　下表 8-9 是 10 名初中男学生的身高 (x_1)，胸围 (x_2)，体重 (x_3) 的数据，试进行主成分分析．

表 8-9　10 名初中男学生的身高、胸围和体重的数据

身高 x_1/cm	胸围 x_2/cm	体重 x_3/kg
149.5	69.5	38.5
162.5	77.0	55.5
162.7	78.5	50.8
162.2	87.5	65.5

（续）

身高 x_1/cm	胸围 x_2/cm	体重 x_3/kg
156.5	74.5	49.0
156.1	74.5	45.5
172.0	76.5	51.0
173.2	81.5	59.5
159.5	74.5	43.5
157.7	79.0	53.5

由表中数据计算得到：

$$\hat{\boldsymbol{\mu}}=\bar{\boldsymbol{x}}=(161.2,77.3,51.2)^{\mathrm{T}}\quad \hat{\boldsymbol{V}}=\frac{1}{n-1}\boldsymbol{S}\stackrel{\Delta}{=}\begin{pmatrix}46.57 & 17.09 & 30.98\\ & 21.11 & 32.58\\ & & 55.53\end{pmatrix}$$

解出 $\hat{\boldsymbol{V}}$ 的三个特征值和相应的三个标准正交化的特征向量为：

$$\lambda_1=99.00,\quad \lambda_2=22.79,\quad \lambda_3=1.41.$$

$$\boldsymbol{u}_1=(0.56,0.42,0.71)^{\mathrm{T}},\quad \boldsymbol{u}_2=(0.83,-0.33,-0.45)^{\mathrm{T}},$$

$$\boldsymbol{u}_3=(0.05,0.84,-0.54)^{\mathrm{T}}$$

由于三个主成分的贡献率分别为

$$\frac{99.0}{123.20}=80.36\%,\quad \frac{22.79}{123.20}=18.50\%,\quad \frac{1.41}{123.20}=1.14\%.$$

当保留前两个主成分时，累计贡献率已达 98.86%，因此第三个主成分可以舍去．得到的前两个样本主成分的表达式为：

$$y_1=0.56x_1+0.42x_2+0.71x_3,$$

$$y_2=0.83x_1-0.33x_2-0.45x_3.$$

现在我们来解释这两个主成分的意义，从 y_1 的表达式可以看出，y_1 是身高、胸围、体重三个变量的加权和，当一个学生的 y_1 数值较大时，可以推断其或较高或较胖或又高又胖，故 y_1 是反映学生身材魁梧与否的综合指标．y_2 的表达式中系数的符号为一正（x_1）两负（x_2,x_3），当一个学生的 y_2 数值较大时，表明其 x_1 大，而 x_2,x_3 小，即为瘦高个，故 y_2 是反映学生体形特征的综合指标．

需要指出的是，虽然利用主成分本身可对所涉及的变量之间的关系在一定程度上作分析，但这往往并不意味着分析问题的结束．主成分分析本身往往并不是最终目的，而只是达到某种目的的一种手段．很多情况下，主成分分析只是作为对原问题进行统计分析的中间步骤，目的是利用主成分变量代替原变量作进一步的统计分析，达到减少变量个数的效果．例如，利用主成分变量作回归分析、判别分析、聚类分析等．

下面再举一个利用主成分进行样品排序的例子．

例 8.2　电子工业部所属的 15 个工厂某年份的经济效益数据

如表 8-10 所示．其中 x_1 为资金利税率(%)；x_2 为固定资产利税率(%)；x_3 为流动资金利税率(%)；x_4 为全员利税率(%)；x_5 为成本利税率(%)；x_6 为流动资金周转天数．

表 8-10　15 个工厂某年份的经济效益数据

厂序	x_1	x_2	x_3	x_4	x_5	x_6	经济效益排序	Z 值
1	69.87	269.10	94.38	115.74	23.85	74	(1)	0.785
2	66.31	260.00	89.01	93.30	40.09	80	(2)	0.727
3	67.26	272.54	89.29	78.90	26.70	84	(3)	0.672
4	68.46	250.18	94.24	76.87	24.98	18	(4)	0.634
5	39.45	146.17	54.04	90.95	17.46	109	(5)	0.206
6	24.82	116.86	31.51	81.59	10.42	117	(6)	0.029
7	30.21	73.60	51.23	39.52	31.06	227	(7)	-0.083
8	31.24	168.31	38.37	62.16	14.29	129	(8)	-0.050
9	23.29	109.42	29.59	29.67	8.23	99	(9)	-0.170
10	23.10	92.41	30.80	43.57	12.48	136	(10)	-0.196
11	18.95	57.63	28.24	21.91	17.23	231	(11)	-0.32
12	8.65	21.71	14.35	9.63	8.26	177	(12)	-0.51
13	5.10	27.27	6.38	8.60	6.46	239	(13)	-0.55
14	4.66	18.42	6.24	8.59	4.54	231	(15)	-0.66
15	1.92	9.28	2.42	3.33	9.67	135	(14)	-0.64

按照上述步骤，可以计算出样本相关矩阵为：

$$\hat{\boldsymbol{R}}=\begin{pmatrix} 1 & & & & & \\ 0.978 & 1 & & & & \\ 0.995 & 0.954 & 1 & & & \\ 0.880 & 0.895 & 0.862 & 1 & & \\ 0.008 & 0.724 & 0.842 & 0.643 & 1 & \\ -0.759 & -0.805 & -0.720 & -0.730 & -0.408 & 1 \end{pmatrix}$$

$\hat{\boldsymbol{R}}$ 的特征根及相应的标准正交化的特征向量如表 8-11 所示.

表 8-11　$\hat{\boldsymbol{R}}$ 的特征根及特征向量

λ_i	特征向量						累计贡献率(%)
5.0390	0.441	0.437	0.436	0.410	0.359	-0.358	83.7
0.6230	0.083	-0.092	0.175	-0.184	0.667	0.678	94.5
0.1030	0.013	0.057	-0.006	0.737	-0.360	0.568	97.5
0.1030	-0.364	-0.401	-0.347	0.501	0.502	-0.285	99.5
0.0260	0.177	-0.757	0.554	0.050	-0.170	-0.095	99.9
0.0004	0.796	-0.243	-0.551	-0.002	-0.003	0.006	100

第一个主成分为：

$\boldsymbol{y}_1=0.441\boldsymbol{x}_1+0.437\boldsymbol{x}_2+0.436\boldsymbol{x}_3+0.41\boldsymbol{x}_4+0.359\boldsymbol{x}_5-0.358\boldsymbol{x}_6$，

此主成分主要反映前四个经济指标的效果，因为其系数之值比较接近，它们几乎以一样的重要性综合说明了各厂的经济效益.

第二个主成分为：

$\boldsymbol{y}_2=0.083\boldsymbol{x}_1-0.092\boldsymbol{x}_2+0.175\boldsymbol{x}_3-0.184\boldsymbol{x}_4+0.677\boldsymbol{x}_5+0.678\boldsymbol{x}_6$，此主成分主要反映后两个经济指标的效果.

由于前两个主成分的累计贡献率已达94.5%，因此可以选取$\boldsymbol{y}_1,\boldsymbol{y}_2$来评价这些工厂的综合经济效益．用下式作为每个样品的“综合数值”，按其大小给样品排序.

$$Z=y_1f_1+y_2f_2+\cdots+y_kf_k.$$

其中，$f_i=\lambda_i/\sum\limits_{j=1}^{m}\lambda_j$.

这里$Z=0.837y_1+0.108y_2$．结果每个样品的Z值列于表8-10中最右边的一列，按Z值大小排序结果列于右边第二列.

8.6 聚类分析法

聚类分析又称群分析，是对多个样本（或指标）进行定量分类的一种多元统计分析方法．对样本进行分类称为Q型聚类分析，对指标进行分类称为R型聚类分析．本案例运用Q型和R型聚类分析方法对我国各地区普通高等教育的发展状况进行分析.

1. 提出问题

近年来，我国普通高等教育得到了迅速地发展，为国家培养了大批人才．但由于我国各地区经济发展水平不均衡，加之高等院校原有布局使各地区高等教育发展的起点不一致，因而各地区普通高等教育的发展水平存在一定的差异，不同的地区具有不同的特点．对我国各地区普通高等教育的发展状况进行聚类分析，明确各类地区普通高等教育发展状况的差异与特点，有利于管理和决策部门从宏观上把握我国普通高等教育的整体发展现状，从而可以分类制定相关政策，更好的指导和规划我国高等教育事业的整体健康发展．高等教育是依赖高等院校进行的，高等教育的发展状况主要体现在高等院校的相关方面．遵循可比性原则，从高等教育的五个方面选取十项评价指标，具体如图8-10所示.

指标的原始数据取自《中国统计年鉴》和《中国教育统计年鉴》除以各地区相应的人口数得到十项指标值见表8-12．其中：x_1为每百万人口高等院校数；x_2为每十万人口高等院校毕业生数；x_3为每十万人口高等院校招生数；x_4为每十万人口高等院校在校生数；x_5为每十万人口高等院校教职工数；x_6为每十万人口高等院校专职教师数；x_7为高级职称占专职教师的比例；x_8为平均每所高等院校的在校生数；x_9为国家财政预算内普通高教经费占国内生产总值的比重；x_{10}为学生平均教育经费.

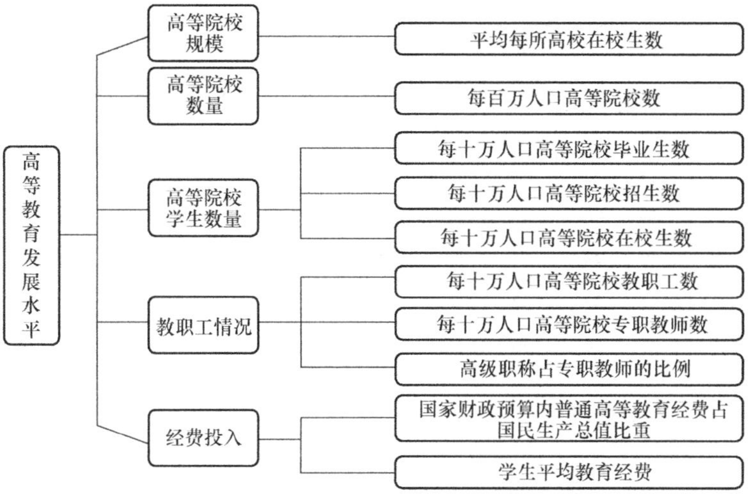

图 8-10　高教发展水平五个方面的十项评价指标

表 8-12　我国各地区普通高等教育发展状况数据

地区	x_1	x_2	x_3	x_4	x_5	x_6	x_7	x_8	x_9	x_{10}
北京	5.96	310	461	1 557	931	319	44.36	2 615	2.20	13 631
上海	3.39	234	308	1 035	498	161	35.02	3 052	0.90	12 665
天津	2.35	157	229	713	295	109	38.40	3 031	0.86	9 385
陕西	1.35	81	111	364	150	58	30.45	2 699	1.22	7 881
辽宁	1.50	88	128	421	144	58	34.30	2 808	0.54	7 733
吉林	1.67	86	120	370	153	58	33.53	2 215	0.76	7 480
黑龙江	1.17	63	93	296	117	44	35.22	2 528	0.58	8 570
湖北	1.05	67	92	297	115	43	32.89	2 835	0.66	7 262
江苏	0.95	64	94	287	102	39	31.54	3 008	0.39	7 786
广东	0.69	39	71	205	61	24	34.50	2 988	0.37	11 355
四川	0.56	40	57	177	61	23	32.62	3 149	0.55	7 693
山东	0.57	58	64	181	57	22	32.95	3 202	0.28	6 805
甘肃	0.71	42	62	190	66	26	28.13	2 657	0.73	7 282
湖南	0.74	42	61	194	61	24	33.06	2 618	0.47	6 477
浙江	0.86	42	71	204	66	26	29.94	2 363	0.25	7 704
新疆	1.29	47	73	265	114	46	25.93	2 060	0.37	5 719
福建	1.04	53	71	218	63	26	29.01	2 099	0.29	7 106
山西	0.85	53	65	218	76	30	25.63	2 555	0.43	5 580
河北	0.81	43	66	188	61	23	29.82	2 313	0.31	5 704
安徽	0.59	35	47	146	46	20	32.83	2 488	0.33	5 628
云南	0.66	36	40	130	44	19	28.55	1 974	0.48	9 106
江西	0.77	43	63	194	67	23	28.81	2 515	0.34	4 085
海南	0.70	33	51	165	47	18	27.34	2 344	0.28	7 928

（续）

地区	x_1	x_2	x_3	x_4	x_5	x_6	x_7	x_8	x_9	x_{10}
内蒙古	0.84	43	48	171	65	29	27.65	2 032	0.32	5 581
西藏	1.69	26	45	137	75	33	12.10	810	1.00	14 199
河南	0.55	32	46	130	44	17	28.41	2 341	0.30	5 714
广西	0.60	28	43	129	39	17	31.93	2 146	0.24	5 139
宁夏	1.39	48	62	208	77	34	22.70	1 500	0.42	5 377
贵州	0.64	23	32	93	37	16	28.12	1 469	0.34	5 415
青海	1.48	38	46	151	63	30	17.87	1 024	0.38	7 368

2. *R* 型聚类分析

定性考察反映高等教育发展状况的五个方面十项评价指标，可以看出，某些指标之间可能存在较强的相关性．比如每十万人口高等院校毕业生数、每十万人口高等院校招生数与每十万人口高等院校在校生数之间可能存在较强的相关性，每十万人口高等院校教职工数和每十万人口高等院校专职教师数之间可能存在较强的相关性．

MATLAB 代码为：

```
clc,clear
load gj.txt    % 把原始数据保存在纯文本文件 gj.txt 中
d=pdist(gj','correlation'); %% 计算相关系数矩阵
z=linkage(d,'average');  % 按类平均法聚类
h=dendrogram(z);  % 画聚类图
set(h,'Color','b','LineWidth',1.3)
T=cluster(z,'maxclust',6)  % 把变量划分成 6 类
for i=1:6
    tm=find(T==i);
    tm=reshape(tm,1,length(tm));
    fprintf('第% d类的有% s\n',i,int2str(tm));% 显示分类
结果
end
```

运行后结果显示，相关系数矩阵如表 8-13 所示．

表 8-13　相关系数矩阵

	x_1	x_2	x_3	x_4	x_5	x_6	x_7	x_8	x_9	x_{10}
x_1	1.000 0	0.943 4	0.952 8	0.959 1	0.974 6	0.979 8	0.406 5	0.066 3	0.868 0	0.660 9
x_2	0.943 4	1.000 0	0.994 6	0.994 6	0.974 3	0.970 2	0.613 6	0.350 0	0.803 9	0.599 8
x_3	0.952 8	0.994 6	1.000 0	0.998 7	0.983 1	0.980 7	0.626 1	0.344 5	0.823 1	0.617 1
x_4	0.959 1	0.994 6	0.998 7	1.000 0	0.987 8	0.985 6	0.609 6	0.325 6	0.827 6	0.612 4
x_5	0.974 6	0.974 3	0.983 1	0.987 8	1.000 0	0.998 6	0.559 9	0.241 1	0.859 0	0.617 4
x_6	0.979 8	0.970 2	0.980 7	0.985 6	0.998 6	1.000 0	0.550 0	0.222 2	0.869 1	0.616 4
x_7	0.406 5	0.613 6	0.626 1	0.609 6	0.559 9	0.550 0	1.000 0	0.778 9	0.365 5	0.151 0

（续）

	x_1	x_2	x_3	x_4	x_5	x_6	x_7	x_8	x_9	x_{10}
x_8	0.066 3	0.350 0	0.344 5	0.325 6	0.241 1	0.222 2	0.778 9	1.000 0	0.112 2	0.048 2
x_9	0.868 0	0.803 9	0.823 1	0.827 6	0.859 0	0.869 1	0.365 5	0.112 2	1.000 0	0.683 3
x_{10}	0.660 9	0.599 8	0.617 1	0.612 4	0.617 4	0.616 4	0.151 0	0.048 2	0.683 3	1.000 0

可以看出某些指标之间确实存在很强的相关性，因此可以考虑从这些指标中选取几个有代表性的指标进行聚类分析．为此，把十个指标根据其相关性进行 R 型聚类，再从每个类中选取代表性的指标．首先对每个变量（指标）的数据分别进行标准化处理．变量间相近性度量采用相关系数，类间相近性度量的计算选用类平均法．聚类树型图见图 8-11．

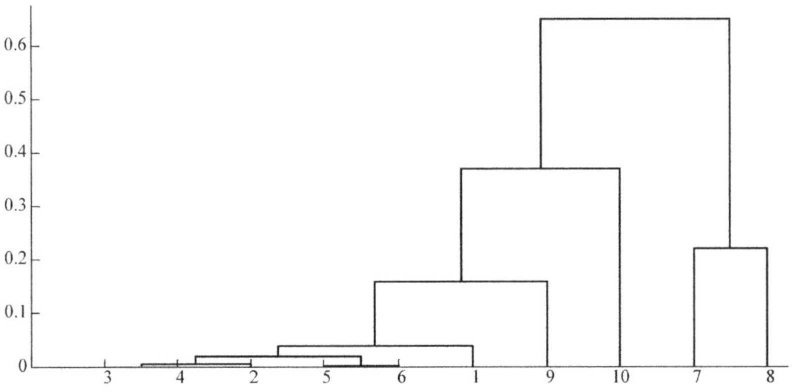

图 8-11　聚类树型图

从聚类图中可以看出，每十万人口高等院校招生数、每十万人口高等院校在校生数、每十万人口高等院校教职工数、每十万人口高等院校专职教师数、每十万人口高等院校毕业生数五个指标之间有较大的相关性，最先被聚到一起．如果将十个指标分为六类，其他五个指标各自为一类．这样就从十个指标中选定了六个分析指标 $\boldsymbol{x}_1,\boldsymbol{x}_7,\boldsymbol{x}_8,\boldsymbol{x}_9,\boldsymbol{x}_{10}$ 和其他，可以根据这六个指标对三十个地区进行聚类分析．

3. *Q* 型聚类分析

根据这六个指标对 30 个地区进行聚类分析．首先对每个变量的数据分别进行标准化处理，样本间相似性采用欧氏距离度量，类间距离的计算采用类平均法．

MATLAB 代码为：

```
clc,clear
load gj.txt   % 把原始数据保存在纯文本文件 gj.txt 中
gj(:,[3:6]) = []; % 删除数据矩阵的第 3 列 ~ 第 6 列，即使用变量 1,
2,7,8,9,10
gj = zscore(gj); % 数据标准化
```

```
y=pdist(gj); % 求对象间的欧氏距离,每行是一个对象
z=linkage(y,'average');  % 按类平均法聚类
h=dendrogram(z);  % 画聚类图
set(h,'Color','k','LineWidth',1.3)  % 把聚类图线的颜色改成
黑色,线宽加粗
for k=3:5
    fprintf('划分成% d类的结果如下:\n',k)
    T=cluster(z,'maxclust',k);  % 把样本点划分成 k 类
    for i=1:k
      tm=find(T= =i);  % 求第 i 类的对象
      tm=reshape(tm,1,length(tm)); % 变成行向量
      fprintf('第% d类的有% s\n',i,int2str(tm)); % 显示分类
结果
    end
    if k= =5
        break
    end
    fprintf('* * * * * * * * * * * * * * * * * * * * * \n');
end
```

运行后结果显示,聚类树型图如图 8-12 所示.

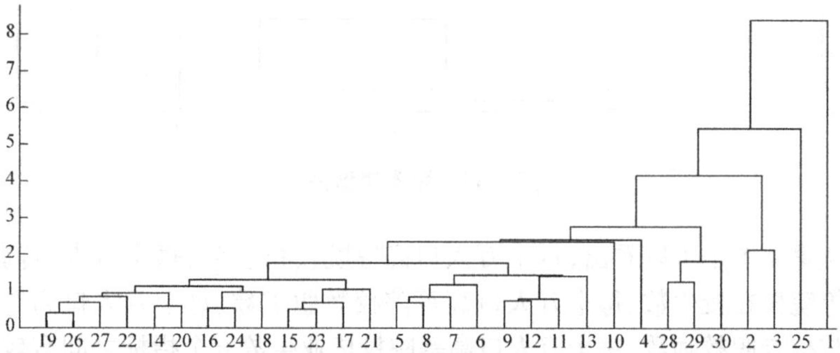

图 8-12　聚类树型图

4. 聚类分析的研究结果:

各地区高等教育发展状况存在较大的差异,高教资源的地区分布很不均衡.如果根据各地区高等教育发展状况把 30 个地区分为三类,结果为:第一类:北京;第二类:西藏;第三类:其他地区.如果根据各地区高等教育发展状况把 30 个地区分为四类,结果为:第一类:北京;第二类:西藏;第三类:上海,天津;第四类:其他地区.如果根据各地区高等教育发展状况把 30 个地区分为五类,结果为:第一类:北京;第二类:西藏;第三类:上海,天津;第四类:宁夏、贵州、青海;第五类:其他地区.

从以上结果结合聚类图中的合并距离可以看出,北京的高等教育状况与其他地区相比有非常大的不同,主要表现在每百万人口的

学校数量和每十万人口的学生数量以及国家财政预算内普通高教经费占国内生产总值的比重等方面远远高于其他地区，这与北京作为全国的政治、经济与文化中心的地位是吻合的．上海和天津作为另外两个较早的直辖市，高等教育状况和北京有类似的状况．宁夏、贵州和青海的高等教育状况极为类似，高等教育资源相对匮乏．西藏作为一个非常特殊的地区，其高等教育状况具有和其它地区不同的情形，被单独聚为一类．西藏高等教育状况具有特殊性：人口相对较少，经费比较充足，高等院校规模较小，师资力量薄弱．其他地区的高等教育状况较为类似，共同被聚为一类．针对这种情况，有关部门可以采取相应措施对宁夏、贵州、青海和西藏地区进行扶持，促进当地高等教育事业的均衡发展．

8.7 学生考试成绩综合评价

1. 提出问题

某高校数学系为开展研究生的推荐免试工作，对报名参加推荐的 52 名学生已修过的 6 门课的考试分数统计如表 8-14（扫二维码）．这 6 门课是：数学分析、高等代数、概率论、微分几何、抽象代数和数值分析，其中前 3 门基础课采用闭卷考试，后 3 门为开卷考试．

表 8-14　52 名学生的原始考试成绩

学生序号	数学分析	高等代数	概率论	微分几何	抽象代数	数值分析	总分
A_1	62	71	64	75	70	68	410
A_2	52	65	57	67	60	58	359
⋮	⋮	⋮	⋮	⋮	⋮	⋮	⋮
A_{52}	70	73	70	88	79	69	449

在以往的推荐免试工作中，该系按照学生 6 门课成绩的总分进行学业评价，再根据其他要求确定最后的推荐顺序．但是这种排序办法没有考虑课程之间的相关性，以及开闭卷等因素，丢弃了一些信息．我们的任务是利用这份数据建立一个统计模型，并研究以下问题：如何确定若干综合评价指标来最大程度地区分学生的考试成绩，并在不丢失重要信息的前提下简化对学生的成绩排序；在学生评价中如何体现开闭卷的影响，找到成绩背后的潜在因素，并科学地针对考试成绩进行合理排序．

2. 问题分析

考试成绩是目前衡量学生学业水平最重要的标准，对于多门课的成绩，通常的方法是用总分作为排序的定量依据．这样做虽然简化了问题，但失去了许多有用的信息. 若用 x_1,x_2,x_3,x_4,x_5,x_6 分别表示数学分析、高等代数、概率论、微分几何、抽象代数和数值分析的分数，那么六维向量 $\boldsymbol{x}=(x_1,x_2,x_3,x_4,x_5,x_6)^{\mathrm{T}}$ 表示一个学生的6门课的分数，平均分相当于各门课分数的等权平均值，是将一个六维的数据简单地化为一维指标. 能不能不用这样的平均分，而是寻找一组权重 $\boldsymbol{a}_1=(a_{11},a_{12},\cdots a_{16})^{\mathrm{T}}$，将加权后的平均分数 $y_1=\sum_{j=1}^{6}a_{1j}x_j$ 作为评价一个学生综合成绩的指标呢？

3. 学生成绩的主成分分析

记 $x_{ij}(i=1,2,\cdots,n,j=1,2,\cdots,p)$ 为第 i 位学生第 j 门课的分数，$\boldsymbol{X}=(x_{ij})_{n\times p}$ 为分数数据矩阵（对于表8-14，$n=52,p=6$）. 记 $\boldsymbol{x}_i=(x_{i1},x_{i2},\cdots,x_{ip})^{\mathrm{T}}(i=1,2,\cdots,n)$ 是 p 维随机变量 x 的一个观测值，均值向量 $\overline{\boldsymbol{x}}=\frac{1}{n}\sum_{i=1}^{n}\boldsymbol{x}_i=(\overline{x}_1,\overline{x}_2,\cdots,\overline{x}_p)^{\mathrm{T}}$ 作为 $E(X)=\mu$ 的估计值，X 的协方差矩阵 $S=\frac{1}{n-1}\sum_{i=1}^{n}(x_i-\overline{x})(x_i-\overline{x})^{\mathrm{T}}$ 作为 $\mathrm{Cov}(x)=\Sigma$ 的估计值.

计算 S 的特征根并按大小排序为 $\lambda_1\geqslant\lambda_2\geqslant\cdots\geqslant\lambda_p\geqslant0$，其对应的单位正交特征向量就是主成分系数 $a_1,a_2,\cdots,a_p$.

MATLAB 中用观测数据矩阵 X 进行主成分分析的函数命令是 *princomp*，调用格式为：

[COEFF,SCORE,LATENT] = *princomp*(*X*)

其中，输入参数 $\boldsymbol{X}$ 是 $n\times p$ 阶观测数据矩阵，每一行对应一个观测值，每一列对应一个变量. 输出参数 COEFF 是主成分的 $p\times p$ 阶系数矩阵，第 j 列是第 j 主成分的系数向量；SCORE 是 $n\times p$ 阶得分矩阵，其第 i 行第 j 列元素是第 i 观测值、第 j 主成分的得分；LATENT 是 X 的特征根按大小排序构成的向量.

值得注意的是，*princomp* 函数对观测数据进行了中心化处理，即 $\boldsymbol{X}$ 的每一个元素减去其所在列的均值，相应地，其输出也是中心化的主成分系数.

用协方差矩阵或相关系数矩阵进行主成分分析的函数命令是 pcacov，调用格式见 MATLAB 帮助系统.

对于数据文件的考试成绩数据矩阵，首先计算均值向量 $\overline{\boldsymbol{x}}$ 和协方差矩阵 $\boldsymbol{S}$，得

$\overline{\boldsymbol{x}}=(\overline{x}_1,\overline{x}_2,\overline{x}_3,\overline{x}_4,\overline{x}_5,\overline{x}_6)^{\mathrm{T}}=(70.9038,76.5769,71.8077,74.7692,67.8269,61.3846)^{\mathrm{T}}$

$$
S=(s_{ij})_{6\times 6}=\begin{pmatrix}163.3827 & 97.8801 & 113.5694 & -67.2971 & -67.4876 & -71.5505\\ 97.8801 & 86.6410 & 82.0543 & -35.7466 & -39.6237 & -37.2066\\ 113.5694 & 82.0543 & 113.2965 & -35.9864 & -43.8771 & -54.3560\\ -67.2971 & -35.7466 & -35.9864 & 192.4555 & 90.2534 & 88.1689\\ -67.4876 & -39.6237 & -43.8771 & 90.2534 & 88.4989 & 67.3424\\ -71.5505 & -37.2066 & -54.3560 & 88.1689 & 67.3424 & 122.6727\end{pmatrix}
\tag{8.13}
$$

由 MATLAB 编程计算出协方差矩阵 S 的特征根，进而得到各主成分的方差贡献率，以便确定主成分的个数，具体结果见表 8-15. 从图像上观测主成分的方差累积贡献率也是常见的办法之一，只要图中的曲线达到方差解释为 80% 的位置，即可确定所需主成分的个数.

表 8-15　协方差矩阵的特征根与贡献率

S 的特征值	贡献率(%)	累积贡献率(%)
469.681 6	61.081 2	61.081 2
173.952 5	22.622 2	83.703 4
58.510 0	7.609 1	91.312 5
29.252 7	3.804 3	95.116 7
21.416 3	2.785 1	97.901 9
16.133 4	2.098 1	100.000 0

前两个主成分的累积贡献率为 83.703 4%，所以只取两个主成分是合适的. 根据主成分系数矩阵的输出结果，可得第一主成分与第二主成分分别为：

$$
\begin{aligned}
y_1&=0.5157x_1^*+0.3321x_2^*+0.3879x_3^*-0.4534x_4^*-0.3458x_5^*-0.3850x_6^*,\\
y_2&=0.3812x_1^*+0.3482x_2^*+0.4147x_3^*+0.6770x_4^*+0.2223x_5^*+0.2318x_6^*.
\end{aligned}
\tag{8.14}
$$

这里 x_j^* 是 x_j 的中心化数据，即 $x_j^*=x_j-\bar{x}_j, j=1,2,\cdots,6$.

结果分析　在式(8.14)中第一主成分对应的系数符号前 3 个均为正，后 3 个均为负，系数绝对值相差不大. 由于前 3 个系数正好对应 3 门闭卷考试分数，后 3 个对应开卷考试分数，如果一个学生第一主成分的得分是个很大的正数，说明他更擅长闭卷考试，反之，如果得分是一个绝对值很大的负数，就说明他在开卷科目考试中有很好的表现. 如果得分接近于 0，则说明开闭卷对该学生无影响. 因此，第一主成分实际上反映了开闭卷考试的差别，可理解为“成绩的开闭卷成分”. 第二主成分对应的系数符号均为正，只有微分几何课程对应的系数比其他课程略大，反映了学生各门课程成绩的某种均衡性，可理解为“成绩的均衡成分”.

通过以上分析可知，为了综合评价考试成绩，需要知道每个学生在这两个主成分上的得分．

4. 因子分析的基本思路

与主成分分析中构造原始变量 $x_1,x_2,\cdots x_p$ 的线性组合 $y_1,y_2,\cdots y_p$（见式(8.14)）不同，因子分析是将原始变量 $x_1,x_2,\cdots x_p$ 分解为若干个因子的线性组合，表示为

$$\begin{cases} x_1=\mu_1+a_{11}f_1+a_{12}f_2+a_{13}f_3+\cdots a_{1m}f_m+\varepsilon_1, \\ x_2=\mu_2+a_{21}f_1+a_{22}f_2+a_{23}f_3+\cdots a_{2m}f_m+\varepsilon_2, \\ \vdots \\ x_p=\mu_p+a_{p1}f_1+a_{p2}f_2+a_{p3}f_3+\cdots a_{pm}f_m+\varepsilon_p, \end{cases} \tag{8.15}$$

简记作

$$\boldsymbol{x}=\boldsymbol{\mu}+\boldsymbol{A}\boldsymbol{f}+\boldsymbol{\varepsilon}. \tag{8.16}$$

式中，$\boldsymbol{\mu}=(\mu_1,\mu_2,\cdots,\mu_p)^{\mathrm{T}}$ 是 $\boldsymbol{x}$ 的期望向量，$\boldsymbol{f}=(f_1,f_2,\cdots,f_m)^{\mathrm{T}}$ 称公共因子向量，$\boldsymbol{\varepsilon}=(\varepsilon_1,\varepsilon_2,\cdots,\varepsilon_p)^{\mathrm{T}}$ 称特殊因子向量，均为不可观测的变量，$\boldsymbol{A}=(a_{ij})_{p\times m}$ 称为因子载荷矩阵，a_{ij} 是变量 x_i 在公共因子 f_j 上的载荷，反映 f_j 对 x_i 的重要度．通常对模型(8.16)作如下假设：f_j 互不相关且具有单位方差；ε_i 互不相关且与 f_j 互不相关，$\mathrm{Cov}(\varepsilon)=\psi$ 为对角阵．

在这些假设下，由式(8.16)可得

$$\mathrm{Cov}(x)=\boldsymbol{A}\boldsymbol{A}^{\mathrm{T}}+\psi,\mathrm{Cov}(x,f)=\boldsymbol{A} \tag{8.17}$$

5. 学生成绩的因子分析模型

学生的分数数据矩阵 $\boldsymbol{X}$ 的均值向量 $\bar{\boldsymbol{x}}$ 和协方差矩阵 $\boldsymbol{S}$ 已由式(8.13)给出，为了分析因子模型公共因子的存在，一般先计算出 $\boldsymbol{X}$ 的相关系数矩阵

$$\boldsymbol{R}=\begin{pmatrix} 1.0000 & 0.8133 & 0.8347 & -0.3795 & -0.5612 & -0.5054 \\ 0.8133 & 1.0000 & 0.8188 & -0.2737 & -0.4474 & -0.3568 \\ 0.8347 & 0.8188 & 1.0000 & -0.2437 & -0.4382 & -0.4611 \\ -0.3795 & -0.2737 & -0.2437 & 1.0000 & 0.6916 & 0.5738 \\ -0.5612 & -0.4474 & -0.4382 & 0.6916 & 1.0000 & 0.6463 \\ -0.5054 & -0.3568 & -0.4611 & 0.5738 & 0.6463 & 1.0000 \end{pmatrix} \tag{8.18}$$

从 $\boldsymbol{R}$ 中的相关系数可以发现，变量 x_1,x_2,x_3 之间具有较强的正相关性，相关系数均在 0.8 以上，变量 x_4,x_5,x_6 之间也存在较强的正相关性，而这两组之间的相关性就没有组内的大，因此，有理由相信它们的背后都会有一个或多个共同因素（公共因子）在驱动，需要用因子分析方法来解释．

为了确定公共因子个数 m，计算相关系数矩阵 $\boldsymbol{R}$ 的特征根．$\boldsymbol{R}$ 的 6 个特征根按大小排列 $\lambda_1=3.7099,\lambda_2=1.2604,\lambda_3=0.4365$，

$\lambda_4=0.2758$，$\lambda_5=0.1703$，$\lambda_6=0.1470$. 前两个公共因子的累积贡献率为$(\lambda_1+\lambda_2)/6=0.8284$，超过80%，因此，认为公共因子个数$m=2$是合适的. 实际上，一个经验的确定$m$的方法，是将$m$定为$\boldsymbol{R}$中大于1的特征根个数，这与上面得到的结果一致.

MATLAB 中利用数据矩阵X进行因子分析的函数命令是 factoran，调用格式为：

[lambda, psi, T, stats, F] = factoran(X, m)

其中输入参数$\boldsymbol{X}$与主成分分析命令 princomp 相同，m为公共因子个数，需满足$(p-m)^2\geqslant p+m$. 输出参数 1ambda 是 p × m 的因子载荷矩阵，其第i行第j列的元素是第i变量在第j公共因子上的载荷，默认是用最大方差旋转法计算的；参数 psi 是p维列向量，对应p个特殊方差的最大似然估计；参数T为m阶（旋转后的）因子载荷旋转矩阵；参数 stats 是对原假设H_0（给定因子数m）做检验的统计量，其中p值若大于显著性水平α，则接受H_0；参数F是$n\times m$因子得分矩阵，每一行对应一个样本的m个公共因子的得分.

输入分数数据矩阵X和$m=2$，调用 factoran 函数命令，在输出的检验信息中 stats. p = 0.5060 > 0.05，可知在显著性水平$\alpha=0.05$下接受$H_0:m=2$. 根据因子载荷矩阵的输出结果可以得到：

$$\begin{cases}x_1^*=0.8492f_1-0.3628f_2+\varepsilon_1^*,\\x_2^*=0.8637f_1-0.2093f_2+\varepsilon_2^*,\\x_3^*=0.8987f_1-0.2043f_2+\varepsilon_3^*,\\x_4^*=-0.1014f_1+0.8073f_2+\varepsilon_4^*,\\x_5^*=-0.3093f_1+0.8196f_2+\varepsilon_5^*,\\x_6^*=-0.3147f_1+0.6686f_2+\varepsilon_6^*.\end{cases}\tag{8.19}$$

式中，x_i^*为x_i的标准化，即$x_i^*=\dfrac{x_i-\bar{x}_i}{\sqrt{s_{ii}}}$，$i=1,2,\cdots,6$，$\bar{x}_i$，$s_{ii}$由式(8.13)给出. 由此不难转换为原始变量$x_i$的因子分析模型式(8.19)中特殊方差的估计也可以得到：

$\boldsymbol{D}(\varepsilon^*)=(0.1473,0.2101,0.1505,0.3380,0.2326,0.4540)^{\mathrm{T}}$.

6. 结果分析

在式(8.19)中第一公共因子f_1与数学分析、高等代数、概率论三门课程有很强的正相关.

说明f_1对这3门课的解释力非常高，而对其他3门课就没那么重要了；第二公共因子f_2与微分几何、抽象代数和数值分析有很强的正相关，其解释恰好与f_1相反. 由于数学分析、高等代数、概率论是数学系学生最重要的基础课，所以我们将f_1取名为“基础课因子”，而微分几何、抽象代数与数值分析均为开卷考试，f_2又恰好是解释这3门课，为了区分考试类型的不同，不妨将f_2称为“开闭卷因子”. f_1 和 f_2 的方差贡献率分别为 $\lambda_1/6=0.6183$ 和 $\lambda_2/6=0.2101$, f_1 的影响要比 f_2 大得多.

以两个公共因子 f_1 和 f_2 的方差贡献率所占的比重加权,可以构造一个因子综合得分

$$F(f_1,f_2)=c_1f_1+c_2f_2. \tag{8.20}$$

这里权重 $c_1=\dfrac{\lambda_1}{\lambda_1+\lambda_2}=0.7464$, $c_2=\dfrac{\lambda_2}{\lambda_1+\lambda_2}=0.2536$,由式(8.20)计算出每位学生的因子综合得分值,并按得分值的大小对学生进行排序. 为便于比较,将考试总分及排序一起列入表 8-16.

表 8-16　因子综合得分排名与排序结果

学生序号	成绩总分	总分排名	因子综合得分	排名
A_1	410	34	−0.5640	39
A_2	359	51	−1.8105	50
⋮	⋮	⋮	⋮	⋮
A_{52}	449	14	0.4464	16

从表 8-16 可以看到,在总成绩排名前 10 名的同学中,有 8 人的因子综合得分的排名也在前 10 名,在总成绩排名后 10 名的同学中,有 9 人的因子综合得分的排名也在后 10 名;反过来,在因子综合得分排名前 10 名的同学中,有 8 人的总成绩的排名也在前 10 名,在因子综合得分排名后 10 名的同学中,也有 8 人的总成绩的排名在后 10 名;并且这两种排名次序差异不超过 5 名的比例为 61.54%,具有较好的吻合度.

两种排名次序差异较大的如学生 A_3,总分排名为 29,综合因子得分排名为 44,相差 15 名,分析发现该学生的基础课因子 f_1 得分排名仅为 48,尽管在 3 门开卷考试中的表现不错(因子 f_2 得分排名为 10),由于综合得分中 f_1 占了约 75% 的权重,虽然总分排名不错,但因子综合得分就要差些了. 再看一个极端的例子,如学生 A_{44},其总分排名第 7,而因子综合得分排名高居第 2,分析该学生的基础课因子 f_1 和开闭卷因子 f_2 的得分情况,发现在 f_1 上的得分排在第 1 名,而在 f_2 上的得分排在第 45,说明他极不擅长开卷考试,好在他有极好的基础课考试成绩,使得因子综合得分跃升到了第 2 名. 看来,利用因子综合得分排名,比传统的排名方法更具有科学性与参考价值.

8.8 长江水质的评价与预测

1. 提出问题

水是人类赖以生存的资源,保护水资源就是保护我们自己,对于我国大江大河水资源的保护和治理应是重中之重. 专家们呼吁:

“以人为本,建设文明和谐社会,改善人与自然的环境,减少污染.”

长江是我国第一、世界第三大河流,长江水质的污染程度日趋严重,已引起了相关政府部门和专家们的高度重视.2004 年 10 月,由全国政协与中国发展研究院联合组成“保护长江万里行”考察团,从长江上游宜宾到下游上海,对沿线 21 个重点城市做了实地考察,揭示了一幅长江污染的真实画面,其污染程度让人触目惊心.为此,专家们提出“若不及时拯救,长江生态 10 年内将濒临崩溃”,并发出了“拿什么拯救癌变长江”的呼唤(扫描二维码).“长江水质的评价与预测”被选为 2005 年全国大学生数学建模竞赛题,本节介绍部分问题的求解思路。

附件 3(扫描二维码)给出了长江沿线 17 个观测站(地区)近两年主要水质指标的检测数据,以及干流上 7 个观测站近一年的基本数据(站点距离、水流量和水流速).通常认为一个观测站(地区)的水质污染主要来自于本地区的排污和上游的污水.一般来说,江河自身对污染物都有一定的自然净化能力,即污染物在水环境中通过物理降解、化学降解和生物降解等使水中污染物的浓度降低.反映江河自然净化能力的指标称为降解系数.事实上,长江干流的自然净化能力可以认为是近似均匀的,根据检测可知,主要污染物高锰酸盐指数和氨氮的降解系数通常介于 0.1 ~0.5 之间,比如可以考虑取 0.2(单位:天).附件 4 (扫二维码)是“1995 - 2004 年长江流域水质报告”给出的主要统计数据.表 8-17 是国标(GB 3838—2002)给出的《地表水环境质量标准》中 4 个主要项目标准限值,其中Ⅰ、Ⅱ、Ⅲ类为可饮用水.

请研究下列问题:

(1)对长江近两年的水质情况做出定量的综合评价,并分析各地区水质的污染状况.

(2)假如不采取更有效的治理措施,依照过去 10 年的主要统计数据,对长江未来水质污染的发展趋势做出预测分析,比如研究未来 10 年的情况.

表 8-17　《地表水环境质量标准》(GB 3838—2002)中 4 个主要项目标准限值

(单位:mg/L)

序号	项目	分类					
		Ⅰ类	Ⅱ类	Ⅲ类	Ⅳ类	Ⅴ类	劣Ⅴ类
1	溶解氧(DO) ≥	7.5 (或饱和率 90%)	6	5	3	2	0
2	高锰酸盐指数(CODMn) ≤	2	4	6	10	15	∞
3	氨氮(NH_3-N) ≤	0.15	0.5	1.0	1.5	2.0	∞
4	pH 值(无量纲)	6 ~9					

2. 问题 1 建模与求解

均方差确定权重　对每个观测站点进行评价,涉及溶解酶、高锰酸盐指数、氨氮、pH 值四个因素，但是从附表中可以看出，pH 值除一次抽查不合格外，其他次抽查均在 6 ~9 之间，因此在对每个观测站点进行评判时只考虑溶解酶、高锰酸盐指数、氨氮三个因素．

根据"长江水污染监测数据．doc"，即长江流域主要城市水质检测报告中 28 个月的监测数据，采用均方差法确定各地区溶解酶、高锰酸盐指数、氨氮指标的权重．

对每个地区各项指标数据按公式

$$s(k)=\left[\frac{1}{n-1}\sum_{i=1}^{n}(X_{ki}-\overline{X}(K))^2\right]^{\frac{1}{2}},k=1,2,3$$

求其均方差，将均方差归一化，得三个指标的权重 $\boldsymbol{A}=(0.3615,02968,0.3417)$．

角形隶属函数的建立 长江水污染监测数据带有一定的误差，为了真正反映评价对象属于某类水的程度，需要确定评价对象的隶属度．这里将评价等级取为Ⅰ类、Ⅱ类、Ⅲ类、Ⅳ类、Ⅴ类、劣Ⅴ类六个等级（见图 8-13）．以溶解氧 DO 为例，建立三个指标六个评价等级的三角形隶属函数：

$$f_1(\mathrm{DO})=\begin{cases}1, & x\geqslant 8.25,\\ \dfrac{x-6.75}{1.5}, & 6.75<x<8.25,\end{cases}$$

$$f_2(\mathrm{DO})=\begin{cases}\dfrac{x-5.5}{1.25}, & 5.5<x\leqslant 6.75,\\ \dfrac{x-6.75}{1.5}, & 6.75<x<8.25.\end{cases}$$

$$f_3(\mathrm{DO})=\begin{cases}\dfrac{x-4}{1.5}, & 4<x\leqslant 5.5,\\ \dfrac{x-6.75}{-1.25}, & 5.5<x<6.75,\end{cases}$$

$$f_4(\mathrm{DO})=\begin{cases}\dfrac{x-2.5}{1.5}, & 2.5<x\leqslant 4,\\ \dfrac{x-5.5}{-1.5}, & 4<x<5.5.\end{cases}$$

$$f_5(\mathrm{DO})=\begin{cases}\dfrac{x-1}{1.5}, & 1<x\leqslant 2.5,\\ \dfrac{x-4}{-1.5}, & 2.5<x<4,\end{cases}$$

$$f_6(\mathrm{DO})=\begin{cases}1, & 0\leqslant x\leqslant 1,\\ \dfrac{x-2.5}{-1.5}, & 1<x<2.5.\end{cases}$$

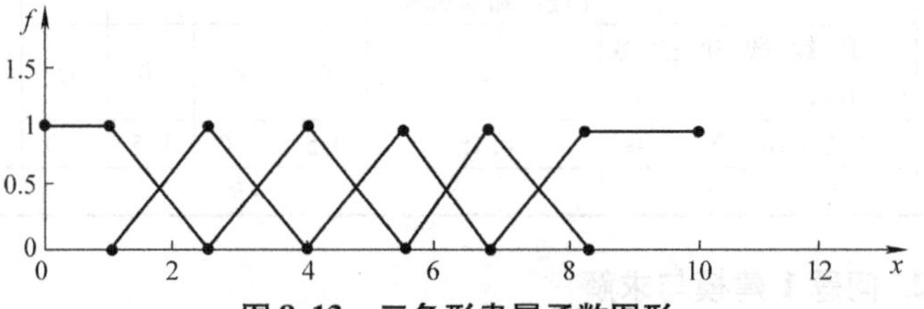

图 8-13　三角形隶属函数图形

对高锰酸盐指数、氨氮类似建立三角形隶属函数.

梯形隶属函数的建立　根据各个指标的六个标准,建立三个指标六个评价等级的梯形隶属函数(以溶解氧 DO 为例).

$$f_1(\mathrm{DO})=\begin{cases}1, & x>7.5,\\ \dfrac{x-6.75}{0.55}, & 6.75<x\leqslant 7.5.\end{cases}$$

$$f_2(\mathrm{DO})=\begin{cases}\dfrac{x-5.5}{0.5}, & 5.5<x<6,\\ 1, & 6\leqslant x\leqslant 7.5,\\ \dfrac{x-8.25}{-0.75}, & 7.5<x<8.25.\end{cases}$$

$$f_3(\mathrm{DO})=\begin{cases}\dfrac{x-4}{1}, & 4<x<5,\\ 1, & 5\leqslant x\leqslant 6,\\ \dfrac{x-6.75}{-0.75}, & 6<x<6.75.\end{cases}$$

$$f_4(\mathrm{DO})=\begin{cases}\dfrac{x-2.5}{0.5}, & 2.5<x<3,\\ 1, & 3\leqslant x\leqslant 5,\\ \dfrac{x-5.5}{-0.5}, & 5<x<5.5.\end{cases}$$

$$f_5(\mathrm{DO})=\begin{cases}\dfrac{x-1}{1}, & 1<x<2,\\ 1, & 2\leqslant x\leqslant 3,\\ \dfrac{x-4}{-1}, & 3<x<4.\end{cases}$$

$$f_6(\mathrm{DO})=\begin{cases}1, & 0\leqslant x\leqslant 2,\\ \dfrac{x-2.5}{-0.5}, & 2<x<2.5.\end{cases}$$

对高锰酸盐指数、氨氮类似建立梯形隶属函数.

计算单因素评价矩阵　对评价指标 $x_i(i=1,2,3)$,第 s 个站点属于第 e 个评价等级的评价指数(隶属度)记为 $x_{ie}^{(s)}(e=1,2,\cdots,6)$,则有 $x_{ie}^{(s)}=\sum\limits_{k=1}^{p}f_e(x_k)$,$p=28$ 是长江流域主要城市水质检测报告中 28 个月的检测次数,x_k 表示每次的检测值.

对评价指标 $x_i(i=1,2,3)$,第 s 个站点属于各个评价等级的总评价系数记为 $x_i^{(s)}$,则有

$$x_i^{(s)}=\sum_{e=1}^{6}x_{ie}^{(s)}.$$

对所有检测值就评价指标 $x_i(i=1,2,3)$,第 s 个站点属于第 e 个评价等级的隶属程度记为 $r_{ie}^{(s)}$,则 $r_{ie}^{(s)}=\dfrac{x_{ie}^{(s)}}{x_i^{(s)}}$,第 s 个站点就评价

指标 $x_i(i=1,2,3)$ 对于各类别的水质的单因素评判向量

$$\boldsymbol{r}_i^{(s)}=(r_{i1}^{(s)},r_{i2}^{(s)},\cdots,r_{i6}^{(s)}).$$

将第 s 个站点的全部指标对于各评价等级的评价向量综合后，得到第 s 个站点对于各评价等级的数量指标

$$\boldsymbol{B}^{(s)}=\begin{pmatrix} r_{11}^{(s)} & r_{12}^{(s)} & \cdots & r_{16}^{(s)} \\ r_{21}^{(s)} & r_{22}^{(s)} & \cdots & r_{26}^{(s)} \\ r_{31}^{(s)} & r_{32}^{(s)} & \cdots & r_{36}^{(s)} \end{pmatrix}.$$

对第 s 个站点作综合评价，模型为

$$\boldsymbol{B}^{(s)}=\boldsymbol{A}\cdot\boldsymbol{R}^{(s)}=(b_1^{(s)},b_2^{(s)},\cdots,b_6^{(s)})$$

根据 $\max\{b_1^{(s)},b_2^{(s)},\cdots,b_6^{(s)}\}$ 确定 s 个站点近两年的水质情况所属类别.

模糊综合评判结果分析 将"长江流域主要城市水质检测"报告中的 4 个因素的数据整理放入 Excel 文件中，作为程序的输入数据文件，分别编写三角形隶属函数和梯形隶属函数的综合评判程序，求出 17 个站点 28 个月的平均水质情况如表 8-18 所示.

表 8-18 17 个站点 28 个月的平均水质模糊综合评判结果

序号	站点名称	利用三角形隶属函数评价结果(水质类别)	利用梯形隶属函数评价结果(水质类别)
1	四川攀枝花	0.775 1(1)	0.666 8(2)
2	重庆朱沱	0.578 4(1)	0.490 1(1)
3	湖北宜昌南津关	0.470 8(2)	0.528 6(2)
4	湖南岳阳城陵矶	0.497 6(2)	0.501 3(2)
5	江西九江河西水厂	0.496 7(1)	0.563 6(2)
6	安徽安庆皖河口	0.568 0(2)	0.627 8(2)
7	江苏南京林山	0.531 5(1)	0.476 5(2)
8	四川乐山岷江大桥	0.357 3(3)	0.334 5(3)
9	四川宜宾凉姜沟	0.539 7(1)	0.462 4(1)
10	四川泸州沱江二桥	0.365 2(2)	0.385 3(2)
11	湖北丹江口胡家岭	0.797 5(1)	0.683 0(1)
12	湖南长沙新港	0.350 4(2)	0.371 5(2)
13	湖南岳阳岳阳楼	0.441 5(2)	0.448 9(2)
14	湖北武汉宗关	0.437 4(2)	0.508 8(2)
15	江西南昌滁槎	0.219 8(3)	0.219 9(3)
16	江西九江蛤蟆石	0.475 0(2)	0.509 6(2)
17	江苏扬州三江营	0.488 3(2)	0.525 6(2)

由表 8-18 知，利用三角形隶属函数和利用梯形隶属函数分别进行模糊综合评判计算出的水质类别除两个地方外，其余结果一致，这是允许的误差，说明模糊综合评价中的隶属函数的选取具有

较大的灵活性，在不偏离实际太多的情况下都是允许的，这也与“模糊”概念一致．

3. 问题 2 的建模与求解

根据过去近十年长江的总体水污染状况的检测数据，可以看出长江总体水污染的严重程度呈现快速增长的趋势，主要是年排污总量的增加，在总水流量变化不大的情况下，使得污染河段比例的增加，即每年污染情况主要与当年的排污量和总水流量等因素有关．为此，首先可以根据过去 10 年排污量，利用对未来的年排污量做出预测，然后利用回归分析方法确定出可饮用水（或不可饮用水）的比例与总排污量和总水流量的关系式．最后根据总排污量的增长趋势来推断出可饮用（或不可饮用）水比例的变化趋势，从而可以预测出未来 10 年长江水质的变化情况．

由于河流中废水的主要来源是长江两岸工厂排放的废物及城市生活废物，故废水量与本题中河长、总流量等均无直接关系，我们可以将它当成独立变量而直接进行预测．由观测数据可知废水量逐年增长，其主要是由于中国经济近年来稳步上升，导致环境污染加重．因此，废水量应是一个时间序列函数，而且，对于下一年的废水量的预测应是近年的数据对其影响大而往年的数据影响小．考虑到这一点，我们采用指数平滑预测法，它是一种自适应模型，也就是可以自动地识别数据模式的变化．例如，如果偏差是由于内部干扰引起的，则可以认为新的观测值与原有数据值对预测具有相同的影响价值，而赋予不同时期的数据以相同的权数；如果偏差是由于外部干扰引起的，则新的观测值与原有数据值对预测具有不同的影响价值，而赋予不同时期的数据以不同的权数．近期数据影响价值大，权数亦大，远期数据影响小，权数亦小．考虑到废水量随时间变化而非线性单调递增，我们采用三次指数平滑法进行预测．在移动平均法的基础上，可得指数平滑法的基本公式为：

$$\hat{y}_{t+1}=ay_t+(1-a)\hat{y}_t.$$

式中，$\hat{y}_{t+1}$ 为 $t+1$ 期的预测值，y_t 代表 t 期的实际值，a 为加权系数，$0<a<1$．用指数平滑法得到的预测值是对历史数据的加权平均值，并且它的权数合乎近期权数大、远期权数小的加权原理．

$$\hat{y}_{t+1}=ay_t+a(1-a)y_{t-1}+a(1-a)^2y_{t-2}+\cdots+a(1-a)^{t-1}y_1.$$

由于 $0<a<1$，可见，$a>a(1-a)>a(1-a)^2>\cdots a(1-a)^{t-1}$，即权数遵循原则：越近期的数据权数越大，越远期的数据权数越小．

我们使用的数据是前八年，而后两年的数据用来检测．结果如表 8-19 所示.

表 8-19　理论值与实际值的比较

年度	理论值	实际值	误差	误差百分比
2003	275.3	270	5.3	1.9%
2004	284.6	285	0.4	0.2%

可见，预测的效果很好，因此我们用这种模型对将来 10 年的废

水量进行了预测．这样依据过去10年数据，利用指数平滑法预测未来10年的废水量，得到未来10年的排污量 $w_1=\phi_1(t)$，利用预测方法也可以得到未来10年的总水流量 $w_2=\phi_2(t)$．考虑一般的多元线性回归模型为：

$$y=a\phi_1(t)+b\phi_2(t)+c.$$

式中，y 是饮用水的比例．根据过去数据的观测值（$\phi_1(t_k)$，$\phi_2(t_k)$，y_k）$k=1,2,\cdots,10$，利用最小二乘法求的回归系数 (a,b,c)，回归系数如表8-20所示：

表8-20　过去10年的枯水期、丰水期、文水年求的回归系数

水期	枯水期			丰水期			文水年		
系数	a_i^1	b_i^1	c_i^1	a_i^2	b_i^2	c_i^2	a_i^3	b_i^3	c_i^3
全流域	-0.140 5	0.001 8	89.021 4	-0.140 5	0.001 8	89.021 4	-0.140 5	0.001 8	89.021 4
干流	-0.312 3	0.003 6	112.076 6	-0.312 3	0.003 6	112.076 6	-0.312 3	0.003 6	112.076 6
支流	-0.041 9	0.000 5	76.408 7	-0.041 9	0.000 5	76.408 7	-0.041 9	0.000 5	76.408 7

可得到可饮用水比例与排污量和水流量的关系式为：

$$y=a'\phi_1(t)+b'\phi_2(t)+c'. \tag{8.21}$$

根据上面公式（8.21）就可以预测未来10年各个时期可饮用水的比例．

习题8

1. 一报童每天从邮局订购一种报纸，沿街叫卖．已知每100份报纸报童全部卖出可获利7元．如果当天卖不掉，第二天削价可以全部卖出，但报童每100份报纸要赔4元．报童每天售出的报纸数 r 是一随机变量，其概率分布如表8-21所示：

表8-21　售出报纸数的概率分布表

售出报纸数 r/百份	0	1	2	3	4	5
概率 $P(r)$	0.05	0.1	0.25	0.35	0.15	0.1

试问报童每天订购多少份报纸最佳（订购量必须是100的倍数）？

2. 下面的数据是有50名大学新生的一个专业在数学素质测验中所得到的分数：

90，76，69，51，71，40，88，79，68，77，96，69，80，71，86，52，41，60，81，72，92，81，99，77，100，79，66，71，84，73，67，70，86，75，60，80，77，91，93，64，74，76，83，81，83，88，80，92，83，64．将这组数据分成6到8个组，画出频率直方图，并求出样本均值和样本方差．

3. 有一大批糖果．现从中随机地取16袋，称得重量（单位：g）如下：

506	508	499	503	504	510	497	512
514	505	493	496	506	502	509	496

设袋装糖果的重量近似地服从正态分布,试求总体均值μ,方差σ的极大似然估计值及置信水平为0.95的置信区间.

4. 在平炉上进行一项试验以确定改变操作方法的建议是否会增加钢的得率,试验是在同一只平炉上进行的.每炼一炉钢时除操作方法外,其他条件都尽可能做到相同.先用标准方法炼一炉,然后用建议的新方法炼一炉,以后交替进行,各炼了10炉,其得率分别为

(1)标准方法　78.1　72.4　76.2　74.3　77.4　78.4　76.0　75.5　76.7　77.3

(2)新方法　79.1　81.0　77.3　79.1　80.0　79.1　79.1　77.3　80.2　82.1

设这两个样本相互独立,且分别来自正态总体$N(\mu_1,\sigma^2)$和$N(\mu_2,\sigma^2)$,μ_1,μ_2,σ^2均未知.问建议的新操作方法能否提高得率?(取$\alpha=0.05$)

5. 某种合成纤维的强度与拉伸倍数有直接关系,为获得它们之间的关系,科研人员实际测定了20个纤维样品的强度和拉伸倍数,获得数据如表8-22所示.

表8-22　纤维样品的强度和拉伸倍数

编号	1	2	3	4	5	6	7	8	9	10
拉伸倍数	1.9	2.0	2.1	2.5	2.7	2.7	3.5	3.5	4.0	4.0
强度/MPa	14	13	18	25	28	25	30	27	40	35
编号	11	12	13	14	15	16	17	18	19	20
拉伸倍数	4.5	4.6	5.0	5.2	6.0	6.3	6.5	7.1	8.0	8.0
强度/MPa	42	35	55	50	55	64	60	53	65	70

试确定这种合成纤维的强度与拉伸倍数的关系.

6. 某人记录了21天每天使用空调器的时间和使用烘干器的次数,并监视电表以计算出每天的耗电量,数据见表8-23,试研究耗电量(KWH)与空调器使用的小时数(AC)和烘干器使用次数(DRYER)之间的关系,建立并检验回归模型,诊断是否有异常点.

表8-23　耗电量、使用小时数和烘干器使用次数

序号	1	2	3	4	5	6	7	8	9	10	11
KWH	35	63	66	17	94	79	93	66	94	82	78
AC	1.5	4.5	5.0	2.0	8.5	6.0	13.5	8.0	12.5	7.5	6.5
DRYER	1	2	2	0	3	3	1	1	1	2	3
序号	12	13	14	15	16	17	18	19	20	21	
kWH	65	77	75	62	85	43	57	33	65	33	
AC	8.0	7.5	8.0	7.5	12.0	6.0	2.5	5.0	7.5	6.0	
DRYER	1	2	2	1	1	0	3	0	1	0	

7. 假定原始数据 X 的协方差矩阵 $\boldsymbol{S}=\begin{pmatrix}1 & 4\\ 4 & 100\end{pmatrix}$,将原始数据 X 标准化,得到相关系数阵 $\boldsymbol{R}=\begin{pmatrix}1 & 0.4\\ 0.4 & 1\end{pmatrix}$. 分别计算 $\boldsymbol{S}$ 和 $\boldsymbol{R}$ 的特征根和特征向量,构造相应的两个主成分,你会发现两者有很大的差别,试做出解释.

8. 在制定服装标准过程中对 100 名成年男子的身材进行了测量,共 6 项指标:身高 x_1、坐高 x_2、胸围 x_3、臂长 x_4、肋围 x_5、腰围 x_6,样本相关系数阵为:

$$\boldsymbol{R}=\begin{pmatrix}1 & 0.80 & 0.37 & 0.78 & 0.26 & 0.38\\ 0.80 & 1 & 0.32 & 0.65 & 0.18 & 0.33\\ 0.37 & 0.32 & 1 & 0.36 & 0.71 & 0.62\\ 0.78 & 0.65 & 0.36 & 1 & 0.18 & 0.39\\ 0.26 & 0.18 & 0.71 & 0.18 & 1 & 0.69\\ 0.38 & 0.33 & 0.62 & 0.39 & 0.69 & 1\end{pmatrix}.$$

试给出主成分分析表达式,并对主成分做出解释.

9. 考虑温度 x 对产量 y 的影响,测得下列 10 组数据:

温度/℃	20	25	30	35	40	45	50	55	60	65
产量/kg	13.2	15.1	16.4	17.1	17.9	18.7	19.6	21.2	22.5	24.3

求 y 关于 x 的线性回归方程检验回归效果是否显著,并预测 $x=42$℃时,产量的估值及预测区间(置信区间 95%).

10. 某零件上有一段曲线,为了在程序控制机床上加工这一零件,需要求这段曲线的解析表达式,在曲线横坐标 x_i 处,测得纵坐标 y_i,共 11 对数据如下:

x_i	0	2	4	6	8	10	12	14	16	18	20
y_i	0.6	2.0	4.4	7.5	11.8	17.1	23.3	31.2	39.6	49.7	61.7

求这段曲线的纵坐标 y 关于横坐标 x 的二次多项式回归曲线.

11. 为研究 2007 年江苏省的 13 个地方的国民经济分布规律,在众多衡量经济水平的指标中,我们将采用下列指标:x_1 为年末户籍人口(万人);x_2 为城镇化率(%);x_3 为地区生产总值 GDP(亿元);x_4 为第三产业占 GDP 的比重(%);x_5 为城镇固定资产投资额(亿元);x_6 为社会消费品零售总额(亿元);x_7 为城市居民人均可支配收入(元);x_8 为恩格尔系数(城市)(%);x_9 为农村居民人均纯收入(元);x_{10} 为恩格尔系数(农村)(%). 对 2007 年江苏省的 13 个地市的国民经济进行了聚类分析,数据如表 8-24 所示.

表 8-24 2007 年江苏省的 13 个地市的国民经济数据

地市	x_1	x_2	x_3	x_4	x_5	x_6	x_7	x_8	x_9	x_{10}
苏州	624.43	65.6	5 700.85	7.4	1 704.27	1 250.05	21 260	37.9	10 475	35.7
无锡	461.74	67.4	3 858.54	9.1	1 180.74	1 134.75	20 898	39.8	10 026	37.6

（续）

地市	x_1	x_2	x_3	x_4	x_5	x_6	x_7	x_8	x_9	x_{10}
常州	357.38	60.9	1 881.28	18.6	748.89	610.85	19 089	35.0	9 033	38.0
南京	617.17	76.8	3 283.73	11.0	1 443.40	1 380.46	20 317	35.3	8 020	37.4
镇江	268.78	59.6	1 206.69	24.5	363.73	331.36	16 775	38.7	7 668	39.4
南通	766.13	48.6	2 111.88	35.1	633.94	736.54	16 451	38.5	6 905	37.9
扬州	459.25	50.2	1 311.89	35.3	438.35	418.90	15 057	37.9	6 586	38.9
泰州	500.70	47.6	1 201.82	33.2	347.73	321.07	14 940	43.1	6 469	38.1
徐州	940.95	45.8	1 679.56	36.0	769.59	543.01	14 875	34.9	5 534	39.0
连云港	482.23	40.5	618.18	36.2	409.56	249.08	13 254	38.9	4 828	43.7
淮安	534.00	39.9	765.23	34.8	394.91	269.40	12 164	38.9	5 010	43.2
盐城	809.79	43.7	1 371.26	34.1	470.06	433.74	13 857	38.5	6 092	41.7
宿迁	531.53	34.1	542.00	32.0	256.18	158.87	9 468	42.4	4 783	46.0

第 3 部分

建模竞赛案例选讲

第 9 章 人口模型

9.1 指数增长模型

人口问题是当前世界人们非常关注的问题,尤其是进入 21 世纪,随着科学技术的飞速发展,为了有效控制人口增长,各国都在研究人口增长与预测。

1. 问题提出

表 9-1 给出了近两百年的美国人口统计数据,根据数据建立数学模型,对模型做出检验并对增长做出预测.

表 9-1　美国数据人口统计

年/公元	1790	1800	1810	1820	1830	1840	1850
人口/百万	3.9	5.3	7.2	9.6	12.9	17.1	23.2
年/公元	1860	1870	1880	1890	1900	1910	1920
人口/百万	31.4	38.6	50.2	62.9	76.0	92.0	106.5
年/公元	1930	1940	1950	1960	1970	1980	1990
人口/百万	123.2	131.7	150.7	179.3	204.0	226.5	251.4

2. 指数增长模型(马尔萨斯人口模型)

此模型是由英国神父马尔萨斯(Malthus)于 1798 年提出的.

(1)假设:人口增长率 r 是常数,即单位时间内人口的增长量与当时的人口数量成正比.

(2)模型建立:记时刻 $t=0$ 时的人口数为 x_0,时刻 t 时的人口数为 $x(t)$,由于人口数量较大,可以视 $x(t)$ 为连续、可微函数. 在时刻 t 与 $t+\Delta t$ 时间段内人口的增长率为:

$$\frac{x(t+\Delta t)-x(t)}{\Delta t}=rx(t),$$

令 $\Delta t\to 0$,得微分方程

$$\begin{cases}\dfrac{\mathrm{d}x}{\mathrm{d}t}=rx,\\ x(0)=x_0.\end{cases}\tag{9.1}$$

(3)模型求解:微分方程(9.1)的解为:

$$x(t)=x_0\mathrm{e}^{rt}.\tag{9.2}$$

特别地,取时间 t 为正整数 n,得第 n 年的人口数量为

$$x(n)=x_0 e^{rn}=x_0(e^r)^n,$$

上式表明：人口按几何级数增长，公比为 $e^r(e^r>1)$，当 $n\to\infty$ 时，$x(n)\to\infty$.

(4)模型的参数估计：要用模型(9.2)来预测人口，必须对其中的参数 r 进行估计. 用表 9-1 中的数据来估计. 模型(9.2)两边取对数，得 $\ln x=rt+\ln x_0$，记 $y=\ln x, a=\ln x_0$，则

$$y=rt+a, \tag{9.3}$$

如果以 1790—1900 年数据拟合，以 10 年为单位，用数学软件或最小二乘法计算，可得：$a=1.432\ 33, r=0.274\ 324$，从而 $x_0=4.188\ 45$.

如果以 1790—1990 年数据拟合，以 10 年为单位，用数学软件或最小二乘法计算，可得：$a=1.760\ 61, r=0.207\ 986$，从而 $x_0=5.815\ 98$.

(5)模型检验与分析：将 $r=0.274\ 324, x_0=4.188\ 45$ 代入公式(9.2)，求出 1790—1900 年人口数量为 x_1，将 $r=0.207\ 986, x_0=5.815\ 98$代入公式(9.2)，求出 1790—1990 年人口数量为 x_2，与实际数据作比较，如表 9-2 所示. 图 9-1 和图 9-2 是它们的图形表示(圆点 • 表示实际数据，曲线表示按指数模型计算数据). 从表 9-2、图 9-1 和图 9-2 可以看出：这个模型基本能描述 19 世纪以前美国人口的增长，但进入 20 世纪后，预测人口数与实际人口数相差较大，这个模型就不再适合了.

表 9-2　指数增长模型拟合美国人口数据结果

年/公元	实际人口/百万	指数增长模型	
		计算人口 x_1/百万	计算人口 x_2/百万
1790	3.9	4.2	5.82
1800	5.3	5.5	7.2
1810	7.2	7.2	8.8
1820	9.6	9.5	10.9
1830	12.9	12.5	13.4
1840	17.1	16.5	16.5
1850	23.2	21.7	20.3
1860	31.4	28.6	24.9
1870	38.6	37.6	30.7
1880	50.2	49.5	37.8
1890	62.9	65.1	46.5
1900	76.0	85.6	57.3
1910	92.0		70.6
1920	106.5		86.9
1930	123.2		107.0
1940	131.7		131.7

（续）

年/公元	实际人口/百万	指数增长模型	
		计算人口 x_1/百万	计算人口 x_2/百万
1950	150.7		162.1
1960	179.3		199.6
1970	204.0		245.8
1980	226.5		302.6
1990	251.4		372.5

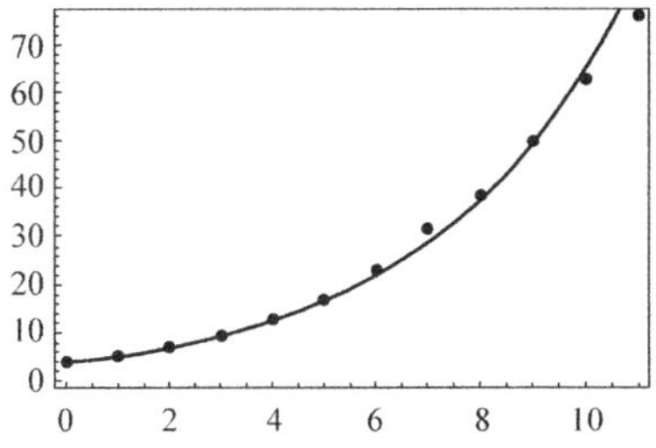

图 9-1　指数增长模型拟合图形(1790—1900 年)

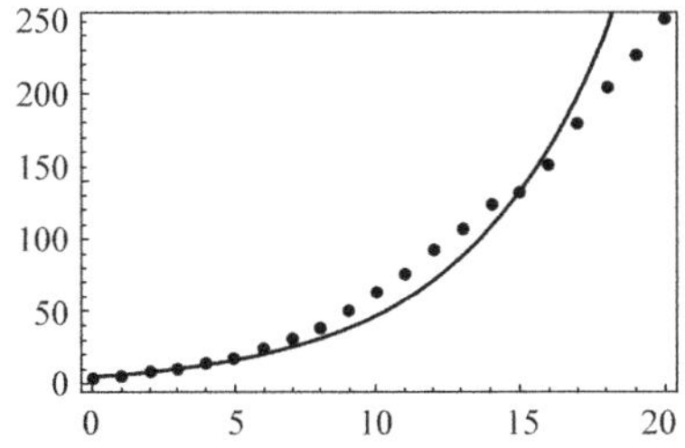

图 9-2　指数增长模型拟合图形(1790—1990 年)

分析原因,该模型的结果说明:人口以指数规律将无限增长. 事实上,任何地区的人口都不可能无限增长,指数模型不能描述和预测较长时期的人口演变过程. 这是因为,随着人口的增加,自然资源和环境条件等因素对人口增长的限制作用越来越显著. 如果人口较少时,自然资源丰富,人口增长较快,人口的自然增长率可以看作常数,当人口增加到一定数量时,这个增长率就要随着人口增加而减少,于是应该对指数增长模型关于人口增长率的假设进行修改.

9.2 阻滞增长模型

1. 提出问题

由于自然资源和环境条件等因素对人口的增长起着阻滞作用,并且随着人口的增加,阻滞作用越来越大. 阻滞增长模型就是考虑这个因素,对指数增长模型的基本假设进行修改如下.

假设人口增长率 r 为当时人口数量 $x(t)$ 的减函数,最简单地假

定 $r(x)=r-sx$，其中 r,s 为正常数，r 称为固有增长率，自然资源和环境条件年容纳的最大人口数量为 x_m.

2. 建立模型

当 $x=x_m$ 时，增长率为0，即 $r(x_m)=r-sx_m=0$，得 $s=\frac{r}{x_m}$，故

$$r(x)=r\left(1-\frac{x}{x_m}\right). \tag{9.4}$$

将式(9.4)代入式(9.1)中，得 Logistic 增长模型

$$\begin{cases}\frac{\mathrm{d}x}{\mathrm{d}t}=rx\left(1-\frac{x}{x_m}\right),\\ x(0)=x_0.\end{cases} \tag{9.5}$$

3. 模型求解

由式(9.5)，分离变量得：

$$\frac{\mathrm{d}x}{x}+\frac{\mathrm{d}x}{x_m-x}=r\mathrm{d}t,$$

两边积分，得

$$\ln\frac{x}{x_m-x}-\ln\frac{x_0}{x_m-x_0}=rt, \tag{9.6}$$

于是方程(9.5)的解为：

$$x(t)=\frac{x_m}{1+\left(\frac{x_m}{x_0}-1\right)\mathrm{e}^{-rt}}. \tag{9.7}$$

若以 x 为横坐标，$\mathrm{d}x/\mathrm{d}t$ 为纵坐标绘出方程(9.5)的第一个方程的图形，如图9-3所示. 根据式(9.7)绘出 $x-t$ 曲线，如图9-4所示. Logistic 增长模型的 $x-t$ 曲线是S形曲线，x 增长先快后慢，当 $t\to\infty$ 时，$x\to x_m$，$x-t$ 曲线拐点的纵坐标是 $x=\frac{x_m}{2}$.

模型的参数估计：我们根据现实数据来检验模型(9.5). 我们用表9-1中的1790—1990年的数据拟合，以10年为单位数据来检验这个模型. 根据式(9.7)，我们用数学软件求得 $r=0.225\ 493$，$x_m=397.214$ 和 $x_0=7.110\ 09$.

模型检验：用式(9.7)计算美国人口结果如表9-3所示.

表9-3　Logistic 增长模型拟合美国人口数据结果

年/公元	实际人口/百万	Logistic 增长模型	
		计算人口/百万	相对误差
1790	3.9	7.110 09	0.823 1
1800	5.3	8.868 36	0.673 275
1810	7.2	11.049 1	0.534 597
1820	9.6	13.747 2	0.432
1830	12.9	17.074 9	0.323 636

（续）

年/公元	实际人口/百万	Logistic 增长模型	
		计算人口/百万	相对误差
1840	17.1	21.163 7	0.237 643
1850	23.2	26.164 2	0.127 767
1860	31.4	32.245	0.026 911
1870	38.6	39.588 1	0.025 598
1880	50.2	48.381 8	−0.036 22
1890	62.9	58.807 7	−0.065 06
1900	76.0	71.022 8	−0.065 49
1910	92.0	85.136 7	−0.074 6
1920	106.5	101.185	−0.049 91
1930	123.2	119.105	−0.033 24
1940	131.7	138.71	0.053 227
1950	150.7	159.69	0.059 655
1960	179.3	181.613	0.012 9
1970	204.0	203.962	−0.000 19
1980	226.5	226.175	−0.001 43
1990	251.4	247.707	−0.014 69

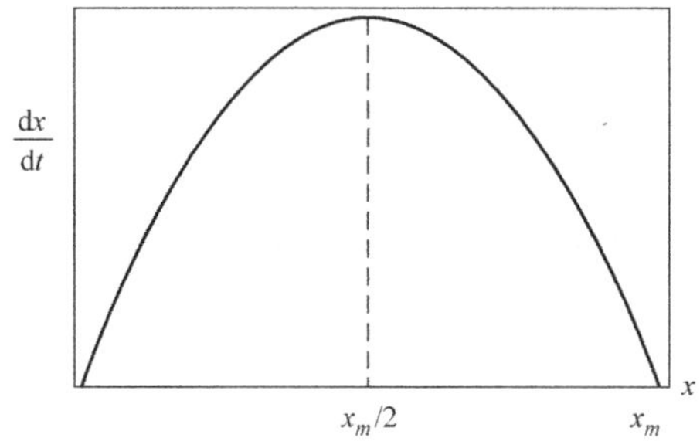

图 9-3　Logistic 模型 $dx/dt-x$ 曲线

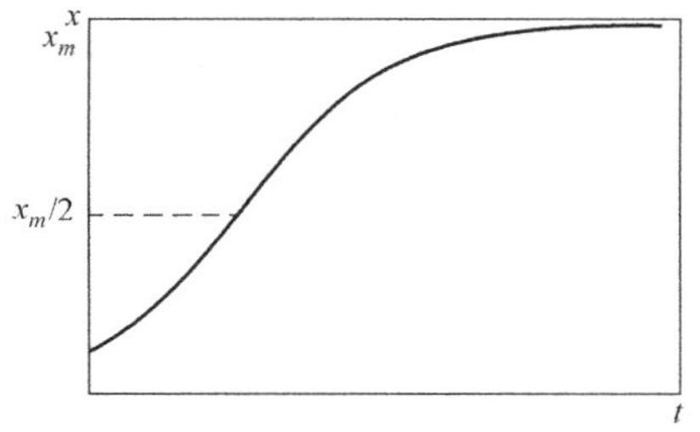

图 9-4　Logistic 模型 $x-t$ 曲线

图 9-5 是原数据图形和 Logistic 模型计算数据的图形表示（圆点 • 表示实际数据，曲线表示按式(9.7)计算数据）.

4. 模型应用

用式(9.7)及上面的参数 $r=0.225\ 493$，$x_m=397.214$ 和 $x_0=$

7.110 09可做预测,2000 年美国人口为:

$$x=268.082,$$

这与已知美国2000 年实际人口数(281.4 百万)作比较,其相对误差为4.73%,可以认为该模型是比较满意的.

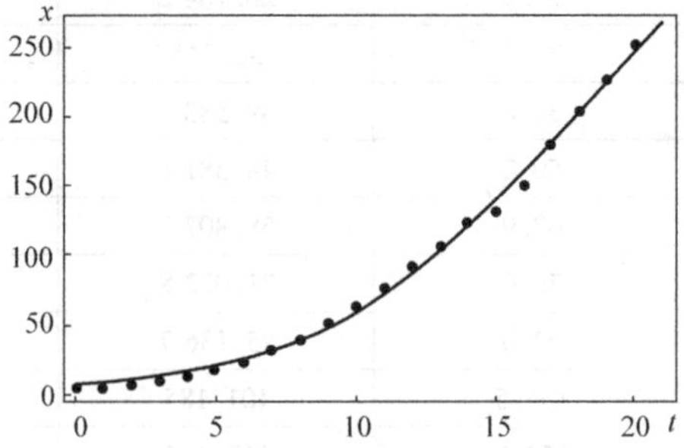

图 9-5　Logistic 模型拟合图形

如果按指数增长模型计算,由式(9.2)及 $x_0=3.9$, $r=0.307$,2000 年美国人口应为:

$$x=458.663,$$

这与已知美国2000 年实际人口数 281.4 百万相差较大. Logistic 模型更好地描述了 21 世纪初美国的人口.

人口预报:将 2000 年美国的实际人口数 281.4 百万加进去重新估计参数,可得: $r=0.215\ 472\ 9$, $x_m=446.573\ 2$ 和 $x_0=7.698\ 119$. 由式(9.7),预测 2010 年美国人口数为:

$$x(22)=298.114,$$

而美国 2010 年人口普查结果为 308.7 百万,其相对误差为 3.401%.

9.3 差分形式的阻滞增长模型

1. 提出问题

上节讨论了连续的阻滞增长模型. 但是,现实对象的活动一般都是具有周期性的,有时候采用离散化的时间比采用连续的时间更为方便. 对于平衡点的稳定问题,我们知道,Logistic 模型中 $y^*=N$ 是稳定的平衡点,$y^*=0$ 不是稳定的平衡点,那么对于差分形式的离散模型

$$x_{k+1}=bx_k(1-x_k),k=0,1,2,\cdots$$

是否还具有同样的性质?

下面我们将对模型从平衡点和稳定性的角度进行分析并借助计算机对倍周期收敛、分岔和混沌的现象进行分析.

2. 模型假设

(1)自然资源、环境条件等对生物的增长起着阻滞作用,并随着数量的增加阻滞作用越来越大;

(2)自然资源与环境条件存在所容纳的最大生物数量,现有生物数量和固有增长率已知;

(3)阻滞作用体现在对增长率的影响上,使得增长率随着生物数量的增加而下降;

(4)所研究该对象每年有固定的周期性活动.

3. 模型建立

设当前生物数量为 y_0,固有增长率为 r. 记未来任意 t 时刻种群的数量为 $y(t)$,将其视为连续可微函数. 则单位时间内 $y(t)$ 的增量 $\frac{dy}{dt}$ 等于 r 乘以 $y(t)$,于是得到 $y(t)$ 满足微分方程

$$\frac{dy}{dt}=ry, \tag{9.8}$$

由假设可知,生物增长率 r 随着生物数量 x 的增加而下降. 若将 r 表示为 y 的函数 $r(y)$,则其应为减函数,假定其是线性的且 $r(y)=r-sy(r,s>0)$. 此时,用 $r(y)$ 取代方程(9.8)中的 r,则方程(9.8)变为

$$\frac{dy}{dt}=(r-sy)y,y(0)=y_0. \tag{9.9}$$

为确定 s,引入自然资源和环境条件所能容纳的最大生物数量 N. 当 $y=N$ 时,生物数量停止增长,即 $r(N)=0$,代入 $r(x)=r-sy$ 中,可知 $s=r/N$. 因此,得到 Logistic 模型的微分形式

$$\frac{dy}{dt}=ry\left(1-\frac{y}{N}\right),y(0)=y_0. \tag{9.10}$$

将方程(9.10)用差分形式表示,就有

$$y_{k+1}-y_k=ry_k\left(1-\frac{y_k}{N}\right),k=0,1,2,3\cdots \tag{9.11}$$

进一步可写成

$$y_{k+1}=(r+1)y_k\left[1-\frac{r}{(r+1)N}y_k\right]. \tag{9.12}$$

令 $b=r+1,x_k=\frac{r}{(r+1)N}y_k$,则式(9.12)就可化简为:

$$x_{k+1}=bx_k(1-x_k),k=0,1,2,\cdots \tag{9.13}$$

式(9.13)就是一阶线性差分方程.

4. 模型求解

因为 $r>0$,由 $b=r+1$ 知 $b>1$,解代数方程

$$x=f(x)=bx(1-x) \tag{9.14}$$

容易得到式(9.13)的非零平衡点为

$$x^*=1-\frac{1}{b}. \tag{9.15}$$

利用 $b=r+1,x_k=\frac{r}{(r+1)N}y_k$ 可验证,x^* 相当于原方程(9.8)的非平衡点 $y^*=N$.

为分析 x^* 的稳定性，计算

$$f'(x^*)=b(1-2x^*)=2-b. \tag{9.16}$$

根据 x^* 稳定的条件 $|f'(x^*)|<1$，得到 $1<b<3$.

由此可知，当且仅当 $1<b<3$ 成立时，x^* 才是稳定平衡点. 由 $b=r+1$ 式可知，它相当于仅当 $r<2$ 时，$y^*=N$ 才是方程(9.11)的稳定平衡点，这与无论 r 多大 $y^*=N$ 都是微分方程(9.10)的稳定平衡点是不同的. 在条件 $1<b<3$ 下，x_k 收敛于 x^* 的状况可以通过方程(9.13)的图解法清楚的表示出来. 其中以 x 为横坐标作 $y=f(x)=bx(1-x)$ 和 $y=x$ 的图形（见图 9-6），曲线 $y=f(x)$ 和直线 $y=x$ 交点的横坐标为平衡点 x^*.

相应的 MATLAB 代码为：

```
function f=sss(b,x0,m,n)
x=0:0.01:1;
y=b* x.* (1-x);
plot(x,x,'r',x,y,'r');
hold on;
clear x,y;
x(1)=x0;y(1)=b* x(1)* (1-x(1));x(2)=y(1);
if m<2,plot([x(1),x(1),x(2)],[0,y(1),y(1)]);
end
for i=2:n;
    y(i)=b* x(i)* (1-x(i));
    x(i+1)=y(i);
    if i>m,plot([x(i),x(i),x(i+1)],[y(i-1),y(i),y(i)]);
    end
end
hold off
```

主程序代码为：

```
sss(1.7,0.1,1,100),title('1<b<2')
sss(2.7,0.1,1,100),title('2<b<3')
sss(3.3,0.1,1,100),title('b>3')
```

运行结果如下：

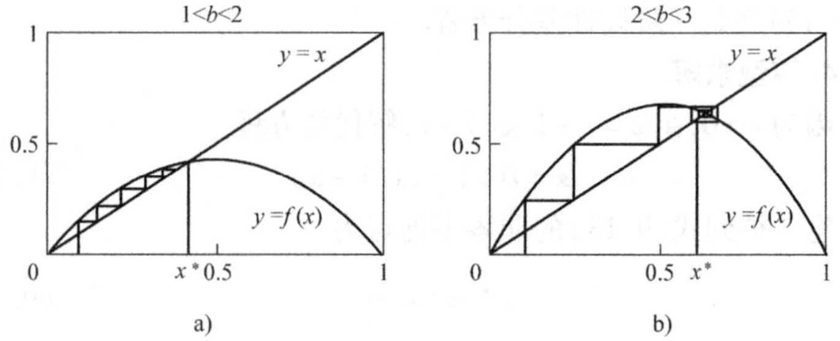

图 9-6 方程(9.13)的图解法($x_k \to x^*$)

对于初始值 x_0，由方程（9.13）求 $x_1, x_2, \cdots$ 的过程表示为图上的折线. 此时，

当 $1<b<2$ 时，$x^* < \dfrac{1}{2}$，$x_k \to x^*$ 的过程基本上是单调的（见图 9-6a）；

当 $2<b<3$ 时，$x^* > \dfrac{1}{2}$，$x_k \to x^*$ 的过程则会出现形如蛛网模型那样的衰减震荡（见图 9-6b）.

当 $b>3$ 时，虽然方程（9.13）仍可形式地求解，但 x^* 不稳定，其图解法如图 9-7 所示，出现形如蛛网模型那样的发散震荡（$x_k \to x^*$）.

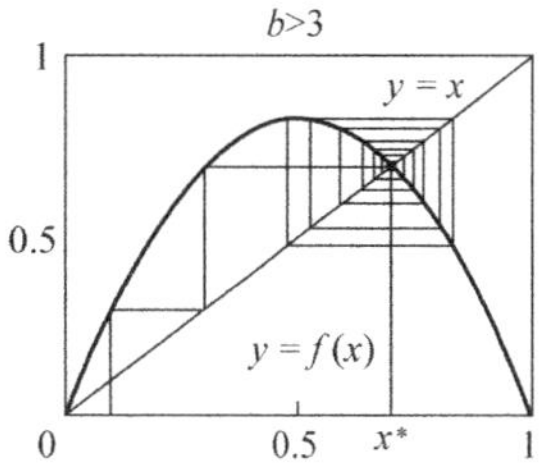

图 9-7　方程（9.13）的图解法（$x_k \to x^*$）

5. 推广应用

如果称 $b<3$ 时，$x_k \to x^*$ 为单周期收敛（生物繁殖周期），那么存在两个收敛的子序列就可以称为 2 倍周期收敛. 一般地，方程（9.13）可以表示为

$$x_{k+1} = f(x_k). \tag{9.17}$$

在讨论 2 倍周期收敛时，应考察

$$x_{k+2} = f(x_{k+1}) = f(f(x_k)) = f^{(2)}(x_k), \tag{9.18}$$

为求平衡点，把式（9.14）代入式（9.18），求解代数方程

$$x = f(f(x)) = b \cdot bx(1-x)[1-bx(1-x)]. \tag{9.19}$$

由于平衡点 x^* 满足 $x^* = f^{(2)}(x_k)$，所以除了零点和原来的 $x^* = 1 - \dfrac{1}{b}$ 是它的平衡点外，满足

$$x_1^* = f(x_2^*), x_2^* = f(x_1^*) \tag{9.20}$$

的点 x_1^*, x_2^* 也是式（9.19）的平衡点，$x_{1,2}^*$ 可由式（9.19）解得

$$x_{1,2}^* = \frac{b+1 \mp \sqrt{b^2-2b-3}}{2b}. \tag{9.21}$$

不难验证，当 $b>3$ 时

$$0 < x_1^* < x^* < x_2^* < 1. \tag{9.22}$$

下面在 $b>3$ 时讨论这些平衡点的稳定性，x^* 显然是不稳定的，对于 x_1^* 和 x_2^* 因为

$$(f^{(2)}(x))'\big|_{x=x_1^*} = f'(x_2^*)f'(x_1^*), (f^{(2)}(x))'\big|_{x=x_2^*} = f'(x_1^*)f'(x_2^*)$$

故 x_1^* 和 x_2^* 的稳定性相同，再由

$$(f^{(2)}(x))'\big|_{x=x_2^*, x_1^*} = b^2(1-2x_1^*)(1-2x_2^*) \tag{9.23}$$

和稳定判据 $|(f^{(2)}(x_{1,2}{}^*))'|<1$，并将式（9.21）代入式（9.23）可得 $x_{1,2}^*$ 的稳定条件为

$$b < 1+\sqrt{6} \approx 3.449. \tag{9.24}$$

由上述计算可知，当 $3<b<3.449$ 时，虽然 x^* 不稳定，但是 $x_{1,2}^*$ 是方程的稳定平衡点，即 $x_k, x_{k+2}, \cdots \to x_1^*$（$x_2^*$）. 于是对于原方程

(9.13),$x_{1,2}^*$是序列$\{x_k\}$的两个子序列的极限,即x_{2k}和x_{2k+1}分别趋向于x_1^*或x_2^*,将$b=3.3$代入式(9.21),可得$x_1^*=0.4794$,$x_2^*=0.8236$,与数值计算中的结果相同.作为生物数量阻滞增长的离散模型,当固有增长率$2<r<2.449$时,从一个繁殖周期的角度看,其数量增长是不稳定的,即没有极限.但从两个繁殖周期的角度看,却是稳定的,这就是所谓的2倍周期收敛.

当$b>3.449$时,$x_{1,2}^*$不再是方程(9.18)的稳定平衡点,从而对于方程(9.18)来说2倍周期也不收敛了,但是可以讨论4倍周期收敛,进一步考察方程

$$x_{k+4}=f^{(4)}(x_k). \tag{9.25}$$

用类似的方法可得,当$3.449<b<3.644$时,方程(9.25)有4个稳定平衡点,数值计算中$b=3.45$就是这种情况,于是对于原来的模型(9.13)从4个繁殖周期的角度看,增长是稳定的.

按照这样的规律我们可以对模型(9.13)的增长序列$\{x_k\}$讨论2^n倍周期收敛问题,$n=1,2,3,\cdots$收敛性完全由参数b的取值确定.研究表明,当$n\to\infty$时,$b_n\to3.569$.当$b>3.569$时,就不在存在任何2^n倍的周期收敛,会出现所谓混沌现象.用MATLAB进行求解,可以得到如图9-8所示的收敛、分岔和混沌情况,与理论分析结果相一致.相应的MATLAB代码为:

```
clf
clear
m=50;
x=0:0.01:1;
a(1)=2.5;
hold on;
x(1)=0.2000;
for j=1:100
    a(j+1)=a(j)+0.015;
    for i=1:150
        x(i+1)=a(j)*x(i)*(1-x(i));
        if i>m
            plot(a(j),x(i),'k.');
        end
    end
end
hold off;
```

运行结果如下:

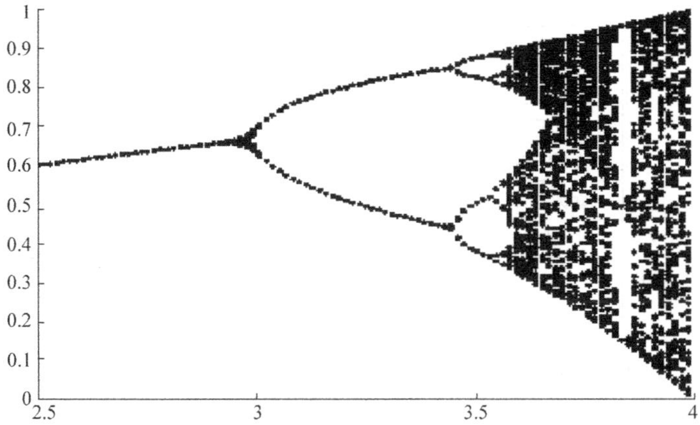

图9-8 模型(9.13)的收敛、分叉和混沌

9.4 中国人口增长预测

1. 问题提出

中国是一个人口大国,人口问题始终是我国发展的关键因素之一. 在2007年公布的《国家人口发展战略研究报告》中提出,我国人口总量将在2033年前后达到峰值15亿人左右,全国总和生育率应保持在1.8左右,过高或过低都不利于人口与经济社会的协调发展.

在全国大学生数学建模竞赛2007年A题"中国人口增长预测"中提出:近年来中国的人口发展出现了一些新的特点. 例如,老龄化进程加速、出生人口性别比持续升高,以及乡村人口城镇化等特点,这些都影响着中国人口的增长,要求参赛者从中国的实际情况和人口增长的特点出发,参考2005年人口抽样数据(见表9-4),建立中国人口增长的数学模型,并对人口增长的中短期和长期趋势提出预测.

本节选自参考文献[1]和参考文献[2],介绍如何建立模型对中国人口进行预测.

表9-4 2005年人口抽样的部分数据

	年龄	0	1	…	20	21	…	90+
市	男性比例	0.46	0.46	…	0.69	0.69	…	0.03
	男死亡率	6.38	0.84	…	0.59	0.43	…	289.2
	女性比例	0.4	0.39	…	0.74	0.76	…	0.07
	女死亡率	6.08	0.76	…	0.06	0.26	…	269.87
镇	男性比例	0.56	0.58	…	0.52	0.47	…	0.03
	男死亡率	0.91	0.93	…	0.73	1.31	…	253.8
	女性比例	0.48	0.47	…	0.51	0.53	…	0.07
	女死亡率	10.79	0.54	…	0.28	0.42	…	172.6

（续）

	年龄	0	1	…	20	21	…	90+
乡	男性比例	0.65	0.65	…	0.53	0.49	…	0.03
	男死亡率	13.97	1.45	…	1.91	1.75	…	355.2
	女性比例	0.54	0.51	…	0.53	0.52	…	0.08
	女死亡率	18.55	1.96	…	0.82	0.78	…	237
妇女生育率	市			…	29.01	48.17	…	
	镇			…	68.23	113.45	…	
	乡			…	95.01	150.84	…	

2. 模型假设

用数学建模预测人口增长的方法主要有差分方程、微分方程、回归分析、时间序列等，结合题目所给数据，本节以差分方程组形式表示的 Leslie 模型为基础. 考虑不同地区、不同性别人口参数的差别，以及农村人口向城市的迁移等因素，按照地区和性别，建立以时间和年龄为基本变量的中国人口增长模型. 利用历史数据用统计方法估计生育率、死亡率以及人口迁移等参数，代入模型迭代求解并做出预测.

针对问题要求和所给数据作以下简化假设：

（1）中国人口系统是封闭的，将表 9-4 数据中的市、镇合并为城市，与农村（乡）作为两个地区，只考虑农村向城市人口的单向迁移，不考虑与境外的相互移民.

（2）做中短期人口预测时，生育率、死亡率及人口迁移等参数用历史数据估计，做长期人口预测时，考虑总和生育率的控制、城镇化指数的变化趋势等政策因素.

（3）女性每胎生育一个子女.

3. 建立模型

以 1 年为一个时段，1 岁为一个年龄段，记 $x_j^l(i,k)$ 为 k 年、i 岁（满 i 岁但不到 $i+1$ 岁）、地区 j（$j=1$ 为城市，$j=2$ 为农村）、性别 l（$l=m$ 为男性，$l=w$ 为女性）的人口数量，$k=0,1,2,\cdots,i=0,1,2,\cdots,n,n$ 为最高年龄. $d_j^l(i,k)$ 为人口死亡率（死亡人数占总人数的比例），$s_j^l(i,k)=1-d_j^l(i,k)$ 为存活率. $b_j^w(i,k)$ 为女性人口生育率（k 年每位 i 岁女性平均生育婴儿数），$[i_1,i_2]$ 为育龄区间，$\alpha_j(k)$ 为出生婴儿性别比（男婴占婴儿总数的比例）. $v_j^l(i,k)$ 为人口的迁移数量（迁入为正，迁出为负）. 对于 $k=0,1,2,\cdots,j=1,2,\cdots,l=m,w$，一般模型可写作

$$\begin{cases} x_j^m(1,k+1) = s_j^m(0,k)\alpha_j(k)\sum_{i=i_1}^{i_2} b_j^w(i,k)x_j^w(i,k) + v_j^m(0,k), \\ x_j^w(1,k+1) = s_j^w(0,k)(1-\alpha_j(k))\sum_{i=i_1}^{i_2} b_j^w(i,k)x_j^w(i,k) + v_j^w(0,k), \\ x_j^l(i+1,k+1) = s_j^l(i,k)x_j^l(i,k) + v_j^l(i,k), i = 1,2,\cdots,n-1, l = m,w. \end{cases} \tag{9.26}$$

对女性生育率 $b_j^w(i,k)$ 作进一步分析. 记

$$\beta_j^w(k) = \sum_{i=i_1}^{i_2} b_j^w(i,k) \tag{9.27}$$

$\beta_j^w(k)$ 为 k 年每位育龄女性平均生育婴儿数,如果所有女性在育龄期间都保持这个生育数,那么 $\beta_j^w(k)$ 也表示每位女性一生的平均生育数,称总和生育率或生育胎次,是表述与控制人口增长的重要指标记:

$$h_j^w(i,k) = \frac{b_j^w(i,k)}{\beta_j^w(k)}, \tag{9.28}$$

表示 i 岁女性的生育数在育龄女性中占的比例,称生育模式,满足 $\sum_{i=i_1}^{i_2} h_j^w(i,k) = 1$.

记 $v^l(i,k)$ 为农村向城市迁移的人口数量,按照农村向城市单向迁移的假设,有

$$v_1^l(i,k) = v^l(i,k), v_2^l(i,k) = -v^l(i,k).$$

记:

$$\begin{aligned} \boldsymbol{x}_j^l(k) &= (x_j^l(1,k), x_j^l(2,k), \cdots, x_j^l(n,k))^{\mathrm{T}}, \\ \boldsymbol{v}^l(k) &= (v^l(0,k), v^l(1,k), \cdots, v^l(n-1,k))^{\mathrm{T}}, \end{aligned} \tag{9.29}$$

$$\boldsymbol{S}_j^l(k) = \begin{pmatrix} 0 & 0 & \cdots & 0 & 0 \\ s_j^l(1,k) & 0 & \cdots & 0 & 0 \\ 0 & s_j^l(2,k) & \cdots & 0 & 0 \\ \vdots & \vdots & & \vdots & \vdots \\ 0 & 0 & \cdots & s_j^l(1,k) & 0 \end{pmatrix}, \tag{9.30}$$

$$\boldsymbol{H}_j^w(k) = \begin{pmatrix} 0 & \cdots & 0 & h_j^w(i_1,k) & \cdots & h_j^w(i_2,k) & 0 & \cdots & 0 \\ 0 & \cdots & 0 & 0 & \cdots & 0 & 0 & \cdots & 0 \\ \vdots & & \vdots & \vdots & & \vdots & \vdots & & \vdots \\ 0 & \cdots & 0 & 0 & \cdots & 0 & 0 & \cdots & 0 \end{pmatrix}. \tag{9.31}$$

上述模型可表为如下向量 - 矩阵形式

$$\begin{cases} x_1^m(k+1) = S_1^m(k)x_1^m(k) + s_1^m(0,k)\alpha_1(k)\beta_1^w(k)H_1^w(k)x_1^w(k) + v^m(k), \\ x_1^w(k+1) = S_1^w(k)x_1^w(k) + s_1^w(0,k)(1-\alpha_1(k))\beta_1^w(k)H_1^w(k)x_1^w(k) + v^w(k), \\ x_2^m(k+1) = S_2^m(k)x_2^m(k) + s_2^m(0,k)\alpha_2(k)\beta_2^w(k)H_2^w(k)x_2^w(k) - v^m(k), \\ x_2^w(k+1) = S_2^w(k)x_2^w(k) + s_2^w(0,k)(1-\alpha_2(k))\beta_2^w(k)H_2^w(k)x_2^w(k) - v^w(k). \end{cases} \tag{9.32}$$

式(9.32)是按地区和性别划分、以年龄为离散变量、随时段演变的人口发展模型,其右端包括从 k 年到 $k+1$ 年人口发展的 3 个因素:由存活率构成的矩阵 $\boldsymbol{s}_j^l(k)$ 表述人口随年龄增长的演变;由总和生育率、生育模式构成的 $\boldsymbol{\beta}_j^w(k)$ 和矩阵 $\boldsymbol{H}_j^w(k)$ 表述人口生育形成

的演变;由农村向城市的人口迁移向量$v_l(k)$引起的演变. 式(9.32)是$4n$阶差分方程组,因生育过程使得女性人口出现在男性人口的方程中,形成了耦合作用.

4. 参数估计

在利用模型(9.32)按照时段(年)进行递推,预测人口的演变过程时,应先确定存活率、生育率及迁移向量等参数,并且需要根据不同地区、性别和各年龄人口在k年的这些参数及人数,才能计算$k+1$的人口数量. 所以为了预测人口的增长,需要先估计这些参数在未来时段的数值.

存活率的估计　依据常识可知,死亡率与年龄的关系很大,与地区、性别和时间的关系较小. 中国过去几十年死亡率降低较快,从长期看仍需考虑死亡率的持续下降,而短期则可近似地认为不变. 所以在做中短期预测时,可以将过去若干年不同地区、性别和各年龄人口的死亡率简单地加以平均,作为模型中的死亡率参数. 做长期预测时,则可利用统计方法对历史数据加以处理,并参考发达国家人口死亡率的演变过程给出估计值.

存活率按照定义由死亡率算出.

生育率的估计　从20世纪80年代以来,随着计划生育政策的实施,中国女性生育率已在持续下降以后大致保持稳定,所以在做中短期预测时也可以将过去若干年不同地区、各年龄女性人口的生育率简单地加以平均,作为模型中的生育率参数. 这时应将模型(9.32)中的$\beta_j^w(k)h_j^w(i,k)$还原回式(9.26)的$b_j^w(i,k)$(见式(9.28)).

做长期预测时,不妨设定几个不同水平的总和生育率β_j^w(不考虑随时段k的变化),分别计算. 至于生育模式$h_j^w(i)$(也不考虑k的变化),可以采用概率论中的伽马分布

$$h_j^w(i)=\frac{1}{2^{n/2}\Gamma(n/2)}(i-i_1)^{(n/2-1)}\mathrm{e}^{-(i-i_1)/2},n=i_c-i_1+2,i_1\leqslant i\leqslant i_2 \tag{9.33}$$

其中i是生育高峰的年龄. 如根据数据文件6-1给出的数据,有$i_1=15$,$i_2=49$,城市的i_c为25,农村的i_c为23. 于是对城市可设$h_1^w(i)=\frac{1}{7\,680}(i-15)^5\mathrm{e}^{-(i-15)/2}$　$(15\leqslant i\leqslant 49)$. 模型(9.32)中的出生婴儿性别比参考近年公开发表的出生婴儿性别比资料.

人口迁移的估计　需要从两个方面进行估计,一是每年农村向城市迁移的人口总数可以按照城镇化率的增长来估算,二是迁移人口的年龄、性别分布也需要考虑.

记$X_1(k)$,$X_2(k)$,$X(k)$分别为k年全国的城镇人口、农村人口和总人口,则

$$X_j(k)=\sum_{l=m,w}\sum_{i=0}^{n}x_j^l(i,k),X(k)=X_1(k)+X_2(k). \tag{9.34}$$

城镇化率定义为城镇人口占全国人口的比例,记作 $\alpha(k)=\dfrac{X_1(k)}{X_2(k)}$, $\alpha(k)$可以用合适的模型描述,并根据历史数据对 $\alpha(k)$进行预测. k 年农村向城市迁移的人口总数记作

$$V(k)=\sum_{l=m,w}\sum_{i=0}^{n}v^l(i,k),$$

可用城镇化率的增长估计为

$$V(k)=[\alpha(k)-\alpha(k-1)]X(k). \tag{9.35}$$

对于迁移人口的年龄、性别分布,因为难以得到全国的数据,可以用典型城市的资料代替,得到 i 岁、性别 l 迁移人口占总数的比例 $c^l(i,k)$,则农村向城市迁移的人口数量 $v^l(i,k)$为

$$v^l(i,k)=c^l(i,k)V(k),\ \sum_{l=m,w}\sum_{i=0}^{n}c^l(i,k)=1. \tag{9.36}$$

5. 模型求解

在确定存活率、生育率及迁移向量等参数后,选定初始年份即可利用模型(9.32)进行递推,对于任意年份 k,得到 i 岁、地区 j、性别 l 的人口数量 $x_j^l(i,k)$,它全面、完整地描述了人口的演变过程. 而为了简明、方便的需要,通常采用一些人口指数来集中反映一个国家或地区的人口特征,主要有:

人口总数　记作 $X(k)$,见式(9.34).

平均年龄　记作 $R(k)$,是年龄 i 对人口数量 $x_j^l(i,k)$的加权平均,即

$$R(k)=\frac{1}{X(k)}\sum_{l=m,w}\sum_{j=1}^{2}\sum_{i=0}^{n}ix_j^l(i,k). \tag{9.37}$$

平均寿命　记作 $S(k)$,是按 k 年的死亡率计算的 k 年出生人口的平均存活时间有

$$S(k)=\sum_{l=m,w}\sum_{j=1}^{2}\sum_{r=0}^{n}\exp\left(-\sum_{i=0}^{n}d_j^l(i,k)\right). \tag{9.38}$$

老龄化指数　记作 $w(k)$,是平均年龄与平均寿命之比,即

$$w(k)=\frac{R(k)}{S(k)}. \tag{9.39}$$

抚养指数　记作 $\rho(k)$, a 是每个劳动力人口平均抚养的(无劳动力)人数. 设劳动力年龄区间男性为$[i_{m1},i_{m2}]$,女性为$[i_{w1},i_{w2}]$,记劳动力人数为 $L(k)$,则

$$L(k)=\sum_{j=1}^{2}\left(\sum_{i=i_{m1}}^{i_{m2}}x_j^m(i,k)+\sum_{i=i_{w1}}^{i_{w2}}x_j^w(i,k)\right),\ \rho(k)=\frac{X(k)-L(k)}{L(k)}. \tag{9.40}$$

其他如 60 岁、65 岁以上人口比例可以类似式(9.40)计算.

习题 9

1. 解释公式 $x_k = x_0\,(1+r)^k$ 是公式(9.2)的离散近似形式.

2. 求解连续型阻滞增长模型(9.5)的解,分析参数对解的影响,并解释实际意义.

3. 求解差分格式的阻滞增长模型(9.13)的解,分析参数对解的影响,并解释实际意义.

4. 查资料,寻求其他的参数估计方法以便估计指数增长模型(9.2)中的参数.

5. 参考《中国人口统计年鉴》,结合二胎政策对中国人口的增长进行预测.

第 10 章

传染病模型

10.1 问题背景

古往今来,人类经历过无数次传染病的侵袭,其中有些传染病特别严重,甚至夺去了数以千万的生命.传染病历来是人类健康的大敌,传染病的流行给人类生存带来了巨大的灾难.公元 1519 ~ 1530 年间麻疹等传染病的流行,使墨西哥的印第安人从 3 000 万下降到 300 万.使人闻之色变的黑死病(淋巴腺鼠疫)在中世纪,暴发了很多次,流行于整个亚洲、欧洲和非洲北部.黑死病的大面积暴发,对整个欧洲社会产生了深远影响,甚至改变了欧洲的历史进程. 1918 年大流感席卷全球,共导致 10 亿人感染,感染人数约占当时全球人口的 59%,半年内死亡人数超过 5 000 万,超过第一次世界大战死亡的人数.

人们通过各种手段与方法,试图找出有效的预防与治疗方案,希望能够控制住传染病.在众多的研究方法中,为传染病的发生模式建立数学模型是一种方法.不同类型传染病的传播过程有其各自不同的特点,搞清楚这些特点需要相当多的病理知识,这里不可能从医学的角度来分析各种传染病的传播,而是按照一般的传播机理建立数学模型.通过数学模型了解传染病的传播过程,探索预防、控制传染病蔓延的基本手段.

10.2 传染病模型的发展

通过数学模型研究传染病的做法,最早可以追溯到 18 世纪初. 1760 年,数学家丹尼尔·伯努利利用数学模型对天花的传播进行了定量描述. 1927 年,Kermack 与 McKendrick 创立了"SIR 仓室"模型,一直到现在仍然被广泛使用并且不断发展.根据人群分类不同,就构造出不同类型的传染病模型,下面介绍常见的传染病模型有 SI、SIS、SIR 模型.

1. 指数模型

设时刻 t 的病人人数 $I(t)$ 是连续、可微函数,并且每天每个病人有效接触(足以使人得病的接触)的人数为常数 β,考察 t 到 $t+$

Δt 这段时间内病人人数的增加,就有

$$I(t+\Delta t)-I(t)=\beta I(t)\Delta t,$$

考虑当 $t=0$ 时,有 I_0 个病人,即得微分方程的初值问题

$$\frac{\mathrm{d}I}{\mathrm{d}t}=\beta I, I(0)=I_0. \tag{10.1}$$

方程(10.1)的解为

$$I(t)=I_0\mathrm{e}^{\beta t}. \tag{10.2}$$

结果表明:随着时间 t 的增加,病人人数 $I(t)$ 无限增加,这显然不符合实际.其原因是在病人有效接触的人群中,既有健康人又有病人,而只有健康人才可以被感染为病人.

2. SI 模型

假设在疾病传播期间所考虑地区的总人数 N 不变,既不考虑生死,也不考虑迁移.人群可以分为易感者和染病者两类.

易感者类 其数量记为 $S(t)$,表示 t 时刻未染病但有可能被该类疾病传染的人数占总人数的比例.

染病者类 其数量记为 $I(t)$,表示 t 时刻已被感染成病人而且具有传染力的人数占总人数的比例.

每个病人每天有效接触的平均人数为常数 β,β 称为**日接触率**,也称为**感染率**.当病人与易感者有效接触时,使易感者受感染变成病人.

根据假设,每个病人每天可使 $\beta S(t)$ 个健康者变成病人,因为病人总数为 $NI(t)$,所以每天共有 $\beta NS(t)I(t)$ 个健康者被感染,于是 $\beta NS(t)I(t)$ 就是病人数的增加率,即

$$N\frac{\mathrm{d}I}{\mathrm{d}t}=\beta NSI. \tag{10.3}$$

又因为 $S(t)+I(t)=1$,所以

$$\frac{\mathrm{d}I}{\mathrm{d}t}=\beta I(1-I), I(0)=I_0. \tag{10.4}$$

模型(10.4)是 Logistic 模型,它的解为:

$$I(t)=\frac{1}{1+\left(\frac{1}{I_0}-1\right)\mathrm{e}^{-\beta t}}. \tag{10.5}$$

由式(10.4)和式(10.5)可知:当 $I=\frac{1}{2}$ 时,$\frac{\mathrm{d}I}{\mathrm{d}t}$ 达到最大值.这个时刻为

$$t_m=\beta^{-1}\ln\left(\frac{1}{I_0}-1\right). \tag{10.6}$$

这时病人增加最快,预示着传染病高潮的到来,是医疗卫生部门关注的时刻.t_m 与 β 成反比,因为日接触率 β 表示该地区的卫生水平,β 越小说明卫生水平越高.所以改善保健设施,提高卫生水平可以推迟传染病高潮的到来.另外,当 $t\to+\infty$ 时,$I\to1$,这表明所有

人最终将被传染，全感染为病人，这不符合实际情况. 其主要原因在于该模型中没有考虑到病人可以治愈，人群中的健康者只能变成病人，病人不会变成健康者. 在下面模型中，考虑病人可以治愈情况.

3. SIS 模型

假设在疾病传播期间所考虑地区总人数 N 不变，人群仍然分为易感者和染病者两类. 有些传染病如伤风、痢疾等治愈后免疫力很低，可以假设无免疫性，于是病人被治愈后又变成易感染者（健康者），健康者还可以被感染变成病人，该模型称为 SIS 模型. 在 SI 模型假设基础上，再假设每天被治愈的病人数占病人总人数的比例为常数 μ，称为**日治愈率**. 病人治愈后成为仍可被感染的健康者. 显然，$1/\mu$ 是这种传染病的**平均传染期**. SI 模型修正后的 SIS 模型为

$$N\frac{\mathrm{d}I}{\mathrm{d}t}=\beta NSI-\mu NI. \tag{10.7}$$

即

$$\frac{\mathrm{d}I}{\mathrm{d}t}=\beta I(1-I)-\mu I, I(0)=I_0. \tag{10.8}$$

记

$$\sigma=\frac{\beta}{\mu}, \tag{10.9}$$

注意到 β 和 $1/\mu$ 的意义，可知 σ 表示整个传染期内每个病人有效接触的平均人数，称为**接触数**. 式(10.8)可以写成

$$\frac{\mathrm{d}I}{\mathrm{d}t}=-\beta I\left(I-\left(1-\frac{1}{\sigma}\right)\right), I(0)=I_0. \tag{10.10}$$

由方程(10.10)可以画出 $\frac{\mathrm{d}I}{\mathrm{d}t}\sim I$ 的图形，如图 10-1 和图 10-2 所示，可画出 $I\sim t$ 的图形如图 10-3 和图 10-4 所示.

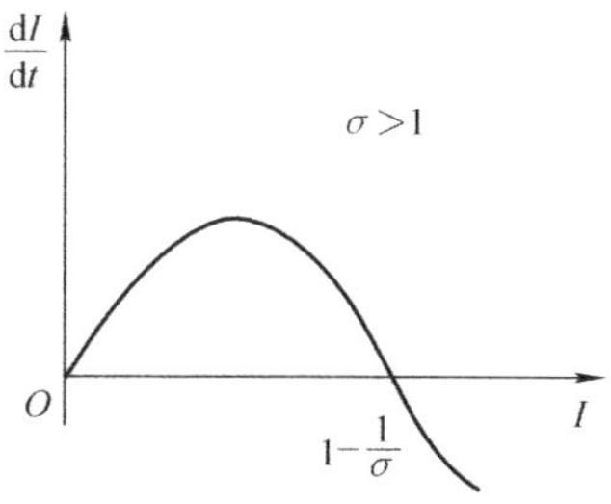

图 10-1　SIS 模型的 $\frac{\mathrm{d}I}{\mathrm{d}t}\sim I$ 曲线（$\sigma>1$）

由此可知，接触数 $\sigma=1$ 是一个阈值. 如果 $\sigma>1$，当初始值 $I_0<1-\frac{1}{\sigma}$ 时，$I(t)$ 单调增加；当初始值 $I_0>1-\frac{1}{\sigma}$ 时，$I(t)$ 单调减少，但其极限值都为 $I(\infty)=1-\frac{1}{\sigma}$，$I(\infty)$ 随 σ 的增加而增加. 如果 $\sigma\leqslant 1$，那么病人比例 $I(t)$ 越来越小，最终趋于零. 这是由于在传染期内经过有效接触而使健康者变成病人数不超过原来的病人数.

4. SIR 模型

假设在疾病传播期间所考虑地区总人数 N 不变，人群分为易感者、染病者与移除者三类. 不少传染病如天花、流感、麻疹等经过治愈后均有很强的免疫力，所以治愈的病人既不是健康者（易感者），也不是病人（已感染者），他们退出传染系统称为移出者.

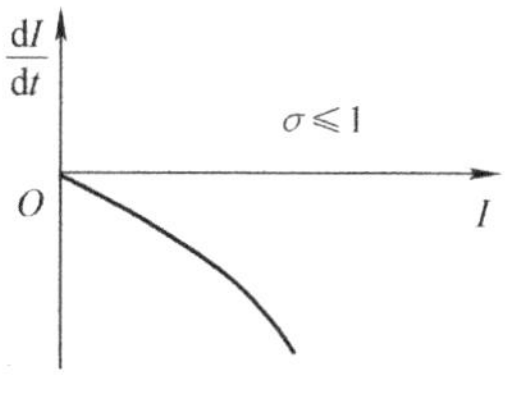

图 10-2　SIS 模型的 $\frac{\mathrm{d}I}{\mathrm{d}t}\sim I$ 曲线（$\sigma\leqslant 1$）

移出者类　其数量记为 $R(t)$，表示 t 时刻已从染病者类移出的人数. 根据假设总人数不变，则

$$S(t)+I(t)+R(t)=1.$$

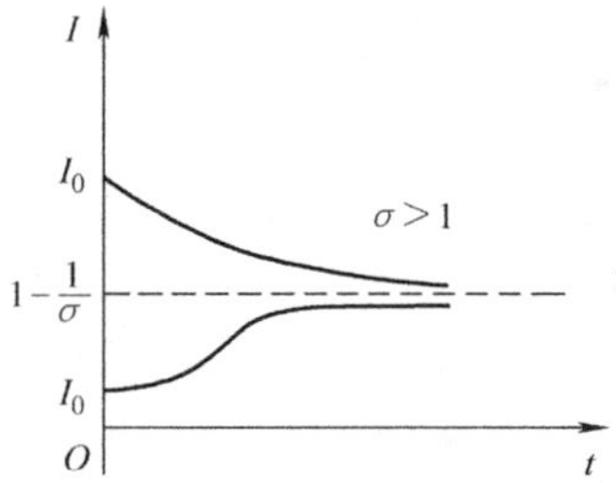

图 10-3 SIS 模型的 $I(t)$ 曲线($\sigma>1$)

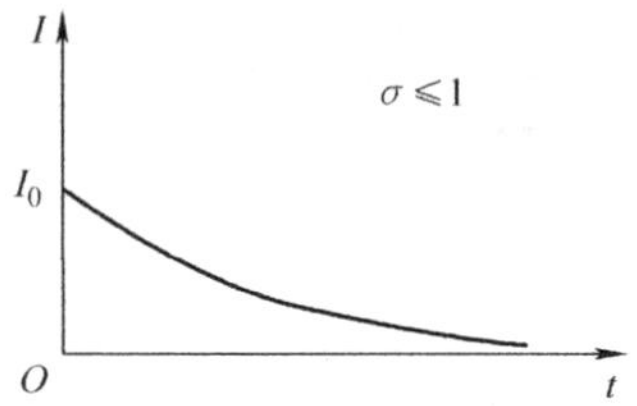

图 10-4 SIS 模型的 $I(t)$ 曲线($\sigma\leqslant1$)

根据参数日接触率与日治愈率的定义,有

$$\begin{cases} N\dfrac{\mathrm{d}I}{\mathrm{d}t}=\beta NSI-\mu NI, \\ N\dfrac{\mathrm{d}R}{\mathrm{d}t}=\mu NI. \end{cases}$$

考虑到初始条件有

$$\begin{cases} \dfrac{\mathrm{d}S}{\mathrm{d}t}=-\beta SI, S(0)=S_0>0, \\ \dfrac{\mathrm{d}I}{\mathrm{d}t}=\beta SI-\mu I, I(0)=I_0\geqslant 0. \end{cases} \tag{10.11}$$

这就是著名的 SIR 仓室模型. 方程(10.11)无法求出 $S(t)$ 和 $I(t)$ 的解析解. 我们先做数值计算. MATLAB 代码为:

```
function dy = rigid(t,y)
        dy = zeros(2,1);
        a =1;
        b =0.3;
        dy(1) =a* y(1).* y(2) -b* y(1);
        dy(2) = -a* y(1).* y(2);

ts =0:.5:50;
x0 =[0.02,0.98];
[T,Y] =ode45('rigid',ts,x0);
% plot(T,Y(:,1),'-',T,Y(:,2),'* ')
plot(Y(:,2),Y(:,1),'k--')
xlabel('S')
ylabel('I')
```

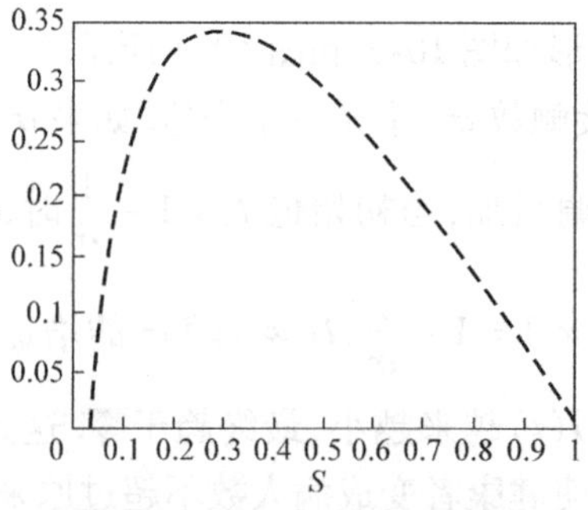

图 10-5 SIR 模型的相轨线

执行命令画出图像,如图 10-5 所示,$S\sim I$ 图形称为相轨线,图 10-6是 $S(t)$,$I(t)$ 的数值解. 由图 10-6 可以看到,病人比例先增加,达到峰值,然后减少. 这个峰值的纵坐标表示病人达到的最大比例,病人数量最多,因此横坐标表示传染病暴发的时刻. 这个峰值能刻画传染病传播的强度与速度.

参数感染率与治愈率是影响传播的重要参数. 通过图 10-7,可得降低感染率和提高治愈率可以有效地预防与控制传染病. 控制传

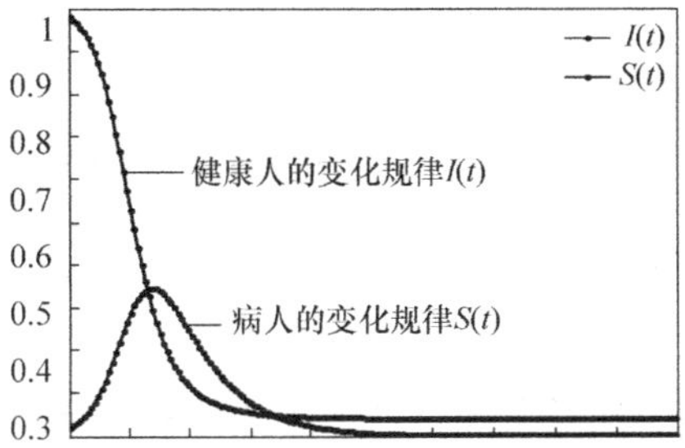

图 10-6　SIR 模型的数值解

染病的另一个途径就是通过提高 r_0，也就是预防接种使得群体免疫来实现.

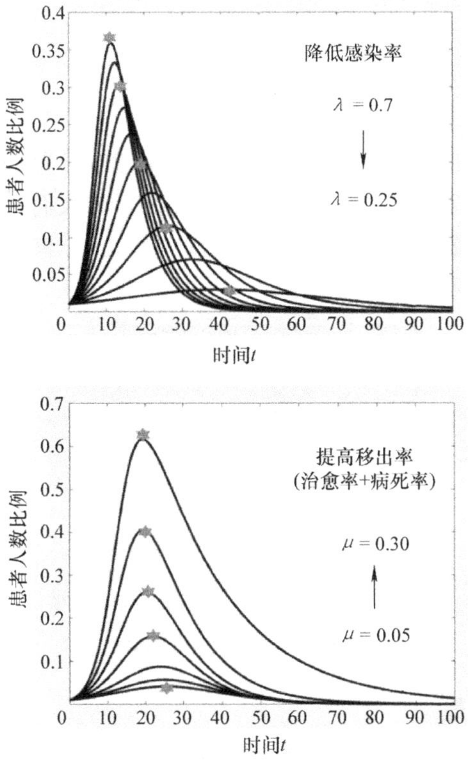

图 10-7　参数感染率与移出率对患者的影响

相轨线分析　$S \sim I$ 平面称为相平面，相轨线在相平面上的定义域为

$$D = \{(S,I) \mid S \geqslant 0, I \geqslant 0, S + I \leqslant 1\}. \tag{10.12}$$

由式(10.11)的第一个方程，有 $\frac{\mathrm{d}S}{\mathrm{d}t} < 0$，$S(t)$ 单调递减且有下界，故 $\lim\limits_{t \to \infty} S(t)$ 存在，记为

$$\lim_{t \to \infty} S(t) = S_\infty.$$

由式(10.11)两个方程相除，可得

$$\frac{\mathrm{d}I}{\mathrm{d}S}=-1+\frac{1}{\sigma S}. \tag{10.13}$$

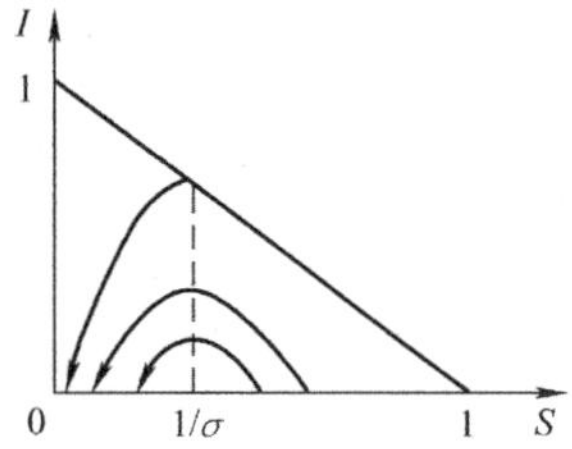

图 10-8　SIR 模型的相轨线

当 $S<\frac{1}{\sigma}$时，$\frac{\mathrm{d}I}{\mathrm{d}S}>0$；$S>\frac{1}{\sigma}$时，$\frac{\mathrm{d}I}{\mathrm{d}S}<0$，所以 $S=\frac{1}{\sigma}$时，I 达到极大值，从而不难在相平面 SI 上画出系统(10.11)的轨线分布图，如图 10-8 所示.

利用图形的可视化把数学问题翻译成实际问题. 易得$\lim\limits_{t\to\infty}I(t)=0$，即所有的病人最终会治愈；而当 $S_0\leqslant\sigma^{-1}$时，$I(t)$单调下降趋于零；$S_0>\sigma^{-1}$时，$I(t)$先单调上升到最高峰，然后再单调下降趋于零. 所以这里仍然出现了门槛现象，σ^{-1}是一个门槛. 从 σ^{-1}的意义可知，提高卫生水平与医疗水平，可以控制传染病的蔓延，这与数值结果、实际情况是吻合的.

10.3 SARS 的预测

2003 年 SARS 暴发，蔓延到 30 多个国家，因为是新型的病毒，一开始人们对它未知，一些医务人员死亡，引起人们的恐慌. 国家高度重视，采取强有力的措施，全民团结一致，抗击非典，终于赢得了这场战争的胜利(见图 10-9).

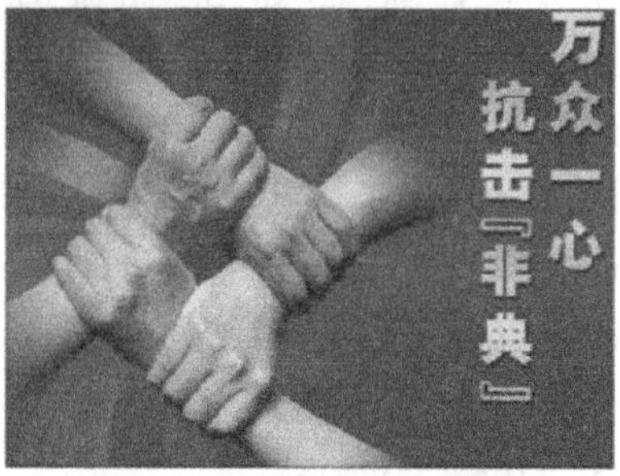

图 10-9　全民抗击 SARS

1. 提出问题

SARS 是 21 世纪第一个在世界范围内传播的传染病，SARS 的暴发和蔓延给部分国家和地区的经济发展和人民生活带来了很大影响，人们从中得到了许多重要的经验和教训，认识到定量地研究传染病的传播规律、为预测和控制传染病蔓延创造条件的重要性. 2003 年全国大学生数学建模组委会出了 SARS 的赛题，请你对 SARS 的传播建立数学模型，要求说明怎样才能建立一个真正能够预测以及能为预防和控制提供可靠、足够的信息的模型，这样做的困难在哪里？并对疫情的传播所造成的影响做出估计.

2. 建立模型

2003 年 SARS 在我国暴发初期，限于卫生部门和公众对这种疾病的认识，使其处于几乎不受制约的自然传播形式，后期随着卫生部门预防和治疗手段的不断加强，SARS 的传播受到严格控制. 虽然影响这个过程的因素众多，也不只有健康人、患者、移除者 3 类人群，但是仍然可以用愈后免疫的 SIR 模型来描述，并且越复杂的模型包含的参数越多，为确定这些参数所需要的疫情数据就越全面，而当时实际上能够得到的数据是有限的.

为了计算的方便，在总人数不变的条件下用 $s(t)$，$i(t)$，$r(t)$ 分别表示第 t 天健康人、患者、移出者的数量，移出者是治愈者与死亡者的和. $\lambda(t)$，$\mu(t)$ 分别表示第 t 天的感染率和移出率. SIR 模型修正为如下的参数时变方程：

$$\frac{\mathrm{d}s}{\mathrm{d}t}=-\lambda(t)s(t)i(t), \tag{10.14}$$

$$\frac{\mathrm{d}i}{\mathrm{d}t}=\lambda(t)s(t)i(t)-\mu(t)i(t), \tag{10.15}$$

$$\frac{\mathrm{d}r}{\mathrm{d}t}=\mu(t)i(t). \tag{10.16}$$

由于 s 远大于 i 和 r，$s(t)$ 几乎是常数，所以方程(10.15)可以简化为

$$\frac{\mathrm{d}i}{\mathrm{d}t}=\lambda'(t)i(t)-\mu(t)i(t). \tag{10.17}$$

下面用方程(10.16)和方程(10.17)研究 SARS 的传播.

3. 参数估计与拟合

表 10-1　2003 年北京市 SARS 疫情数据

日期	已确诊病例累计	现有疑似病例	死亡累计	治愈出院累计
4 月 20 日	339	402	18	33
4 月 21 日	482	610	25	43
4 月 22 日	588	666	28	46
4 月 23 日	693	782	35	55
4 月 24 日	774	863	39	64
4 月 25 日	877	954	42	73
4 月 26 日	988	109 3	48	76
⋮	⋮	⋮	⋮	⋮
6 月 28 日	119 9	127 5	59	78

首先对表 10-1(扫二维码)提供的数据进行预处理：第 1 列日期从 $t=1$ 开始到 $t=65$ 天为止，第 4 列死亡累计和第 5 列治愈出院累计之和是移除者数量 $r(t)$. 第 2 列已确诊病例累计减去 $r(t)$ 是患者数 $i(t)$，原始数据 $i(t)$，$r(t)$ 如图 10-10 所示，可以看出，在 $t=25$ 天左右 SARS 的传播达到高潮，也就是此时患者数最多.

为了估计感染率 $r'(t)$ 和移除率 $\mu(t)$，取 $r(t)$，$i(t)$ 的差分 $\Delta r(t)$，$\Delta i(t)$ 作为式(10.16)和式(10.17)左端导数的近似值. 先用式(10.16)估计 $\mu(t)=\Delta r(t)/i(t)$，再将这个结果代入式(10.17)得 $\lambda'(t)=(\Delta i(t)+\Delta r(t))/i(t)$. $\lambda'(t)$ 与 $\mu(t)$ 如图 10-11 中的圆点所示，可以看出感染率迅速下降，$t=15$ 天以后已经很小，说明疫情

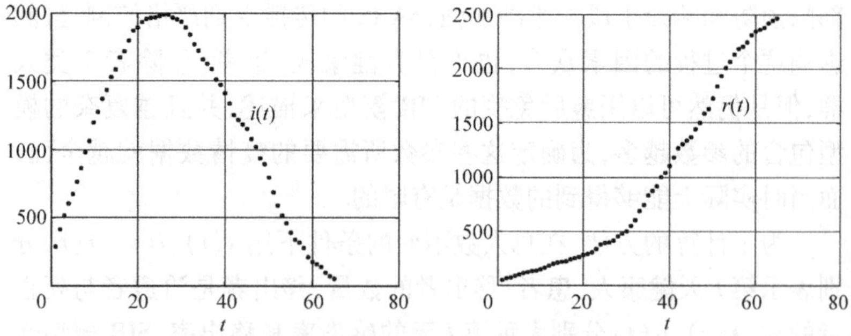

图 10-10　原始数据的患者数 $i(t)$ 和移除者数 $r(t)$

传播得到了有力制约；移除率在 $t=40$ 天之前变化不大，以后上升较快，表明经过约 1 个月的治疗期后，大量患者被治愈.

为了求解并检验模型，用 $\lambda'(t)$ 与 $\mu(t)$ 的部分数据拟合这两条曲线图，图 10-11 中圆点的变化趋势表明，用指数函数作拟合比较合适. 对 $\lambda'(t)$ 用 $t=1\sim20$ 的数据拟合的结果是 $\hat{\lambda}(t)=0.2612\mathrm{e}^{-0.1160t}$. 对 $\mu(t)$ 用 $t=20\sim50$ 的数据拟合的结果 $\hat{\mu}(t)=0.0017\mathrm{e}^{-0.0825t}$，这两条拟合指数曲线在图 10-11 中用实线表示，拟合效果较好.

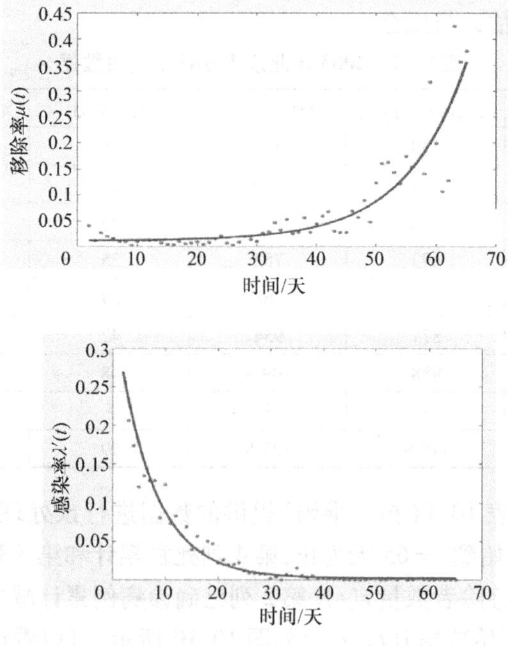

图 10-11　感染率 $\lambda'(t)$ 和移除率 $\mu(t)$ 的估计和拟合

4. 模型求解与检验

将拟合得到的 $\lambda'(t)$ 和 $\mu(t)$ 代入式(10.16)和式(10.17)，得到的是可分离变量的方程组，不过其解析解比较复杂，我们仍求 $i(t)$ 与 $r(t)$ 的数值解，结果如图 10-12 实线所示，与 $i(t)$ 的原始数据(图中圆点)比较,$i(t)$的计算值与前期吻合度较好,后期数据整体较小,且 $t=50$ 后下降过快,在模型构造、参数拟合等方面仍需进一步改进.

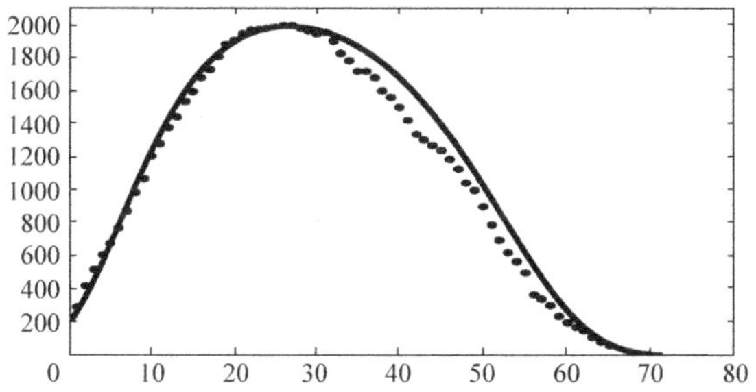

图 10-12　$i(t)$ 预测数据与原始数据的比较

在 SARS 暴发期间,科技部召开的第三次新闻发布会上就指出,科技攻关组借助 SIR 模型,利用有限的数据,就对疫情进行了实证分析和中长期预测,预测到 5 月中下旬患者数会快速下降,6 月初患者数降到个位数,当年高考如期举行. 在这次战争中,科研人员也与“瘟神”赛跑,用数值模拟疫情的发展,助力疫情防控.

10.4 艾滋病疗法的评价与预测

1. 问题背景

艾滋病的医学全名为“获得性免疫缺损综合征”,英文简称 AIDS,它是由艾滋病毒(医学全名为“人体免疫缺陷病毒”,英文简称 HIV)引起的. 人类免疫系统的 CD4 细胞在抵御 HIV 的入侵中起着重要作用,当 CD4 被 HIV 感染而裂解时,其数量会急剧减少,HIV 将迅速增加,导致艾滋病发作. 在 HIV 感染过程中,病毒以活动和静止两种状态存在于宿主细胞里. 含有静止期病毒的细胞一旦被激活,发展成为成熟的 HIV 病毒,成熟的 HIV 再感染新的细胞. 随着病毒的复制和繁殖,在机体免疫系统起重要作用的 CD4 细胞数量逐渐减少. HIV 感染后出现的动态进展过程包含着不同的发展阶段,如图 10-13 所示.

一般在未治疗的情况下,AIDS 从感染到发作的平均时间为 10 年,但是不同病人的差异较大,临床上可观测到 2 ~ 18 年的潜伏期. 当 HIV 携带者的 CD4 降到 $200/\text{mm}^3$ 时,随着免疫力的降低,人体会越来越频繁和严重地感染上各种致病微生物,最终会因各种复合感染而死亡. AIDS 是当前人类社会严重的疾病之一.

2. 提出问题

人们一直在艾滋病的研究、预防、治疗等各个领域进行着不懈的努力,数学建模作为一种处理问题的方法,也发挥着重要作用. 全

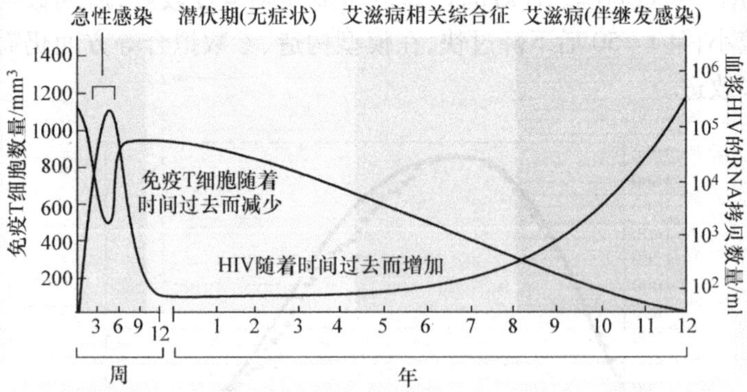

图 10-13　艾滋病感染的临床过程

国大学生数学建模组委会选取"艾滋病疗法的评价及疗效的预测"作为2006年全国大学生数学建模竞赛B题.

艾滋病治疗的目的是尽量减少人体内HIV的数量,同时产生更多的CD4,至少要有效地降低CD4减少的速度,以提高人体免疫能力.迄今为止,人类还没有找到能根治AIDS的方法.题目给出了美国艾滋病医疗试验机构公布的数据如表10-2所示(扫二维码有数据),问题一要求利用ACTG320数据,预测继续治疗的效果,或者确定最佳治疗终止时间(继续治疗指在测试终止后继续服药,如果认为继续服药效果不好,则可选择提前终止治疗).本节参考文献[2]只对问题一的建模进行介绍.

表 10-2　服用3种药物的300多名患者每隔几周测试的CD4和HIV浓度

患者序号	CD4时间/周	CD4浓度	HIV时间/周	HIV浓度
23424	0	178	0	5.5
	4	228	4	3.9
	8	126	8	4.7
	25	171	25	4
	40	99	40	5
23425	0	14	0	5.3
	4	62	4	2.4
	9	110	9	3.7
	23	122	23	2.6
	40	320		
⋮	⋮	⋮	⋮	⋮

3. 数据分析与处理

查阅相关资料可知,目前对AIDS的治疗以针对HIV的高效抗逆转录病毒疗法为主.临床上需要改变治疗方案的原因有:最新临床试验结果提示,感染者正在使用的不是最佳治疗方案.感染者虽然采用高效的治疗方案,但CD4细胞数量继续下降;患者有临床进展表现或严重的副作用,使之难以坚持治疗.艾滋病疗法的评价标准是降低HIV病毒,提升CD4细胞.治疗过程中如果HIV不再降低,CD4不再升高,就应及时终止治疗,否则可以继续治疗.

分析数据文件可知，大多数是一位病人在 5 或 6 个时间点的测试记录，如果测试时间点过少（只有 2 个或 3 个），可将该患者删除．根据前后记录可辨别的、明显错误的数据删除．为了利用 ACTG320 数据预测治疗效果或确定治疗终止时间，随机选取若干患者画出 CD4 和 HIV 浓度变化图形，如图 10-14 所示，可以发现，CD4 浓度大致有先增后减的趋势，HIV 浓度有先减后增的趋势，启示我们应建立浓度对时间的二次回归模型：

$$y = b_0 + b_1 t + b_2 t^2 \tag{10.18}$$

式中，y 是 CD4（或 HIV）浓度，t 是时间．

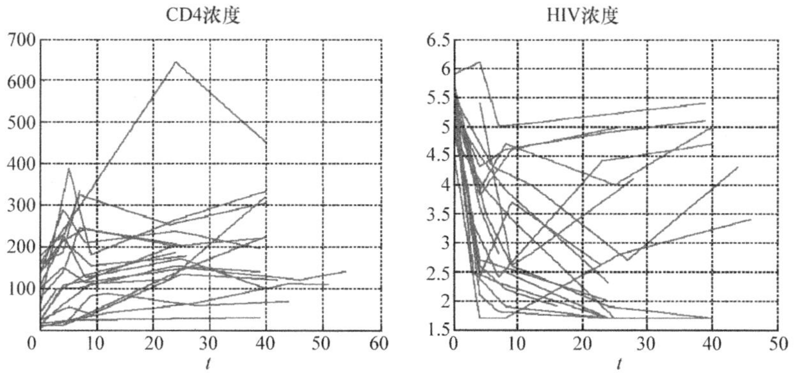

图 10-14　20 个患者的 CD4 和 HIV 浓度变化

4. 总体回归模型

ACTG320 数据给出的每位病人的测试时间并不完全相同，即样本点测试的时间不同；可以用插值方法，将每一位病人的测试时间统一到第 0 周、第 4 周、第 8 周、第 24 周和第 40 周．如表 10-3 所示，这时候每位患者的数据结构一致．

表 10-3　数据处理后患者测试的 CD4 和 HIV 浓度

患者序号	CD4 时间/周	CD4 浓度	HIV 时间/周	HIV 浓度
23424	0	178	0	5.5
	4	228	4	3.9
	8	126	8	4.7
	24	168	24	4.04
	40	99	40	5
23425	0	14	0	5.3
	4	62	4	2.4
	8	100.4	8	3.44
	24	133.6	24	2.52
	40	320	40	1.7
⋮	⋮	⋮	⋮	⋮

艾滋病治疗的目的，是尽量减少人体内 HIV 的数量，同时产生更多的 CD4，至少要降低 CD4 减少的速度，计算出 300 多名病人第 0 ~ 4 周、第 4 ~ 8 周、第 8 ~ 24 周、第 24 ~ 40 周 CD4 浓度的平均变化量、HIV 浓度的平均变化量，如表 10-4 所示．

表 10-4　不同时间段 CD4 浓度和 HIV 浓度的平均变化量

时间段/周	CD4 浓度的平均变化量	HIV 浓度的平均变化量
0—4 周	46.486 37	-1.788 37
4—8 周	23.155 98	-0.318 14
8—24 周	20.362 49	-0.113 75
24—40 周	14.992 92	0.151 2

由表 10-4 可知，从平均的角度而言，第 0—4 周的治疗效果是最好的，CD4 浓度增加较快，HIV 浓度下降较快；随着时间的推移，治疗的效果慢慢减弱，CD4 浓度增加缓慢，HIV 浓度减少缓慢；到第 24 ~ 40 周时，虽然 CD4 浓度仍在上升，但 HIV 浓度不再降低，开始上升，说明治疗已经失效，考虑停止服药.

为了得到最佳治疗终止时间，利用表 10-4 中数据建立 CD4 浓度平均变化量与时间 t 的二次回归模型. 同理可以建立 HIV 浓度平均变化量与时间 t 的二次回归模型. 如图 10-15 所示，大致在 25 ~ 30 周终止治疗，也就是病人同时服用问题一的 3 种药物，艾滋病治疗方式在半年内有效. 因为只有 4 个时间点的测试记录，数据量过少使得每个模型的回归系数估计的精度都较低，因此这个总体回归模型可靠性不高.

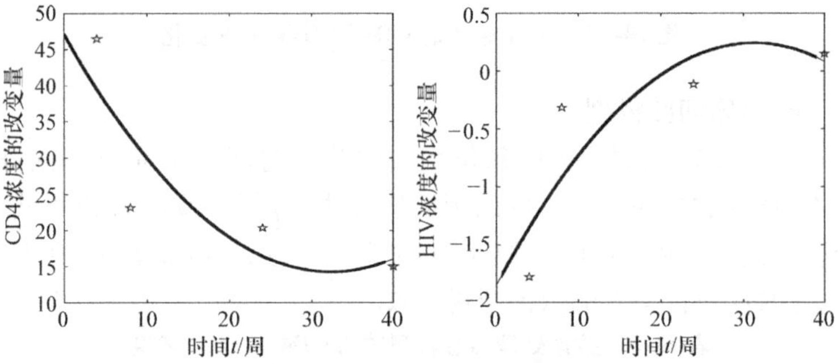

图 10-15　总体回归模型 CD4 和 HIV 浓度的二次曲线图

为了减少信息的丢失，可以修正总体回归模型. 全部数据 t_{ij}, y_{ij} 是 300 多名患者在若干时间点上的 CD4 浓度，观察发现，多数患者的测试时间点是 0，4，8，24，…，40，少数患者是 5，9，23，…，还有其他一些个别的时间点. 在这些时间点上对 CD4 浓度取平均后，有的是上百个患者的平均浓度，也有的是几个患者的平均浓度，用这些平均值与用原始数据得到的回归系数可能会有较大的差别. 但是可以根据出现的频数构造权函数，用加权后的平均值作普通的最小二乘拟合，得到的总体回归模型的精度与可靠性将大大提高.

5. 纵向数据回归模型

总体回归模型忽略患者之间的差异，随机取 3 位患者的 CD4 浓度拟合二次回归模型，如图 10-16 所示，可以发现，彼此差异较大. 下面建立考虑患者个体差异的纵向数据回归模型.

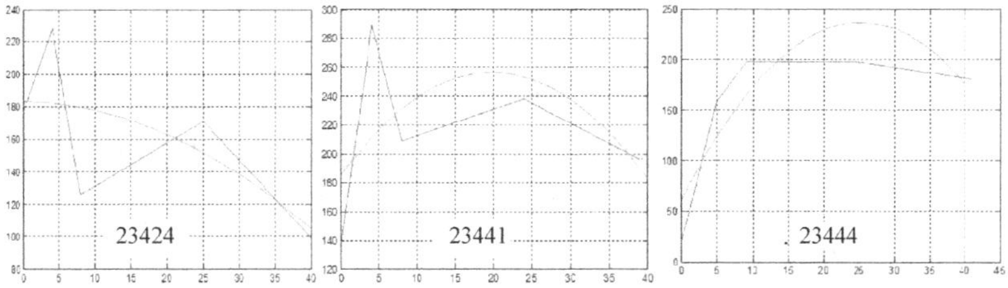

图 10-16　3 个患者 CD4 浓度拟合的二次回归曲线(折线为原始数据)

分别用 t_{ij},y_{ij}表示表 10-2 中第 i 个患者第 j 次测量的时间(单位:周)和 CD4 浓度,写出 y_{ij}对 t_{ij}的二次回归函数

$$y_{ij} = b_{0i} + b_{1i}t_{ij} + b_{2i}t_{ij}^2 + \varepsilon_{ij}, i = 1, \cdots, n, j = 1, \cdots, n_i \quad (10.19)$$

式中,b_{0i},b_{1i},b_{2i}是回归系数,ε_{ij}是随机误差,假定服从零均值、方差为常数 σ^2 的正态分布,n 是患者数,n_i 是第 i 个患者的测量次数. 需要注意的是,与总体的回归模型相比,模型(10.19)的 b_{0i},b_{1i},b_{2i}多了下标 i,用于描述不同患者的 CD4 浓度具有不同的二次曲线系数,它们也应视为随机变量.

为了将患者整体 CD4 浓度的二次曲线系数从 b_{0i},b_{1i},b_{2i}中分离出来,令

$$b_{ki} = b_k + \eta_{ki}, k = 0, 1, 2. \quad (10.20)$$

式中,b_k 是患者整体的固定效应系数(与哪位患者无关),η_{ki}是随患者 i 变化的随机效应系数,假定服从均值为零、方差为常数 d_k^2 的正态分布,且 η_{ki}之间(对 k)相互独立.

将式(10.19)代入式(10.20)得到回归系数分解后的纵向数据回归模型:

$$y_{ij} = b_0 + b_1 t_{ij} + b_2 t_{ij}^2 + \eta_{0i} + \eta_{1i}t_{ij} + \eta_{2i}t_{ij}^2 + \varepsilon_{ij}, \quad (10.21)$$

记

$$\boldsymbol{Y}_i = \begin{pmatrix} y_{i1} \\ y_{i2} \\ \vdots \\ y_{in_i} \end{pmatrix}, \boldsymbol{X}_i = \begin{pmatrix} 1 & t_{i1} & t_{i1}^2 \\ 1 & t_{i2} & t_{i2}^2 \\ \vdots & \vdots & \vdots \\ 1 & t_{in_i} & t_{in_i}^2 \end{pmatrix}, \boldsymbol{b} = \begin{pmatrix} b_0 \\ b_1 \\ b_2 \end{pmatrix}$$

$$\boldsymbol{D} = \begin{pmatrix} d_0^2 & 0 & 0 \\ 0 & d_1^2 & 0 \\ 0 & 0 & d_2^2 \end{pmatrix}, \boldsymbol{V}_i = \boldsymbol{X}_i\boldsymbol{D}\boldsymbol{X}_i^{\mathrm{T}} + \sigma^2 \boldsymbol{I}_{n_i} \quad (10.22)$$

则 Y_i 服从均值向量为 $\boldsymbol{X}_i\boldsymbol{b}$、方差矩阵为 $\boldsymbol{V}_i$ 的正态分布.

为了利用数据 t_{ij},y_{ij}估计式(10.21)和式(10.22)的系数 b_0,b_1,b_2 及 η_{0i},η_{1i},η_{2i}的方差 d_0^2,d_1^2,d_2^2,这时无法利用简单的最小二乘法,而需要应用最大似然法. Y_i 的似然函数为

$$L(b, D, \sigma^2) = \prod_{i=1}^{n} \{ (2\pi)^{-\frac{n_i}{2}} \ |V_i|^{-\frac{1}{2}}$$

$$\exp\left(-\frac{1}{2}(\boldsymbol{Y}_i-\boldsymbol{X}_i\boldsymbol{b})^{\mathrm{T}}\boldsymbol{V}_i^{-1}(\boldsymbol{Y}_i-\boldsymbol{X}_i\boldsymbol{b})\right) \tag{10.23}$$

求解似然函数 L 的最大值点，即得系数 b 及 D,σ^2 的估计值.

固定效应系数 b_k 反映的是全体患者的总体效应，利用 b_k 可以预测平均意义下的最佳治疗终止时间（或继续治疗）. 随机效应系数 η_{ki} 的方差 d_k^2 反映随不同患者而异的分散性，在正态分布的假定下可以得到 b_k 属于任意区间的概率，从而在一定置信度下给出最佳治疗终止时间的置信区间.

习题 10

1. 求解 SIS 传染病模型（10.10）的解，分析参数对解的影响，并解释实际意义.

2. 数值求解 SIR 模型（10.11）的解，分析参数对解的影响，并解释实际意义.

3. 已知传染病的 SIR 模型（10.11），证明：若 $S_0>\frac{1}{\sigma}$，则 $I(t)$ 先增加，在 $S=\frac{1}{\sigma}$ 处最大，然后减少并趋于零；$S(t)$ 单调减少至 S_∞.

4. 已知传染病的 SIR 模型，证明：若 $S_0<\frac{1}{\sigma}$，则 $I(t)$ 单调减少并趋于零，$S(t)$ 单调减少至 S_∞.

5. 对于经典的传染病 SIR 模型，如果考虑出生和死亡，你应该怎样去建模呢？如果考虑潜伏期，你应该怎样去建模呢？如果考虑人口的年龄结构，你应该怎样去建模呢？如果考虑传染接触的随机性，你应该怎样去建模呢？

6. 建立数学模型，分析 2003 年 SARS 对经济的影响.

7. 利用软件得到模型（10.21）系数 b 及 D,σ^2 的估计值.

8. 建立数学模型，解决 2006 年全国大学生数学建模竞赛 B 题的第二问与第三问.

第 11 章 嫦娥三号软着陆轨道设计与控制策略

11.1 问题背景

1. 深空探测

深空探测就是让人造探测器跳出地球,探索地球以外的星球. 深空探测作为人类航天活动的重要方向和空间科学与技术创新的重要途径,是当前和未来航天领域的发展重点之一. 月球是开展深空探测的起点和前哨站,火星是月球之后的下一个探测热点. 火星和地球比较类似,研究火星的出发点就是让我们更加认识宇宙,从而更好地保护地球,保护我们自己的家园.

我国首次火星探测任务目标是在 2020 年,通过一次发射实现火星环绕、着陆和巡视探测,迈出我国行星探测第一步. 2020 年 7 月 23 日 12 时 41 分,在我国海南文昌航天发射场,如图 11-1 所示,使用长征五号遥四运载火箭将我国第一颗火星探测器"天问一号"发射升空,随后"天问一号"顺利进入预定轨道,中国首次火星探测器发射任务取得圆满成功,中国从此迈入"行星探测"时代.

a) "天问一号"探测器成功发射

b) 火星车与着陆巡视器外观图

图 11-1

2. 嫦娥工程

开展深空探测第一步就是月球探测,月球探测是深空探测的第一道门槛. 2003 年,我国提出探月工程"绕、落、回"三步走战略规划. "绕"是指环绕月球进行不接触月表探察;"落"是指着月探测;"回"是指在月球表面着陆,并采样返回. 2007 年 10 月 24 日,嫦娥一号成功发射升空,揭开了我国深空探测的第一步. 在圆满完成各项使命后，于2009年按预定计划受控撞月. 2010年10月1日“嫦娥二号”顺利发射. 嫦娥二号作为落月的先导星，对“嫦娥三号”预选着陆区进行重点探测. 2013年12月2日嫦娥三号探测器成功发射，首次实施无人月球表面软着陆，嫦娥三号开辟了中国在月球上“巡天、观地、测月”的历史. 2018年12月8日，嫦娥四号成功发射. 如图11-2所示，从嫦娥一号到嫦娥四号，我国已经取得连续执行5次探月任务、6次发射成功的佳绩，不仅次数最多，而且成功率100%. “嫦娥”还创造了许多纪录. 嫦娥三号探测器创造出迄今月球表面工作时间最长的纪录，获得大量工程和科学数据. 嫦娥四号第一次实现人类探测器月球背面着陆和巡视探测；第一次利用中继通信卫星，实现月球背面与地球的连续可靠中继通信；第一次在月球背面开展月球科学探测和低频射电天文观测；填补了世界月球科学探测领域的多项空白.

这些国之重器，蕴含了几代人的中国智慧和中国精神，这些成就也得到了国际专家与组织的肯定，2020年6月11日中国嫦娥四号探月团队获世界航天“最高奖项”，标志着我国由航天大国迈进航天强国，开启了人类探索宇宙奥秘的新篇章.

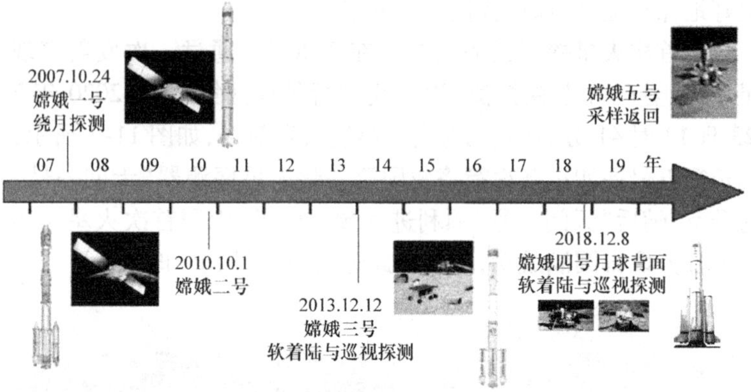

图 11-2　中国的嫦娥工程

11.2 近月点与远月点的确定

2013年12月嫦娥三号成功发射，且在月球上实现安全着陆，从理论上已解决了问题，并在工程上取得了成功. 工程上复杂的探月科学技术，不仅可以促进基础科学研究、带动高科技的快速发展，还可以推动多学科交叉和渗透. 2014年9月全国数学建模组委会选择“嫦娥三号的软着陆轨道设计与控制策略”这个赛题，想通过对这个问题的研究，让同学们经历解决实际工程问题的过程，利用所学到的理论知识、数学建模方法来研究分析实际问题，体会数学模型的应用价值.

第11章　嫦娥三号软着陆轨道设计与控制策略

1. 提出问题

嫦娥三号于2013年12月2日1时30分成功发射，12月6日抵达月球轨道. 嫦娥三号在着陆准备轨道上的运行质量为2. 4t，其安装在下部的主减速发动机能够产生1 500N到7 500N的可调节推力，其比冲(即单位质量的推进剂产生的冲量)为2 940m/s，可以满足调整速度的控制要求. 在四周安装有姿态调整发动机，在给定主减速发动机的推力方向后，能够自动通过多个发动机的脉冲组合实现各种姿态的调整控制. 嫦娥三号的预定着陆点为19. 51W，44. 12N，海拔为 -2641m.

嫦娥三号在高速飞行的情况下，要保证准确地在月球预定区域内实现软着陆，关键问题是着陆轨道与控制策略的设计. 其着陆轨道设计的基本要求是：着陆准备轨道为近月点15km，远月点100km的椭圆形轨道；着陆轨道为从近月点至着陆点，其软着陆过程共分为6个阶段，要求满足每个阶段在关键点所处的状态；尽量减少软着陆过程的燃料消耗.

根据上述的基本要求，请建立数学模型解决下面的问题：

(1)确定着陆准备轨道近月点和远月点的位置，以及嫦娥三号相应速度的大小与方向.

(2)确定嫦娥三号的着陆轨道和在6个阶段的最优控制策略.

(3)对所设计的着陆轨道和控制策略做相应的误差分析和敏感性分析.

2. 模型假设

地球的质量 $M_e = 5.98 \times 10^{34}$ kg，嫦娥三号与地球的平均距离 $R_e = 3.844 \times 10^8$ m，则地球对嫦娥三号的引力加速度为：

$$g_e = \frac{GM_e}{R_e^{\ 2}} \approx 0.002\ 7\text{kg/s}^2,$$

同理，月球的质量 $M_m = 7.350 \times 10^{22}$ kg，嫦娥三号与月心的平均距离 $R_m = 1.750 \times 10^6$ m，月球对嫦娥三号的引力加速度为：

$$g_m \approx 1.600\ 8\text{kg/s}^2,$$

太阳的质量 $M_s = 1.989 \times 10^{30}$ kg，嫦娥三号与太阳的平均距离 $R_s = 1.496 \times 10^{11}$ m，太阳对嫦娥三号的引力加速度为：

$$g_s \approx 0.005\ 9\text{kg/s}^2.$$

分析数据由此可以看出，嫦娥三号主要受到月球引力的影响. 同时，注意到整个着陆过程只有几分钟的时间，着陆精度要求在几十公里的范围内，所以地球和太阳等对嫦娥三号的影响可以忽略不计，本问题只考虑嫦娥三号与月球的作用力，将问题简化为一个二体问题.

惯性系是相对地面静止的或者做匀速直线运动的参考系，而非惯性系则是相对地面做加速或者减速运动的参考系. 惯性系中牛顿第一、第二定律成立，而非惯性系中牛顿第一、第二定律不成立. 月球自转速度为 $\omega_m = 2.6617\times10^{-6}\,\mathrm{rad/s}$，，嫦娥三号所受到的最大离心加速度为：

$$a \approx 1.2396\times10^{-5}\,\mathrm{kg/s^2}$$

最大离心加速度远小于月球引力作用所产生的加速度，因此，在软着陆过程中不考虑非惯性坐标系的影响.

如图 11-3 所示，软着陆轨道包括着陆准备轨道和落月轨道，实际问题要求节约燃料，如果落月轨道与着陆准备轨道不在同一个平面上，就会需要发动机提供额外的横向推力来实现控制，从而导致燃料消耗的增加. 所以在实际中将着陆准备轨道和落月轨道设计在一个平面上是合理的.

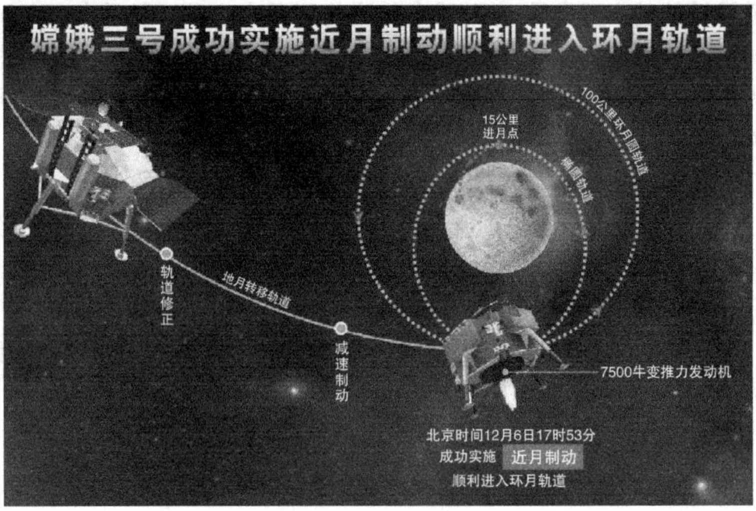

图 11-3　嫦娥三号近月轨道示意图

3. 建立模型

月球的平均半径为 r，嫦娥三号在近月点距离月球表面的距离为 R_A，嫦娥三号在远月点距离月球表面的距离为 R_B，，嫦娥三号在近月点的速度为 v_A，嫦娥三号在远月点的速度为 v_B，根据开普勒第二定律，单位时间内嫦娥三号扫过的面积相等，则：

$$\frac{1}{2}(R_A+r)v_A = \frac{1}{2}(R_B+r)v_B, \tag{11.1}$$

万有引力常量 G，月球质量 M_m，嫦娥三号的质量为 m，根据机械能守恒定律，则有如下等式：

$$\frac{1}{2}mv_A{}^2 - \frac{GmM_m}{R_A+r} = \frac{1}{2}mv_B{}^2 - \frac{GmM_m}{R_B+r}. \tag{11.2}$$

把式(11.1)代入式(11.2)，求出 v_A, v_B 的表达式

$$v_A = \left(\frac{2(R_B+r)GM_m}{(R_A+r)(R_A+R_B+2r)}\right)^{\frac{1}{2}}, v_B = \left(\frac{2(R_A+r)GM_m}{(R_B+r)(R_A+R_B+2r)}\right)^{\frac{1}{2}} \tag{11.3}$$

4. 模型求解

把具体的数字 $r=1\ 737.013\times10^3\mathrm{m}$，$G=6.67\times10^{-11}\mathrm{N}\cdot\mathrm{m}^2/\mathrm{kg}^2$，$M_m=7.350\times10^{22}\mathrm{kg}$，$R_A=15\times10^3\mathrm{m}$，$R_B=100\times10^3\mathrm{m}$ 代入式(11.3)，求得嫦娥三号在近月点的速度 v_A 大小为 1 692m/s，嫦娥三号在远月点的速度 v_B 大小为 1 614m/s，其方向为垂直于月球面镜的引力方向.

11.3 软着陆轨道设计与控制策略

1. 提出问题

嫦娥三号将在近月点 15km 处以抛物线下降，相对速度从 1.7km/s逐渐降为 0km/s，实现软着陆. 如图 11-4 所示，软着陆过程包括下面几个阶段：着陆准备轨道、主减速阶段、快速调整阶段、粗避障阶段、精避障阶段、缓速下降阶段和自由落体阶段. 整个过程大概需要十几分钟的时间. 由于月球上没有大气，嫦娥三号无法依靠降落伞着陆，只能靠变推力发动机. 变推力发动机能够产生从 1 500N到 7 500N 的可调节推力，进而对嫦娥三号实现精准控制.

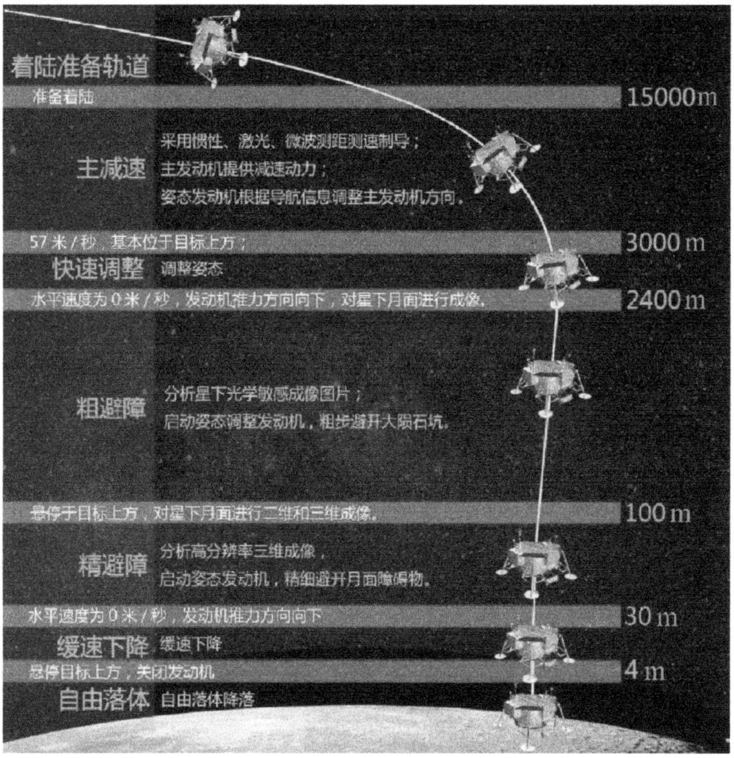

图 11-4　嫦娥三号软着陆过程示意图

2. 建立模型

嫦娥三号从近月点处开始进入软着陆轨道，假设软着陆轨道与着陆准备轨道在一个平面内，建立坐标系. 建立以月心为坐标原点，以月心指向近月点的向量为坐标 z 轴,垂直方向为坐标 y 轴,且以着陆轨道所在的平面为 yOz 面的惯性直角坐标系. 在该坐标系下,6 个阶段的受力状态和变化情况基本一致,所以,在这里先给出嫦娥三号的一般受力分析模型,之后分别讨论每个阶段的最优控制策略问题.

嫦娥三号在软着陆过程中,受到推力与万有引力的影响,假设推力 F 与水平方向的夹角为 α. 在 y 与 z 方向受力分析,根据牛顿第二定律,建立基本的动力学模型:

$$\frac{\mathrm{d}^2 y}{\mathrm{d}t^2} = -\frac{F\cos\alpha}{m_0 - \Delta m}, \tag{11.4}$$

$$\frac{\mathrm{d}^2 z}{\mathrm{d}t^2} = g_m - \frac{F\sin\alpha}{m_0 - \Delta m}. \tag{11.5}$$

式中,m_0 表示嫦娥三号的初始质量为 2 400kg,Δm 是关于时间 t 的函数,表示由燃料消耗所导致的嫦娥三号减少的质量.

嫦娥三号软着陆轨道设计中要求:尽量减少软着陆过程的燃料消耗,也就是让 Δm 尽可能的小,则目标函数为:

$$\min \Delta m. \tag{11.6}$$

由题可知,

$$F_{\text{thrust}} = v_e \dot{m}, \tag{11.7}$$

这里 F_{thrust} 是发动机的推力,单位是牛顿;v_e 是比冲或比冲量,单位为 m/s. 比冲是对一个推进系统的燃烧效率的描述,可以理解为火箭发动机单位质量的推进剂产生的推力. $\dot{m}$ 是燃料消耗的质量对时间的导数,即

$$\frac{\mathrm{d}m}{\mathrm{d}t} = \frac{F_{\text{thrust}}}{v_e}, \tag{11.8}$$

从而,目标函数(11.6)等价变形为

$$\min \Delta m = \int_{t_1}^{t_2} \frac{F_{\text{thrust}}}{v_e} \mathrm{d}t. \tag{11.9}$$

3. 主减速阶段的控制策略

主减速段的区间是距离月面 15km 到 3km. 初始速度为近月点的速度,终点速度为到距离月面 3 公里处,嫦娥三号的速度 57m/s.

由于主减速阶段的目的主要是减速,因此主发动机采用最大推力 $F_{\text{thrust}} = 7\,500\mathrm{N}$,则燃料质量的改变量与时间成正比,则

$$\Delta m = \int_0^{t_1} \frac{7\,500}{v_e} \mathrm{d}t = \frac{7\,500}{v_e} t_1 \tag{11.10}$$

所以主减速阶段的最优控制模型为:

$$\min t_1 \tag{11.11}$$

式中,t_1 为主减速段所用时间.

主减速段满足的动力模型为:

$$\begin{cases}\dfrac{d^2y}{dt^2}=-\dfrac{F_{thrust}\cos\alpha}{m_0-\Delta m},\\ \dfrac{d^2z}{dt^2}=g_m-\dfrac{F_{thrust}\sin\alpha}{m_0-\Delta m}.\end{cases}\tag{11.12}$$

相应的边界条件为:

$$\begin{cases}y\mid_{t=0}=0,z\mid_{t=0}=R_A+r,\dfrac{dy}{dt}\mid_{t=0}=v_A,\dfrac{dz}{dt}\mid_{t=0}=0,\dfrac{ds}{dt}\mid_{t=0}=v_A,\\ \sqrt{y^2+z^2}\mid_{t=t_1}=3\ 000+r,\dfrac{ds}{dt}\mid_{t=t_1}=v_1=57,\end{cases}\tag{11.13}$$

对于最优控制问题(11.11 ~ 11.13),把月球软着陆过程进行离散化,将整个主减速运动时间等分割为 N 段,假定每个小段近似为匀变速直线运动过程,得到递推公式,进行求解,以整个阶段中燃料消耗最少为目标,模拟搜索找出满足约束条件和边界条件的最小时间 t_1,得到如下结果:嫦娥三号的主发动机的推力为 7 500N,飞行 421.5s 后,到达距离预定着陆点上方 3km 处,燃料消耗量为 1 075kg,得到如图 11-5 所示的运动轨迹图,A 为近月点.

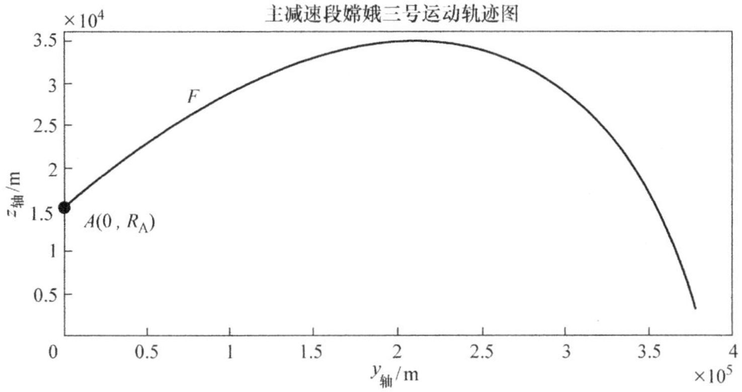

图 11-5　主减速段嫦娥三号运动轨迹图

计算出主减速阶段所需要的时间为 421.5s,进而可以反推出问题一中近月点和远月点位置的经纬度坐标. 嫦娥三号落点为西经 19.51°,北纬 44.12°,由于绕月轨道所在平面包含预着陆点,因此,近月点、远月点与主减速段末位置均处于同一条经线上,经度一样. 根据嫦娥 3 号飞行的时间,可以计算出飞行的维度,从而得到近月点的维度,则获得近月点的经纬度坐标为(19.51W,31.68N),根据近月点、远月点经纬度对称原则,则获得远月点的经纬度坐标为(160.49E,31.68S).

4. 快速调整阶段的控制策略

快速调整阶段主要调整姿态,以主减速阶段末端为初始状态,其末端要求嫦娥三号位于预定落点上空 2 400m 处,水平速度调整为 0,将主减速发动机推力调整到竖直向上状态. 快速调整阶段主要调整姿态,所以推力不是定力,而是变力. 设快速调整阶段所用时

间为 t_2，则快速调整阶段的最优控制模型为：

$$\min\Delta m = \int_{t_1}^{t_1+t_2} \frac{F_{\text{thrust}}}{v_e}\mathrm{d}t \tag{11.14}$$

嫦娥三号快速调整段动力学方程和主减速阶段类似，动力学模型为：

$$\begin{cases} \dfrac{\mathrm{d}^2 y}{\mathrm{d}t^2} = -\dfrac{F_{\text{thrust}}\cos\alpha}{m_1 - \Delta m}, \\ \dfrac{\mathrm{d}^2 z}{\mathrm{d}t^2} = g_m - \dfrac{F_{\text{thrust}}\sin\alpha}{m_1 - \Delta m}. \end{cases} \tag{11.15}$$

其中，m_1 为主减速段终点嫦娥三号的质量，V_2 为快速调整阶段终点的速度. 相应的边界条件为：

$$\begin{cases} \sqrt{y^2+z^2}\Big|_{t=t_1} = 3\,000 + r, \dfrac{\mathrm{d}y}{\mathrm{d}t}\Big|_{t=t_1} = v_{1y}, \dfrac{\mathrm{d}z}{\mathrm{d}t}\Big|_{t=t_1} = v_{1z}, \dfrac{\mathrm{d}s}{\mathrm{d}t}\Big|_{t=t_1} = v_1 = 57, \\ \sqrt{y^2+z^2}\Big|_{t=t_1+t_2} = 2\,400 + r, \dfrac{\mathrm{d}y}{\mathrm{d}t}\Big|_{t=t_1+t_2} = 0, \dfrac{\mathrm{d}z}{\mathrm{d}t}\Big|_{t=t_1+t_2} = v_{2z}, \dfrac{\mathrm{d}s}{\mathrm{d}t}\Big|_{t=t_1+t_2} = v_2, \end{cases} \tag{11.16}$$

在搜索过程中，改变推力 F 的大小，观察各物理量的变化趋势，如图 11-6 所示，分别是燃油消耗量关于推力变化图，水平位移关于推力变化图，水平末速度关于推力变化图，下落时间关于推力变化图. 观察图发现，推力至少要大于 5 000N 才能够保证水平末速度为 0，但推力大致在 5 000 ~ 6 000N 之间时，燃油消耗量成明显快速上升趋势，综合考虑，4 500 ~ 5 500N 之间将存在一个较优推力，使得水平末速度恰好为 0，此时燃料消耗量也能保证尽可能的小. 此时搜索区间缩小为 4 500 ~ 5 500N，同时步长缩小进一步搜索，选取推力F = 5 001N 时，水平末速度达到了 0m/s. ，画出如图 11-7 所示的快速调整阶段的运动轨迹图.

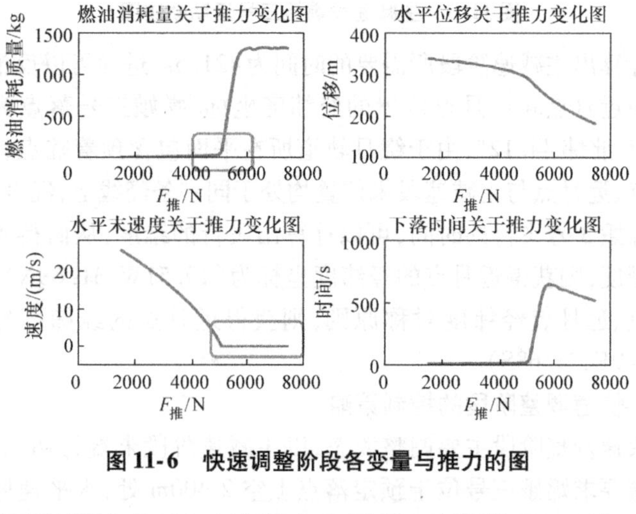

图 11-6　快速调整阶段各变量与推力的图

以燃料消耗式(11.14)最少为目标，对模型(11.14) ~ 模型(11.16)进行搜索求解，则可以得到快速调整阶段的最优控制策

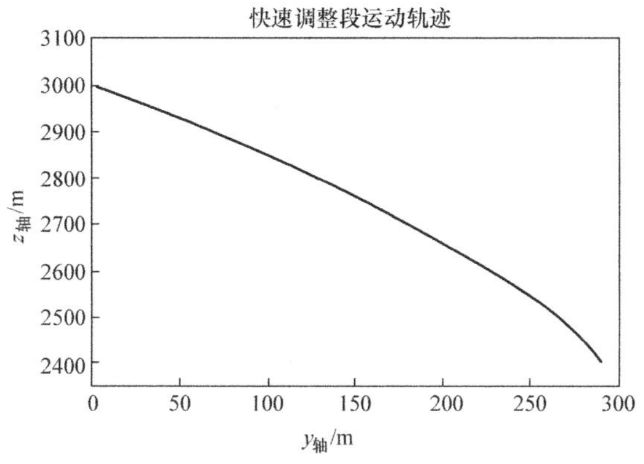

图 11-7　快速调整阶段运动轨迹图

略，此阶段运动时间约为 24.4s.

5. 粗避障阶段的控制策略

粗避障阶段以快速调整阶段末端为初始状态，其末端要求嫦娥三号悬停在预定落点上方 100m 处. 粗避障的过程主要包括两方面的工作：不仅需要确定主发动机的控制策略，而且要确定最佳着陆位置，并将嫦娥三号移动到最佳位置. 图 11-8 是距月面 2 400m 处的数字高程图与等高线图. 从图上可以看到，有些区域比较平坦，有些区域凹凸不平，粗避障阶段需要对大致着陆方位进行初步确定.

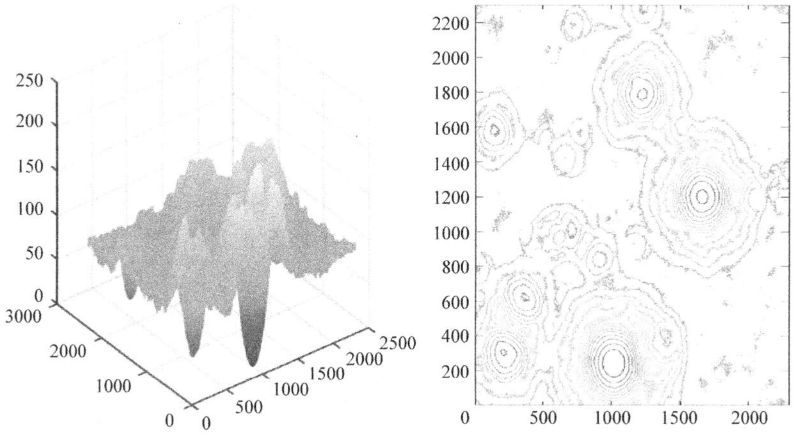

图 11-8　2 400m 月面数字高程图与等高线图

将原始图片分割成九小块区域，如图 11-9 所示，分别命名为 1 到 9，通过划分区域缩小嫦娥三号的着陆范围. 嫦娥三号对着陆区域的选择目的是避开大的陨石坑，陨石坑是否存在是利用 MATLAB 软件来计算每一块区域关于高程差的相关统计量. 其均值能够反应各个区域平均的高程差情况，但是对于凹凸差异较大的区域而言，不能够作为月面情况的描述指标；极差能够直观反映出各区域陨石

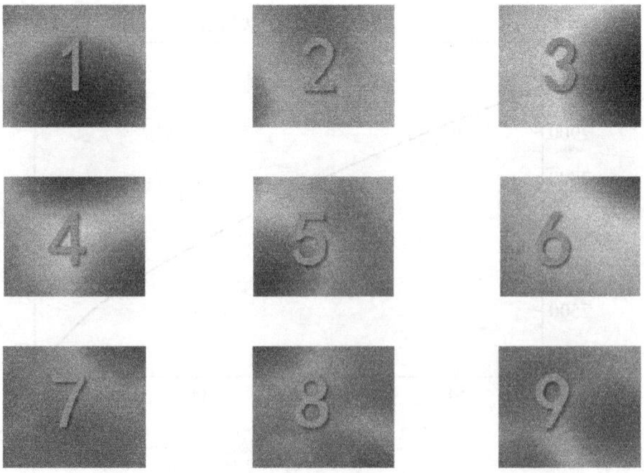

图 11-9　2 400m 月面数字高程图分割图

坑凹凸高度变化范围，但是不能对区域整体平滑程度做出判断. 标准差刻画的是高程波动情况，即该区域高程值的波动，能较好地反映区域的平坦程度. 还需要对区域进行比对，引入新的指标相对高程差刻画区域之间的关系. 相对高程差等于区域高程均值减去总体高程均值的绝对值除以总体高程均值，这个评价指标能衡量区域之间的平坦度.

标准差与相对两个指标综合起来能较好地描述该区域是否适合着陆. 首先将这两个指标进行归一化，建立如下式所示的归一化模型：

$$n_i{}^* = \frac{n_i - n_{\min}}{n_{\max} - n_{\min}}. \tag{11.17}$$

式中，n_i，$n_i{}^*$分别表示数据归一化前后的值，$n_{\max}$，$n_{\min}$分别表示样本数据中的最大(小)值.

对于标准化指标标准差和相对高程差，采取线性加权的方式，综合得到区域 5 的平坦度最小，则表明区域 5 最适合选为着陆点所在范围. 图 11-10 为区域 5 的等高线图，取区域 5 的中心位置作为粗避障终值点坐标，区域 5 的中心点位置坐标与整个区域中心点重合，因此，粗避障阶段总的水平位移为 0.

上面仅考虑平坦度对着陆区域进行了评估，并初步确定了着陆点的位置. 在通常情况下，一个理想的着陆点应满足如下要求：

(1)着陆区域平整度好. 若区域不够平整，比如落在坡面上，则着陆过程中可能发生翻滚.

(2)尽量日照充分. 如果落入低洼区域造成阳光照射不充分，则会导致太阳能帆板无法提供足够的电能，甚至不能正常工作.

(3)尽量减少平移距离，有利于节约燃料.

如果综合考虑这三个因素如何建立着陆区域的评价模型，留作思考题. 本小节只考虑了平坦度就确定了着陆位置，着陆位置确定

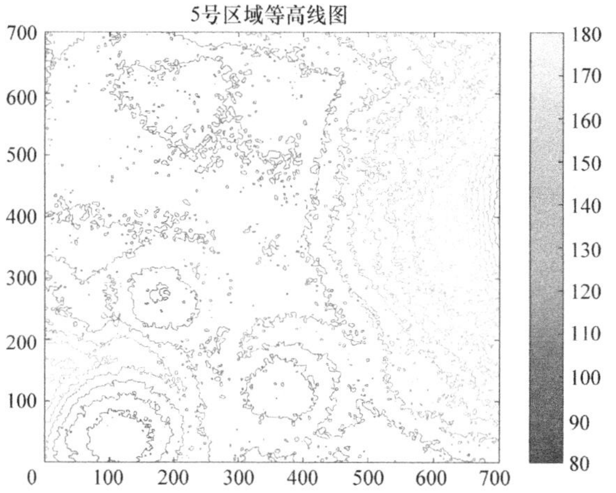

图 11-10　2 400m 月面 5 号区域等高线图

了，就可以建模求解了. 设粗避障阶段所用时间为 t_3，则粗避障阶段的最优控制模型为：

$$\min \Delta m = \int_{t_1+t_2}^{t_1+t_2+t_3} \frac{F_{\text{thrust}}}{v_e} \mathrm{d}t. \tag{11.18}$$

粗避障阶段以快速调整阶段末端为初始状态，快速调整阶段末端主减速发动机的推力竖直向下，水平速度减为 0m/s，假设粗避障阶段的运行轨迹是直线，则嫦娥三号粗避障阶段的动力学模型为

$$\frac{\mathrm{d}^2 z}{\mathrm{d}t^2} = g_m - \frac{F_{\text{thrust}}}{m_2 - \Delta m}. \tag{11.19}$$

式中，m_2 为快速调整阶段终点嫦娥三号的质量，相应的边界条件为

$$\begin{cases} \sqrt{y^2+z^2}\,\Big|_{t=t_1+t_2} = 2\,400 + r, \dfrac{\mathrm{d}y}{\mathrm{d}t}\Big|_{t=t_1+t_2} = 0, \\ \dfrac{\mathrm{d}z}{\mathrm{d}t}\Big|_{t=t_1+t_2} = v_{2z}, \dfrac{\mathrm{d}s}{\mathrm{d}t}\Big|_{t=t_1+t_2} = v_2, \\ \sqrt{y^2+z^2}\,\Big|_{t=t_1+t_2+t_3} = 100 + r, \dfrac{\mathrm{d}y}{\mathrm{d}t}\Big|_{t=t_1+t_2+t_3} = 0, \\ \dfrac{\mathrm{d}z}{\mathrm{d}t}\Big|_{t=t_1+t_2+t_3} = 0, \dfrac{\mathrm{d}s}{\mathrm{d}t}\Big|_{t=t_1+t_2+t_3} = 0, \alpha\Big|_{t=t_1+t_2+t_3} = 0. \end{cases} \tag{11.20}$$

以燃料消耗式(11. 18)最少为目标，对模型(11. 18) ~ 模型(11. 20)进行搜索求解，则可以得到粗避障阶段的最优控制策略.

6. 精避障阶段的控制策略

精避障段的区间是距离月面 100 ~ 30m. 要求嫦娥三号悬停在距离月面 100m 处，对着陆点附近区域 100m 范围内拍摄图像，并获得如图 11-11 所示的三维数字高程图. 分析三维数字高程图，避开较大的陨石坑，确定最佳着陆地点，实现在着陆点上方 30m 处水平.

方向速度为 0m/s. 对于精避障与粗避障的处理方法基本相同，没有本质区别. 如图 11-12 所示，将图形划分为网格区域进行识别评估，选择最佳的落点区域为 1 号区域，发现需要在粗避障的基础

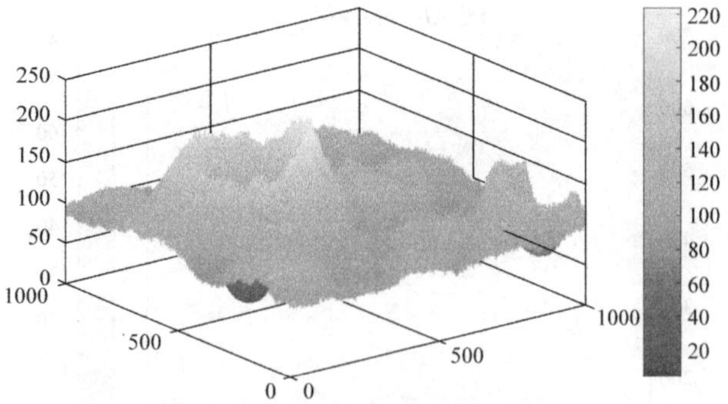

图 11-11　100m 月面数字高程图

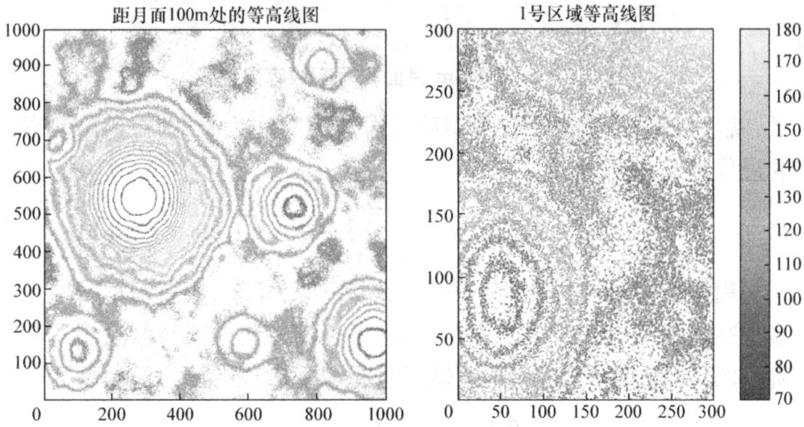

图 11-12　100m 月面等高线图

上水平移动一定的范围. 所以精避障阶段的最优控制策略,分两步完成,首先水平平移,然后再垂直下降. 设精避障阶段所用时间 t_4,则精避障阶段的最优控制模型为:

$$\min\Delta m = \int_{t_1+t_2+t_3}^{t_1+t_2+t_3+t_4} \frac{F_{\text{thrust}}}{v_e}\mathrm{d}t \tag{11.21}$$

则嫦娥三号精避障阶段的动力学模型为

$$\begin{cases} \dfrac{\mathrm{d}^2 y}{\mathrm{d}t^2} = -\dfrac{F_{\text{thrust}}\cos\alpha}{m_3 - \Delta m}, \\ \dfrac{\mathrm{d}^2 z}{\mathrm{d}t^2} = g_m - \dfrac{F_{\text{thrust}}\sin\alpha}{m_3 - \Delta m}. \end{cases} \tag{11.22}$$

式中,m_3 为粗避障阶段终点嫦娥三号的质量,相应的边界条件为

$$\begin{cases} \sqrt{y^2+z^2}\,\Big|_{t=t_1+t_2+t_3} = 100 + r, \dfrac{\mathrm{d}y}{\mathrm{d}t}\Big|_{t=t_1+t_2+t_3} = 0, \\ \dfrac{\mathrm{d}z}{\mathrm{d}t}\Big|_{t=t_1+t_2+t_3} = 0, \dfrac{\mathrm{d}s}{\mathrm{d}t}\Big|_{t=t_1+t_2+t_3} = 0, \alpha\,\Big|_{t=t_1+t_2+t_3} = 0 \\ \sqrt{y^2+z^2}\,\Big|_{t=t_1+t_2+t_3+t_4} = 30 + r, \alpha\,\Big|_{t=t_1+t_2+t_3+t_4} = 0, \\ \dfrac{\mathrm{d}y}{\mathrm{d}t}\Big|_{t=t_1+t_2+t_3+t_4} = 0, \dfrac{\mathrm{d}z}{\mathrm{d}t}\Big|_{t=t_1+t_2+t_3+t_4} = 0, \end{cases} \tag{11.23}$$

以燃料消耗式(11.21)最少为目标,对模型(11.21)~模型(11.23)分步骤进行搜索求解,则可以得到精避障阶段的最优控制策略.

7. 缓速下降阶段的控制策略

缓速下降阶段的区间是距离月面 30 ~ 4m. 该阶段的主要任务控制着陆器在距离月面 4m 处的速度为 0m/s，即实现在距离月面 4m 处相对月面静止，之后关闭发动机，使嫦娥三号自由落体到精确有落月点.

设缓速下降阶段所用时间 t_5，则缓速下降阶段的最优控制模型为：

$$\min\Delta m = \int_{t_1+t_2+t_3+t_4}^{t_1+t_2+t_3+t_4+t_5} \frac{F_{\text{thrust}}}{v_e}\mathrm{d}t. \tag{11.24}$$

嫦娥三号缓速下降阶段的动力学模型为：

$$\frac{\mathrm{d}^2 z}{\mathrm{d}t^2} = g_m - \frac{F_{\text{thrust}}}{m_4 - \Delta m}. \tag{11.25}$$

式中，m_4 为精避障阶段终点嫦娥三号的质量，相应的边界条件为：

$$\begin{cases} \sqrt{y^2+z^2}\,\Big|_{t=t_1+t_2+t_3+t_4} = 30 + r, \alpha\,\Big|_{t=t_1+t_2+t_3+t_4} = 0, \\ \dfrac{\mathrm{d}y}{\mathrm{d}t}\,\Big|_{t=t_1+t_2+t_3+t_4} = 0, \dfrac{\mathrm{d}z}{\mathrm{d}t}\,\Big|_{t=t_1+t_2+t_3+t_4} = 0, \\ \sqrt{y^2+z^2}\,\Big|_{t=t_1+t_2+t_3+t_4+t_5} = 4 + r, \dfrac{\mathrm{d}y}{\mathrm{d}t}\,\Big|_{t=t_1+t_2+t_3+t_4+t_5} = 0, \\ \alpha\,\Big|_{t=t_1+t_2+t_3+t_4+t_5} = 0, F\,\Big|_{t=t_1+t_2+t_3+t_4+t_5} = 0, \end{cases}$$

$$(11.26)$$

以燃料消耗式(11.24)最少为目标，对模型(11.24) ~ 模型(11.26)进行搜索求解，则可以得到缓速下降阶段的最优控制策略.

最后自由下降阶段，探测器自由下落. 起始状态为距月面高度 4m，主发动机推力为 0N，垂直自由落体运动. 由于探测器具备着陆缓冲设计，几个腿都有弹性，落地时不至于摔坏. 安全降落以后，嫦娥三号将打开太阳能电池板接收能量，携带的仪器经过测试、调试后开始工作. 随后，“玉兔号”月球车将驶离着陆器，在月面进行科学勘测.

11.4 误差与敏感性分析

1. 敏感性分析

问题三要求对所设计的着陆轨道与控制策略做相应的误差分析和敏感性分析. 嫦娥三号在实际软着陆的控制过程中，存在一定的控制误差，比如着陆准备轨道参数（近月点位置和速度）的误差、发动机推力（大小和方向）的控制误差、模型的简化假设和近似求解误差等. 诸如这些误差势必会对实际的轨道设计和控制结果造成或多或少的影响，从工程应用的角度需要做相应的敏感性分析. 比如主减速发动机推力变化的敏感性进行分析. 对于主减速阶段，主发动机要求以 7 500N 的最大推力运行，但事实上发动机的推力会有一些误差，这个误差对运行轨道、速度和高度的影响情况如图 11-13所示，由图可知，主发动机的推力越大，使嫦娥三号的速度越早地变为 0；推力越小，使其飞行距离越远. 当最大推力误差不太大时，对其运行轨道、速度和高度的影响都不大，因此，发动机的推力误差对模型的影响是相对稳定的.

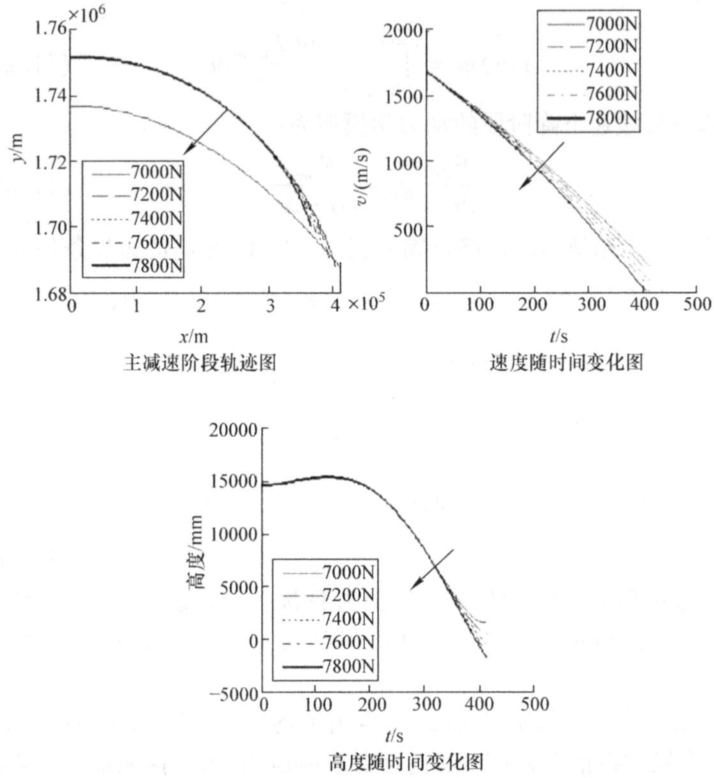

图 11-13　主发动机最大推力误差的影响分析图

再比如，对下落高度进行敏感性分析. 以主减速段为例，主减速段要下降 12km，由图 11-14 可知，当下落高度不断增大时，燃料消耗量、下落时间、水平位移基本呈线性增大趋势，终值点的质量和末速度与下落高度呈明显负相关趋势，则可以说明下落高度的改变对各个变量数值均会产生较大影响.

2. 误差分析

下面把模型计算的值与官方公布的数据进行比对。由表 11-1 中相对误差值大小可知，主减速段相对误差最小为 13. 5%，而缓冲阶段相对误差最大达到 81. 9%. 基于敏感性分析可知，由于各阶段下落时间在软着陆过程是一个变量，且会受到推力及下落高度的影响，同时，在实际过程中，存在较多外界影响因素会对下落时间造成影响. 在本模型的求解过程中，考虑因素较少，模型过于理想化将导致后面三个阶段下落时间远小于实际值.

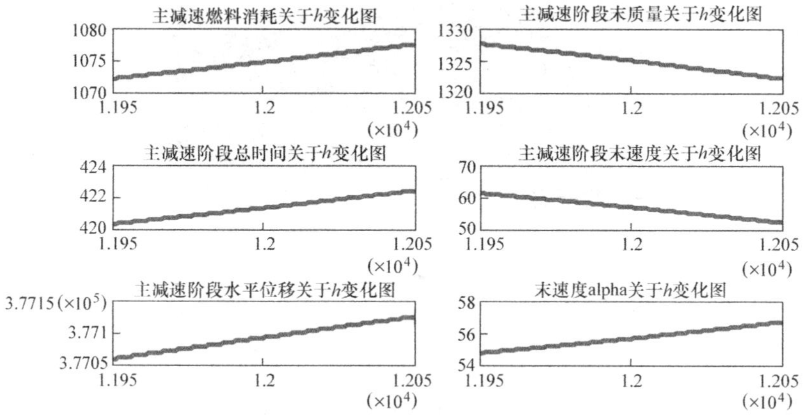

图 11-14　主减速段下落高度与各个变量之间的关系

表 11-1　实际值与模型值得各阶段时间的相对误差

阶段	主减速	快速调整	粗避障	精避障	缓速下降
实际值	487	16	125	22	19
模型值	421.3	24.4	62.1	9.26	3.44
相对误差	13.5%	52.5%	50.3%	57.9%	81.9%

该问题是一个非常实际的工程问题，对普通人来说，探月工程是很神秘的，是高科技问题. 实际上，从轨道设计和控制策略的角度看，其核心问题就是轨道的优化设计和控制策略的优化控制，也就是数学建模要解决的问题. 当然，我们所建立的模型是经过简化后的结果，可能与实际工程中的问题还存在一定的差别，但总体原理是一致的. 对探月工程而言，有许多值得进一步分析研究的问题.

3. 嫦娥四号

2018 年 12 月 8 日，嫦娥 4 号成功发射. 经过一次中途修正、一次近月制动、两次环月修正和一次环月降轨后，在“鹊桥”中继星的中继链路支持下，嫦娥 4 号于 2019 年 1 月 3 日安全着陆在月球背面南极 - 艾特肯盆地的冯 · 卡门撞击坑内，实现了人类首次月球背面软着陆. 嫦娥四号任务创造了多个世界第一：第一次实现人类探测器月球背面着陆和巡视探测；第一次利用运行在地 - 月拉格朗日 L2 点的中继通信卫星，实现月球背面与地球的连续可靠中继通信；第一次在月球背面开展月球科学探测和低频射电天文观测，填补了世界月球科学探测领域多项空白. 截至 2020 年 7 月 28 日，“嫦娥”“玉兔”组合（见图 11-15）已在月球背面顺利工作 20 个工作期，远远超出其设计寿命，不断刷新着人类对月球背面科学探测的纪录.

嫦娥四号着陆区为月球背面，为保证在月球背面的安全着陆，科学家克服了许多困难，因为月球背面地形崎岖，给任务设计带来较大影响：一方面，嫦娥四号着陆区的面积仅为嫦娥三号着陆区面积的 5%；另一方面，动力下降航迹下的月面高程起伏较大，为安全

图 11-15 嫦娥四号与玉兔二号

并且精确着陆，对嫦娥四号增加了两次环月轨道修正，如图 11-16a 所示，调整了动力下降轨迹. 主减速段进行减速制动，终端高度调整到 8km 左右，俯仰姿态约 70°，转入快速调整段；快速调整段进行着陆器姿态和发动机推力的调整，转入接近段，高度 6km 左右，姿态垂直向下，水平速度为 0m/s；接近段基本上是垂直下降的过程，使得引入测距修正时，测距敏感器指向月面的位置在小范围内波动，避免了原有嫦娥三号方案月面起伏对系统的影响；在高度 2km 左右，采用光学相机成像，进行粗避障；在高度 100m 左右，姿态为垂直月面，垂向速度和水平速度为 0m/s，转入悬停段，开展激光三维成像敏感器成像，并进行地形障碍自主识别和避障策略制定，实施精避障. 精避障控制时，移动到优选的着陆点上方，缓速下降，以预定速度着陆月面. 整个动力下降段制导率适应垂直下降的轨迹变化，接近段采用垂直下降四次多项式制导.

以整个阶段燃料消耗最少为目标，思考嫦娥 4 号的软着陆轨道的设计与控制策略.

习题 11

1. 计算近月点、远月点速度的大小与经、纬度坐标.

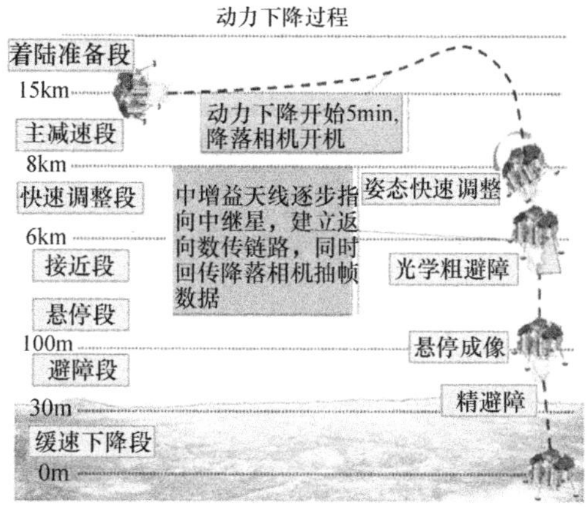

a)

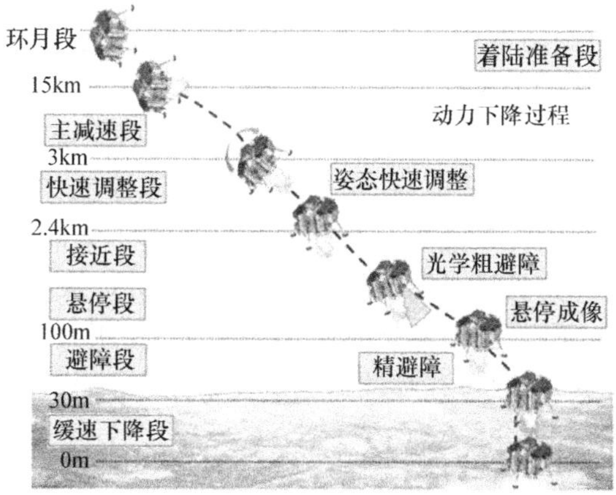

b)

图 11-16　嫦娥四号 a) 与嫦娥三号 b) 动力下降示意图

2. 编写算法，求解主减速段的最优控制策略.

3. 编写算法，求解精避障阶段的最优控制策略.

4. 如果将二维月心坐标系转化为极坐标系，建立在极坐标系下各阶段的动力学模型.

5. 建立嫦娥 4 号软着陆准备轨道与控制策略的数学模型.

第 12 章 高压油管压力的控制策略

12.1 问题背景

柴油机热效率高、功率范围广、适应性好,柴油机在农业、工业、交通运输乃至国防领域都有广泛应用. 使用柴油机不仅节约了石油资源,而且也减少了对环境的污染. 柴油机内部的燃烧过程主要取决于燃油喷射系统的好坏,喷油压力是燃油喷射系统的重要评判标准之一. 燃油的供给、喷射,在提高柴油机整体性能、降低污染方面起着关键作用. 电控柴油高压共轨系统则相当于柴油发动机的"心脏"和"大脑",其品质的好坏对发动机的使用效果有着重要的影响. 如图 12-1 所示,高压共轨系统结构复杂,高压共轨燃油喷射系统由高压泵、共轨管、电控喷油器和电控单元等部件组成.

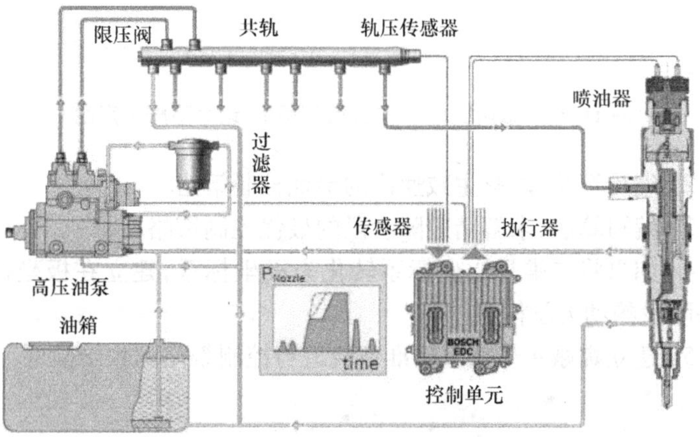

图 12-1　高压共轨系统图

高压共轨系统通过共轨形成高压燃油,然后把高压油送到喷油器,喷油器由高速电磁阀控制,实行定时定量地控制,把燃油喷射至燃烧室,这样,柴油机就会达到最佳的燃烧比和良好的雾化.

本赛题是在柴油机高压共轨管的基础上给出的,用高压油管代替了专业术语"高压共轨管",也按照一些习惯,将共轨和高压油泵内的压强等称为压力. 为了帮助学生理解和建模,由浅入深地给出了 3 个问题. 问题 1 中是在入口压力固定和出口喷油量给定的情况下要求学生确定单向阀供油的时间长度. 这是一个经过大量简化的情形，目的是让学生获得一些建模和计算的经验，为解决后续问题做准备. 问题 2 考虑了高压油泵供油和喷油嘴通过针阀运动控制喷油的情形，要求学生给出高压油管内压力保持稳定的凸轮转速. 问题 3 考虑了有多个气缸和减压阀的情形，要求学生通过建模和计算给出保持高压油管内压力稳定的控制方案. 本章以全国一等奖获得者许元振、房义、孙思荣参赛论文为基本材料，加以整理与拓展，介绍建模的全过程.

12.2 单向阀最优控制模型

本问题主要分析高压油管在燃油进出时的压力控制，首先根据假设建立 A 处、B 处进出的油量建立流量平衡方程，以油管内的压力波动变化最小为目标，建立目标规划模型.

1. 模型假设

(1) 假设高压油管内部压力分布均匀，密度处处相同；

(2) 假设喷油嘴 B 每秒工作均匀，每次工作时间间隔相同；

(3) 假设柱塞中心线的延长线过凸轮转轴，即不存在偏距；

(4) 假设与凸轮接触的横板长度忽略不计.

2. 燃油密度与压力的变化关系

燃油经过高压油泵从 A 处进入高压油管，再由喷口 B 喷出. 高压油管的供油入口 A 通过控制供油时间的长短来控制进油量，而喷油嘴 B 喷油的工作是周期性的，二者共同影响着高压油管内的压力. 此外，燃油的密度也会随之发生一定的变化. 燃油压力的变化量与其密度变化量成正比，并且存在比例系数为 $\frac{E}{\rho}$，即 $\Delta P = \frac{E}{\rho}\Delta\rho$，两边微分后变为：$\frac{\mathrm{d}P}{E} = \frac{\mathrm{d}\rho}{\rho}$，对其积分得到：

$$\int \frac{1}{E}\mathrm{d}P = \ln\rho + C. \tag{12.1}$$

根据附件 3（扫二维码）中的弹性模量与压力变化关系数据得出 $1/E$ 与压力 P 的关系式，其关系图如图 12-2 所示，拟合得出的关系式为：

$$\frac{1}{E} = 1.2\times10^{-9}P^2 - 2\times10^{-6}P + 6.5\times10^{-4}. \tag{12.2}$$

将关系式(12.2)代入式(12.1)中，化简得到燃油密度与压力的关系式：

$$\frac{2}{5}\times10^{-9}P^3 - 10^{-6}P^2 + 6.5\times10^{-4}P = \ln\rho + C_1.$$

式中，C_1 为常数，当压力为 100MPa 时，燃油的密度为 0.850mg/mm^3，代入得出 $C_1 = 0.217\,9$. 则燃油密度随压力 P 的变换关系根据上式

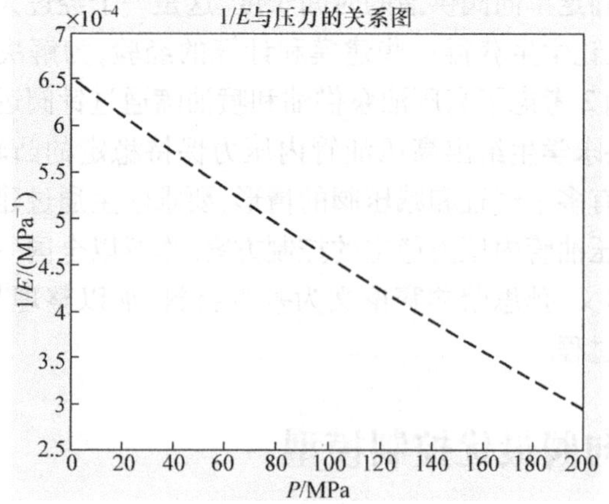

a) 弹性模量倒数与压力关系图

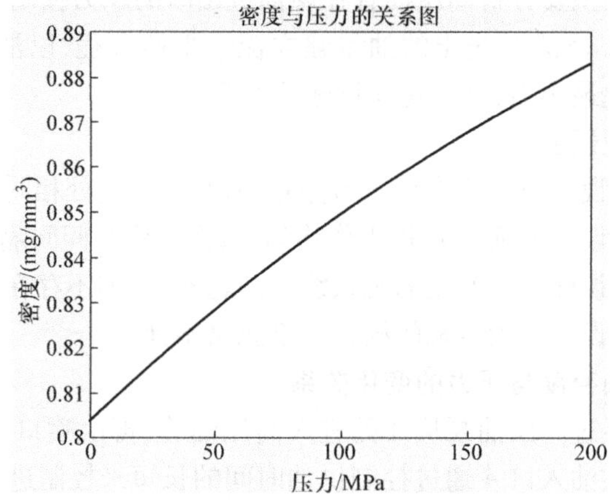

b) 油管内压力与燃油密度的关系图

图　12-2

可以写为：

$$\rho=\exp\left(\frac{2}{5}\times10^{-9}P^{3}-10^{-6}P^{2}+6.5\times10^{-4}P-0.2179\right).\tag{12.3}$$

为方便下文表述，在此将 P 与 ρ 的关系表示为 $\rho=g(P)$，根据图 12-2 可以看出压力 P 与密度 ρ 严格单调，所以原式存在反函数，即 $P=g^{-1}(\rho)$.

3. 稳定在 100MPa 单向阀开启时长的控制

高压油管 A 处高压油泵提供的压力恒为 $P_E=160\text{MPa}$，高压油管内初始压力为 $P_0=100\text{MPa}$，也就是说进油口内外初始压力差为 60MPa. B 处喷油嘴每秒工作 10 次，每次的工作时间为 2.4ms，所以燃油在 B 处周期性地喷出，从而导致高压油管的压力产生周期性的变化. 而高压油管内的压力需要尽可能稳定在 100MPa 左右，以高压油管内的压力波动最小为目标建立数学模型，目标函数为：

$$Z=\min\int_{t_1}^{t_2}\left(P(t)-P_e\right)^2\mathrm{d}t.\tag{12.4}$$

式中，$[t_1, t_2]$ 表示所研究的时间段；P_e 为最终高压油管内压力稳定值.

根据流体的连续性方程，在高压油管内的压强维持在 100MPa 时，从供油入口 A 处流入的燃油和从喷油嘴 B 处喷出的燃油的质量相等，即：$M_A = M_B$，设初始时间为 0，则在 ns 时间段内，高压油管内平衡方程可以表示为：

$$\frac{n}{(t_A+10)} \times t_A Q_A \rho_{160} = 10nQ_B(t)\rho_{100}t_B. \tag{12.5}$$

式(12.5)中，t_A 为单向阀每次开启时间(ms)；t_B 为喷油嘴 B 一个周期内的喷油时间(ms)；ρ_{100} 为燃油压力在 100MPa 时的密度(mg/mm^3)；ρ_{160} 为燃油压力在 160MPa 时的密度(mg/mm^3)；Q_A 为单向阀单位时间流过孔 A 的燃油量(mm^3/ms)；Q_B 为单位时间喷油嘴 B 的燃油量(mm^3/ms)

对于单向阀 A，其流入高压油管内的流量 Q_A 可以表示为：

$$Q_A = CA\sqrt{\frac{2(P_E - P_0)}{\rho_{160}}}, \tag{12.6}$$

式(12.6)中，$C=0.85$ 为流量系数，A 为小孔的面积(mm^2)，ΔP 为小孔两边的压力差(MPa)，ρ 为高压侧燃油的密度

对于喷油嘴 B，在一个周期内它的喷油量可以表示为：

$$Q_B(t) = \begin{cases} 100t, & 0 \leqslant t \leqslant 0.2, \\ 20, & 0.2 < t < 2.2, \\ -100t + 240, & 2.2 \leqslant t \leqslant 2.4. \end{cases} \tag{12.7}$$

联立式(12.5)～式(12.7)，代入数据计算得出 $t_A = 0.287\,6$ms，即单向阀每次开启时长为 0.287 6ms，但由于高压油管内存在压力波动，即油管内的压力 P 是一个关于时间的函数 $P=P(t)$，根据式(12.3)可以看出，高压油管内的密度 ρ 是关于 P 的函数 $\rho = g(P)$，即油管内的密度也不是一个恒定的值，因而通过以上方法计算出的单向阀开启时长只是一个理想状态值.

现采用微元法，仍设置 0 为初始时刻，选取研究的时间区间为 $[0, T]$，在每个时刻 dt 内，假设高压油管内的压力不变，其压力受 A 和 B 处的共同影响. 现分别考虑 A、B 两处的工作情况：当 A 处单向阀打开时，会使油管内密度增加，压强增加；当 B 处喷油嘴工作，如图 12-3 所示时，油管内密度减小，压强减小. 则在 dt 时刻内 A 处的进油速率和 B 处的出油速率可以表示为：

$$Q_A(t) = \begin{cases} CA\sqrt{\frac{2(P_E - P(t))}{\rho_{160}}}, & t \in [k(t_A+10), t_A + k(t_A+10)], k \in \mathbf{N}, \\ 0, & \text{其他}. \end{cases} \tag{12.8}$$

$$Q_B(t)=\begin{cases}100(t-100k'), & 100k'\leqslant t\leqslant 0.2+100k'\\ 20, & 0.2+100k'<t<2.2+100k'\\ -100(t-100k')+240, & 2.2+100k'\leqslant t\leqslant 2.4+100k'\\ 0, & \text{其他}.\end{cases}\tag{12.9}$$

在公式(12.8)和公式(12.9)中,k 表示 t 时刻单向阀 A 经过的周期数,k'表示 t 时刻喷油嘴 B 经过的周期数,且 $k'=\left[\dfrac{t}{100}\right]$.

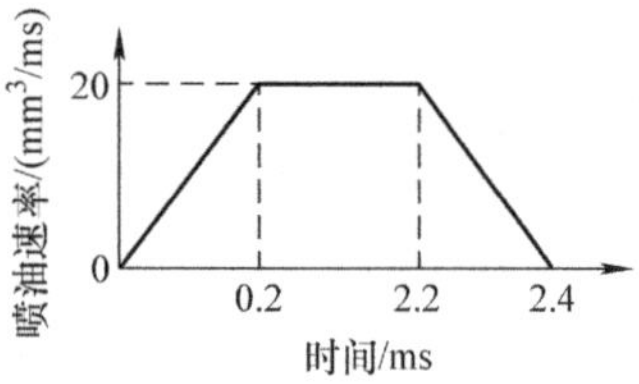

图 12-3 喷油嘴速率随时间变化关系图

则根据同一时间段内进油量与出油量的质量相同,即 $M_A=M_B$,列出积分方程:

$$\int_0^T \rho_{160}Q_A(t)\,\mathrm{d}t=\int_0^T \rho(t)Q_B(t)\,\mathrm{d}t.\tag{12.10}$$

根据微元法,在 $t+\mathrm{d}t$ 时刻 A 处进油引起管内燃油密度的变化为:

$$\rho_A(t+\mathrm{d}t)=\frac{Q_A(t)\rho_{160}\mathrm{d}t}{V},\tag{12.11}$$

B 处出油引起管内的燃油密度变化为:

$$\rho_B(t+\mathrm{d}t)=\frac{Q_B(t)\rho(t)\mathrm{d}t}{V},\tag{12.12}$$

式(12.11)和式(12.12)中,V 表示高压油管的体积.

所以 $t+\mathrm{d}t$ 时刻油管内燃油的密度可以表示为:

$$\rho(t+\mathrm{d}t)=\rho(t)+\rho_A(t+\mathrm{d}t)-\rho_B(t+\mathrm{d}t).\tag{12.13}$$

根据高压油管内压力 $P=g^{-1}(\rho)$,进而可以得出油管内 $t+\mathrm{d}t$ 时刻的压力 $P(t+\mathrm{d}t)$. 以直接求解方程(12.5)得出的单向阀开启的时间 $t_A=0.2876\text{ms}$ 为基准,联立式(12.4)以及式(12.8)~式(12.13),改变单向阀开启时间 t_A,利用二分法,经过多次迭代分析,最终选取单向阀的开启时间区间为[0.278 0ms,0.296 0ms],并使其步长为 $\mathrm{d}t=0.0001\text{ms}$,通过 MATLAB 计算每一单向阀开启时长下的油管内的压强与 P_e 的偏差平方和,由于积分后得到的偏差平方和较大,达到10^5 的数量级,因而难以反映各个单向阀开启时长下目标值的大小变化关系,因此需要把目标函数归一化,采用线性加权的方式,综合成反映总体偏差的指标.

建立如下的归一化模型:

$$n_i^*=\frac{n_i-n_{\min}}{n_{\max}-n_{\min}}.$$

式中,n_i,n_i^* 分别表示数据归一化前后的值. $n_{\max}$,$n_{\min}$分别表示样本数据中的最大、最小值.

经过归一化处理之后,画出两者关系变化曲线,如图 12-4 所示.

由图 12-4 可以看出,当 $t_A=0.2875\text{ms}$ 时,目标值偏差平方和最小,绘制该时长下高压油管内的压力变化曲线,如图 12-5 所示.

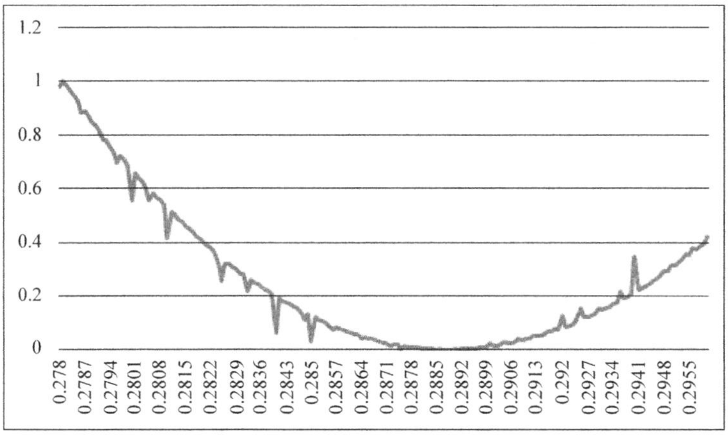

图 12-4　不同单向阀开启时长下的偏差平方和

从图中可以看出，经过一定时间后，油管内的压力稳定在 100MPa 左右.

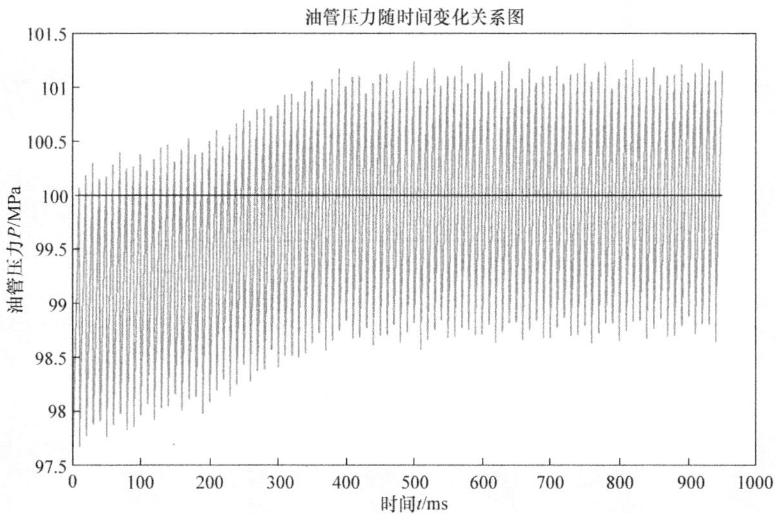

图 12-5　油管压力随时间变化关系图

4. 稳定在 150MPa 单向阀开启时长的控制

将高压油管内的压力从 100MPa 增加到 150MPa 并稳定在 150MPa，其原理与以上方法大致相同，目标函数变为：

$$Z = \min \int_{t_1}^{t_2} [P(t) - P_e - 50]^2 \mathrm{d}t \qquad (12.14)$$

即在高压油管内压力经过相当长一段时间后，压力值与期望值 150MPa 的偏差平方的积分最小. 进一步分析油管内最终压力与初始压力的关系，即在相同的单向阀开启时长 t_A 的情况下，改变油管内初始压力，观察油管内最终压力平均值的变化，并绘制图像. 由图 12-6a 中可以得知油管最终压力与初始压力无关，因而高压油管最终压力很大程度上受单向阀开启时长的影响. 此外,通过查阅资料分析并通过 MATLAB 模拟,如图 12-6b 所示,可以得出单向阀的开启时长与高压油管内的压力呈正相关关系.

类似地,利用二分法分析当高压油管内的压力从 100MPa 直接增加到 150MPa 所耗费的时间大约为 0.745 ~0.760ms. 而高压油管内最终压力与初始压力无关,即单向阀开启时长控制的末阶段耗时应为 0.745 ~0.760ms,若分别需要经过约 2s、5s 和 10s 的调整过程,则此可将单向阀的调节分为三种调整策略,即一般调整策略、快速调整策略和平稳调整策略.

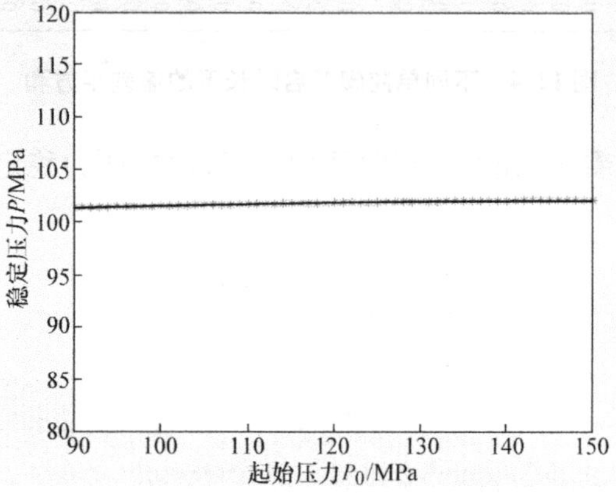

a) 相同单向阀开启时长下初始压力与油管稳定压力之间的关系

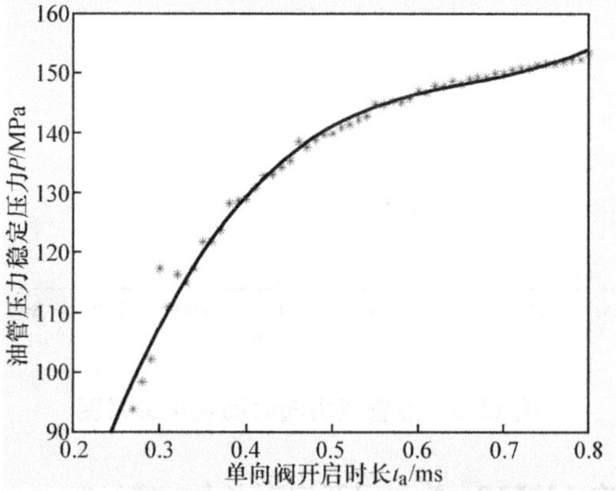

b) 不同单向阀开启时长下油管内稳定压力大小变化

图 12-6

一般调整策略 当单向阀开启时长控制在 0.745 ~0.760ms 时,高压油管经过后可以稳定在 150MPa 左右,此调整过程用时约 5s,为一般调整策略,最终得出如图 12-7 所示的曲线.

快速调整策略 快速调整策略可以分为两个阶段,即快速增压阶段和稳定阶段. 在快速增压阶段,增加单向阀供油时间,使得高压油管内的压力在短时间内迅速达到 150MPa,随后减小其供油时间,使其维持在 150MPa 左右,达到稳定阶段. 在前一阶段中,多次调节

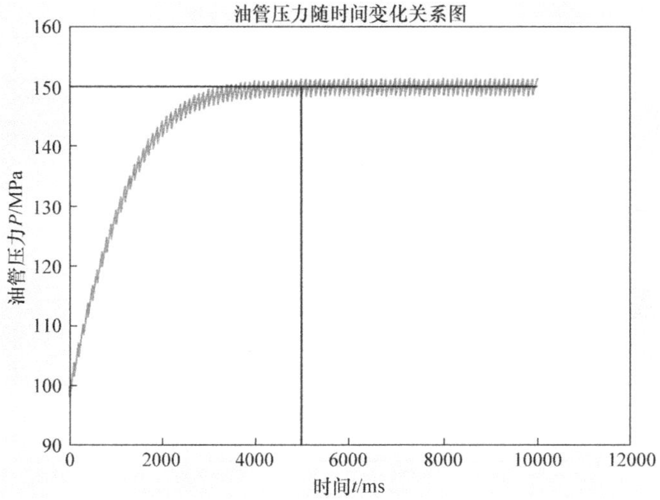

图 12-7　经过 5s 调整时油管压力曲线图

单向阀的开启时长，缩小其范围，最后确定在第一阶段开启 1. 00ms 左右，该阶段所用时长约为 1. 57s，剩余时间段即第二阶段单向阀开启时间在 0. 745 ~ 0. 760ms 之间，油管的压力最终会稳定在 150MPa 左右，且整个过程需要时间约为 2s，得出的曲线图如图 12-8 所示.

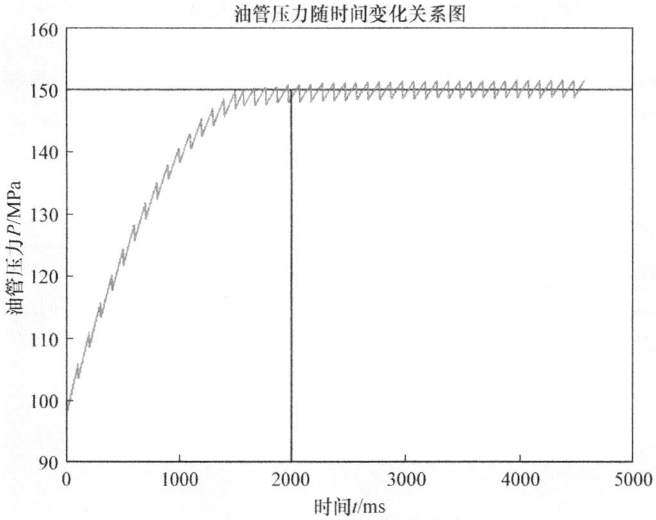

图 12-8　经过 2s 调整时油管压力曲线图

平稳调整策略　该策略下的调整时间较长，与前两种调整策略相比，为保证油管内的压力增长平稳，可将策略分为 10 个阶段，每个阶段单向阀的开启时长呈单调递增数列，数列首项为 0. 31ms，公差为 0. 05ms，即 $t_{Aj}=0.31+0.05j$，经过 10 个阶段的间歇性开启单向阀增压，在 $t_A=0.76$ms 时，油管内的压力稳定在 150MPa 左右. 其曲线图如图 12-9 所示.

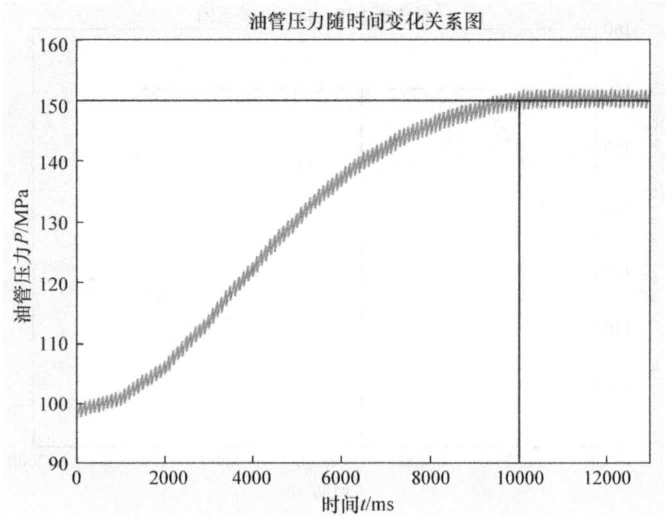

图 12-9　经过 10s 调整时油管压力曲线图

12.3 凸轮角速度的确定

在实际工作过程中,高压油管 A 处的燃油来自高压油泵的柱塞腔出口,喷油由喷油嘴的针阀控制. 高压油泵柱塞的压油过程如图 12-10 所示,凸轮驱动柱塞上下运动,柱塞腔直径为 $D=5\text{mm}$,根据附件 1(扫二维码)提供的凸轮边缘曲线与其极角的关系数据,经过处理后得到如图 12-11 所示的凸轮极径与极角的变化关系曲线图.

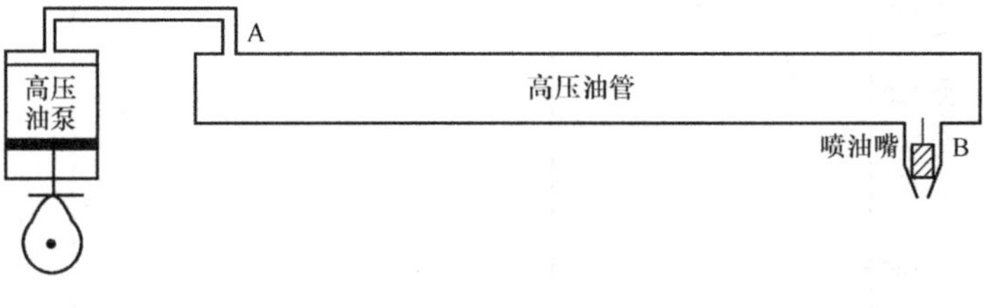

图 12-10　高压油管实际工作过程示意图

1. 柱塞位移随时间变化关系

对原数据进行函数拟合,为方便后续研究,将凸轮由初始位置绕基圆圆心顺时针旋转 90°,进行简单的三角函数变换,此时凸轮极径在 $\theta=1.5\pi$ 处取得最大极径,得出凸轮极径与极角的函数关系,即:(单位:mm)

$$r=-2.4146\sin\theta+4.8276. \tag{12.15}$$

根据图 12-12 分析,A 处的高压油泵柱塞做上下往复运动,当凸轮运动到上止点时,高压油泵内的柱塞腔体积最小,柱塞腔残余容积为 20mm^3，运动到下止点时，低压燃油会充满柱塞腔（包括残余容积），此时的燃油压力为 0.5MPa.

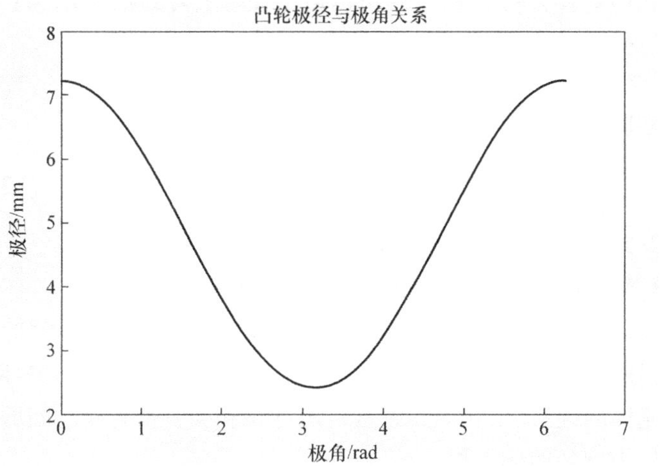

图 12-11　凸轮极径与极角关系曲线图

以凸轮基圆为原点建立直角坐标系，如图 12-12 所示，A 点和 B 点位柱塞与凸轮接触的点，当凸轮逆时针转动 φ 角时，柱塞上升高度为 h. 在任意时刻，柱塞与凸轮的交点坐标可由极角 θ 与极径 r 表示为：

$$\begin{cases} x = r\cos\theta, \\ y = r\sin\theta. \end{cases} \tag{12.16}$$

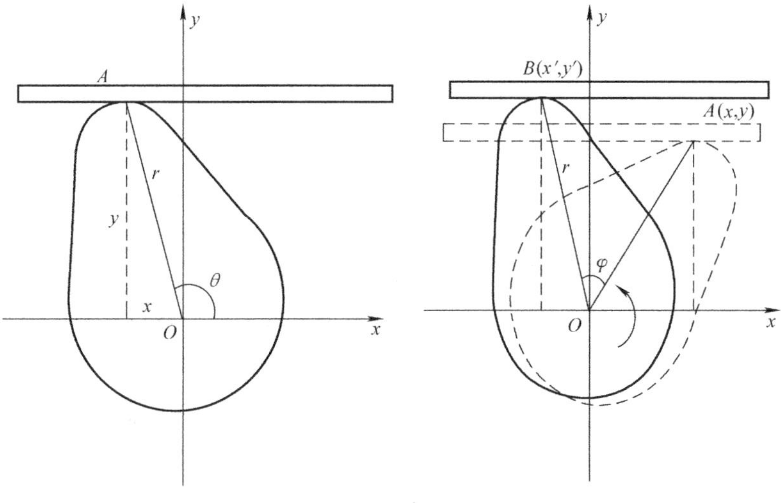

图 12-12　凸轮运动几何关系图

当凸轮转动一个角度 φ 时，即由 $A(x,y)$ 到 $B(x',y')$ 点，根据几何关系，有：

$$\begin{cases} x' = x\cos\varphi - y\sin\varphi, \\ y' = x\sin\varphi + y\cos\varphi. \end{cases} \tag{12.17}$$

且旋转角度差：

$$\varphi=\omega t. \tag{12.18}$$

联立式(12.15)～式(12.18)可以得出柱塞上升的距离 h，为：

$$h(t)=\max\{(-2.4146\sin\theta+4.8276)\sin(\omega t+\theta)\}. \tag{12.19}$$

则柱塞腔内体积变化 $V_L(t)$ 可以表示为：

$$V_L(t)=20+\pi\left(\frac{D}{2}\right)^2 h(t). \tag{12.20}$$

式(12.20)中，D 表示柱塞腔直径.

2. 喷油嘴的喷油速率随时间变化的关系

喷油器喷嘴由直径为 $d_{针}=2.5\text{mm}$ 的针阀和半角为 9°的圆锥状密封座构成，最下端喷口直径为 $d_{底}=1.4\text{mm}$，如图 12-13 所示，根据流体的性质，由几何关系可得出针阀和圆锥密封座之间的最小截面积为圆台的侧面积.

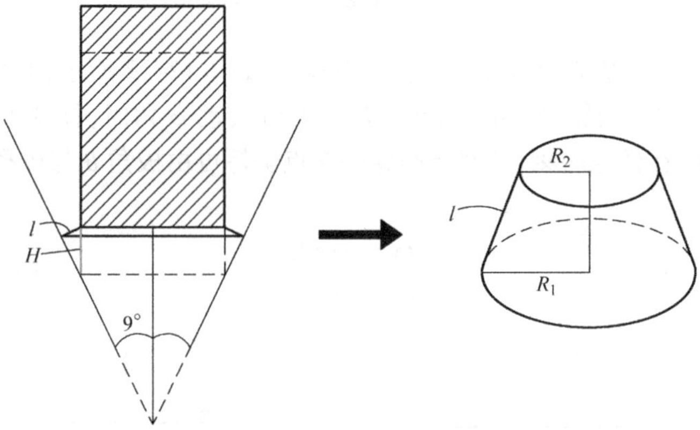

图 12-13 喷油嘴结构示意图

根据圆台侧面积公式 $S=\pi l(R_1+R_2)$，分析图中的几何关系，可以得出

$$\begin{cases}R_1=d_{针}/2+H\sin9°\times\cos9°,\\ R_2=d_{针}/2,\\ l=H\sin9°.\end{cases}$$

将以上关系代入圆台的侧面积公式，可以得到针阀和圆锥密封座之间的最小截面积 S_1 与针阀升程 H 之间的函数关系：

$$S_1=\pi H\sin9°\cdot(d_{针}+H\sin9°\times\cos9°). \tag{12.21}$$

而喷油嘴最下端喷孔面积为：

$$S_2=\pi\left(\frac{d_{底}}{2}\right)^2=0.49\pi. \tag{12.22}$$

则喷油嘴喷油的有效面积为 $S=\min\{S_1,S_2\}$.

根据附件 2(扫二维码)给出的在一个喷油周期内针阀升程与

时间关系的数据，得出喷油嘴的喷油速率随时间的函数关系 $H=H(t)$，如图 12-14 所示. 从图中可以看出，在一个周期内的针阀升程可以分为三个阶段，且前后两个阶段对称分布，中间阶段为恒定值，根据式（12.21）和式（12.22）可以得出喷油嘴处有效喷油面积随时间变化关系，如图 12-14 所示，其变化规律与图 12-3 相近.

此时喷油嘴的喷油速率随时间变化可以表示为：

$$Q_B'(t)=\begin{cases}CS(t)\sqrt{\dfrac{2\Delta P}{\rho}}, & nT\leqslant t\leqslant 2.45+nT, n\in\mathbf{N},\\ 0, & \text{其他}.\end{cases}\tag{12.23}$$

式中，周期 $T=100\text{ms}$，ΔP 表示高压油管 B 处的内外压强差，ρ 表示高压油管的燃油密度.

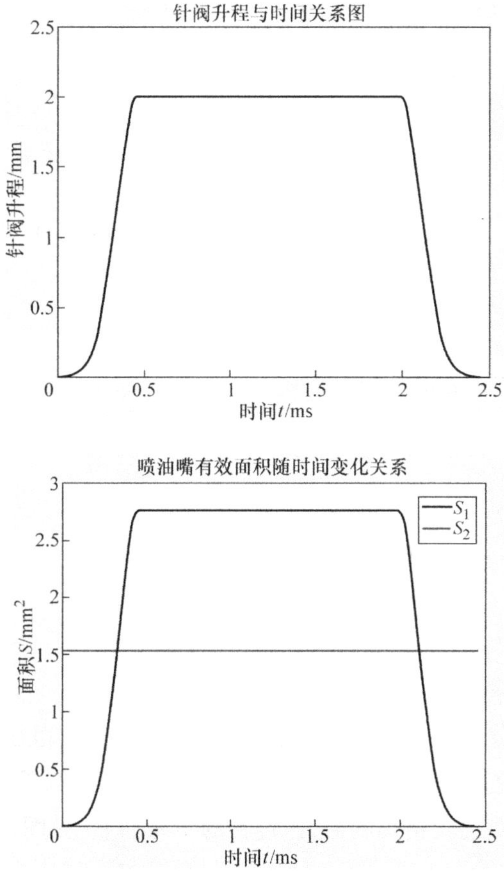

图 12-14　针阀升程与时间的关系图

3. 高压油管内压力最优控制模型

与问题 1 相比，问题 2 发生了两处变化：一是左侧 A 处考虑了高压油泵的控制作用;二是喷油嘴结构增加了针阀并影响了该处的喷油速率. 其目标函数仍为公式(12.4),由于 A 处初始压力变为 0.5MPa,则质量守恒方程变为

$$\int_0^T \rho_L(t) Q'_A(t)\,\mathrm{d}t = \int_0^T \rho_R(t) Q'_B(t)\,\mathrm{d}t. \tag{12.24}$$

A 处的进油速率变为:

$$Q'_A(t) = \begin{cases} CA\sqrt{\dfrac{2(P_L(t) - P_R(t))}{\rho_L(t)}}, & P_L > P_R, \\ 0, & P_L \leqslant P_R. \end{cases} \tag{12.25}$$

式(12.24)和式(12.25)中,P_L 表示左侧高压油泵内的压力,P_R 表示右侧高压油管内的压力,ρ_R 表示油管内的密度,ρ_L 表示高压油泵内的密度.

综上所述,在添加了高压油泵和喷油嘴结构后的约束条件为:

$$\text{s.t.}\begin{cases} \displaystyle\int_0^T \rho_L(t) Q'_A(t)\,\mathrm{d}t = \int_0^T \rho_R(t) Q'_B(t)\,\mathrm{d}t, \\ Q'_A(t) = \begin{cases} CA\sqrt{\dfrac{2(P_L(t) - P_R(t))}{\rho_L(t)}}, & P_L > P_R, \\ 0, & P_L \leqslant P_R, \end{cases} \\ Q'_B(t) = \begin{cases} CS(t)\sqrt{\dfrac{2\Delta P}{\rho}}, & nT \leqslant t \leqslant 2.45 + nT, n \in \mathbf{N} \\ 0, & \text{其他}, \end{cases} \\ P = g^{-1}(\rho), \\ S(t) = \min\{S_1(t), S_2\}, \\ V_L(t) = 20 + \pi\left(\dfrac{D}{2}\right)^2 h(t), \\ \rho_L(t) = \dfrac{M(t)}{V_L(t)}. \end{cases} \tag{12.26}$$

式(12.26)中,$M(t)$ 表示 t 时刻高压油泵的质量.

4. 模型求解

使用二分法经过多次试验,发现凸轮角速度范围在 0.02 ~ 0.03rad/ms之间时,油管最终压力比较稳定,通过双重迭代确定凸轮角速度相对比较精确的值,该过程的步骤如下(见图 12-15):

步骤 1:

初始化,并令角速度在 0.026 6 ~ 0.028 5rad/ms 以步长为 0.000 1rad/ms进行仿真迭代. 在每一个角速度下,以 t_0 = 0.01ms 为步长在时间区间[0.01ms,5s]内再次迭代.

对于柱塞的升程 h,采用以 $\pi/90$ 为步长,在区间$[0,2\pi]$内进

行搜索，找出每一时刻柱塞的最大升程.

步骤 2：

凸轮转动引起柱塞腔体积变化为 $V_{L(i+1)}=V_{L(i)}-\pi\left(\frac{D}{2}\right)^2\Delta h(t)$，所以密度变为

$$\rho_{LL(i+1)}=\frac{\rho_{L(i)}V_{L(i)}}{V_{L(i+1)}},$$

这里 ρ_{LL} 表示仅考虑凸轮转动时对高压油泵的密度影响.

步骤 3：

在第 i 次循环时，判断高压油泵内的压力 P_L 与此时高压油管内的压力 P_R 的大小关系，

若 $P_L>P_R$ 则单向阀打开，A 处向高压油管中供油，使得高压油管中密度变化为

$$\rho_{A(i+1)}=\frac{Q'_{A(i+1)}(t)t_0\rho_{L(i)}}{V};$$

若 $P_L<P_R$ 时，A 处单向阀关闭，则 $\rho_{A(i+1)}=0$.

步骤 4：

判断时间 t 时，喷油嘴 B 处开口面积与最下端喷口直径比较，从而确定 B 处燃油可流通面积，由

$$Q'_{B(i+1)}(t)=CS(t)\sqrt{\frac{2P_{R(i)}}{\rho_{R(i)}}}.$$

求得 B 处流通速度，第 $i+1$ 时刻 B 使高压油管密度变化为

$$\rho_{B(i+1)}=\frac{Q'_{B(i)}(t)t_0\rho_{R(i)}}{V}.$$

步骤 5：

对于高压油泵而言，其压力受凸轮转动和 A 处向高压油管供油综合影响，第 $i+1$ 时刻密度变为

$$\rho_{L(i+1)}=\rho_{LL(i+1)}-\rho'_{A(i+1)},\rho'_{A(i+1)}(t)=\frac{Q'_{A(i)}(t)t_0\rho_{R(i)}}{V_{L(i+1)}(t)},$$

ρ'_A 表示 A 处向高压油管进油对油泵的密度变化；对于高压油管而言，其压力受 A 处供油和 B 处喷油共同影响，第 $i+1$ 时刻密度变为

$$\rho_{R(i+1)}=\rho_{A(i+1)}-\rho_{B(i+1)}+\rho_{R(i)}.$$

由 $P=g^{-1}(\rho)$ 则可求得对应时刻的压力.

步骤 6：

求出每个角速度下压力的偏差平方和，选择偏差平方和最小的角速度即为所求角速度. 过程实现的具体流程图如下所示：

迭代后得出的一系列不同角速度下的油管内压力平均值，并进行归一化处理，绘制出相应图像，如图 12-16 所示.

从图中可以看出，当凸轮角速度为 0. 027 4rad/ms，即凸轮转速

大约为 262rad/min 时,求得的油管压力偏差平方和最小,对应的油管压力变化图像如图 12-17 所示.

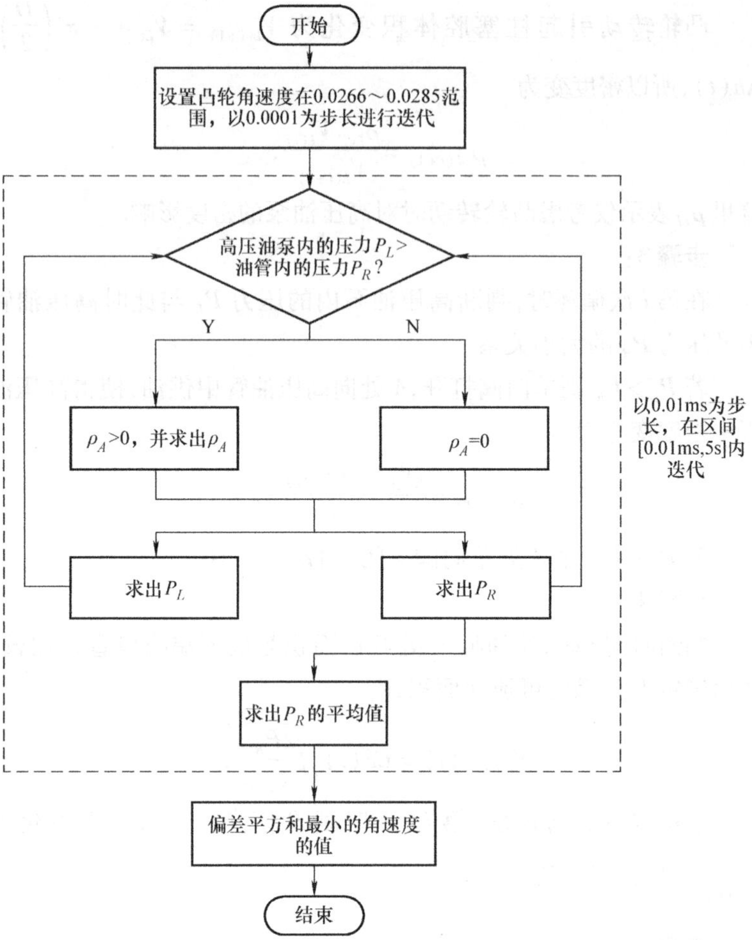

图 12-15　迭代程序流程图

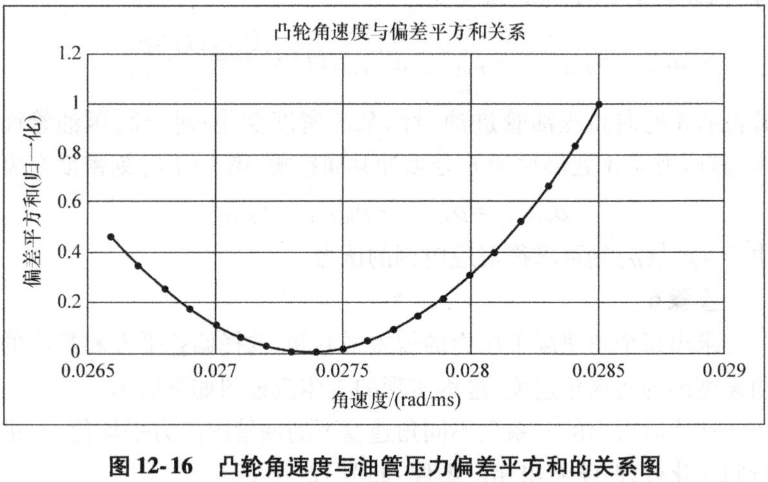

图 12-16　凸轮角速度与油管压力偏差平方和的关系图

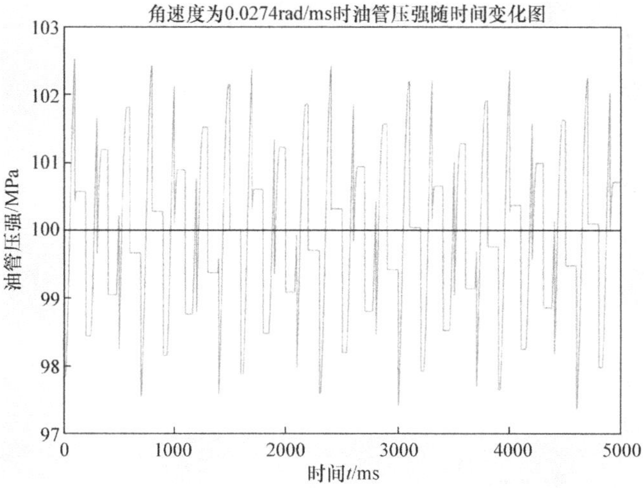

图 12-17　角速度为 0.027 4rad/ms 时油管压力变化图

12.4 双喷头情况下的控油策略分析

在问题 2 的基础上，油管增加一个相同的喷油嘴 C（如图 12-18 所示，此处单向减压阀 D 关闭），且仍将其压力稳定在 100MPa 左右. 两个喷油嘴的喷油规律相同，此时需要控制喷油嘴 B 与喷油嘴 C 的工作时间间隔，假设喷油嘴 B 在 $t=0$ 时刻开始工作，则喷油嘴 C 在 $t=\Delta t$ 时刻开始工作，即两者开始工作的时间间隔为 Δt.

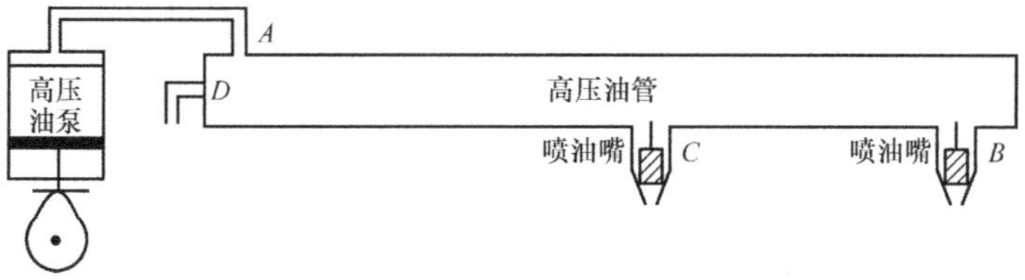

图 12-18　具有减压阀和两个喷油嘴时高压油管示意图

该问题与问题 2 的目标函数不变，约束条件增加了一个喷油嘴 C，基于此建立双喷头情况下的控油模型：

$$Z = \min \int_{t_1}^{t_2} (P_R(t) - P_e)^2 \mathrm{d}t.$$

$$
\text{s.t.}\begin{cases}
\int_0^T \rho_L(t)Q'_A(t)\mathrm{d}t = \int_0^T \rho_R(t)Q'_B(t)\mathrm{d}t,\\
Q'_A(t) = \begin{cases} CA\sqrt{\dfrac{2(P_L(t)-P_R(t))}{\rho_L(t)}}, & P_L > P_R,\\ 0, & P_L \leqslant P_R,\end{cases}\\
Q'_B(t) = \begin{cases} CS(t)\sqrt{\dfrac{2\Delta P}{\rho}}, & nT \leqslant t \leqslant 2.45 + nT, n \in \mathbf{N},\\ 0, & \text{其他},\end{cases}\\
Q_C(t) = \begin{cases} CS(t)\sqrt{\dfrac{2\Delta P}{\rho}}, & nT + \Delta t \leqslant t \leqslant 2.45 + \Delta t + nT, n \in \mathbf{N},\\ 0, & \text{其他},\end{cases}\\
P = g^{-1}(\rho),\\
S(t) = \min\{S_1(t), S_2\},\\
V_L(t) = 20 + \pi\left(\dfrac{D}{2}\right)^2 h(t),\\
\rho_L(t) = \dfrac{M(t)}{V_L(t)}.
\end{cases}
\tag{12.27}
$$

当增加一个喷油嘴时，高压油管内的压力下降速度加快，所以 A 处进油速率也应适当加大，以平衡管内压力. 根据问题 2 得出单个喷油嘴在工作时的最优角速度值 $\omega=0.0274\text{rad/ms}$，若增加一个喷油嘴，则出油量约为原来喷油量的 2 倍，则此时角速度值也应该增加到原角度值的 2 倍左右.

该模型中有两个变量，分别为凸轮转动角速度 ω 和两喷油嘴的工作时间间隔 Δt，在此基础上，构建双重搜索算法进行迭代求解，外层循环为角速度 ω，即此处以 0.001rad/ms 为步长，在区间 $[0.05, 0.06]$ 进行迭代；内层循环为时间间隔 Δt，令时间间隔 $\Delta t = mT/8, m=1,2,\cdots,8$，这里的 T 为喷油嘴的工作周期，求出每一轮迭代下油管压力与 100MPa 的偏差平方和. 通过计算，绘制出如图 12-19所示的结果.

由图中可以得出，在角速度 $\omega=0.055\text{rad/ms}$，两喷油嘴工作时间间隔 $\Delta t=4T/8$，即 $\Delta t=50\text{ms}$ 时，存在最小的偏差平方和.

由于所选取的相邻时间间隔较大，现缩小范围，在凸轮角速度为 0.055rad/ms 的条件下，以 1ms 为步长，在 $\Delta t\in[35, 65]$ 的时间间隔区间内再次迭代分析，求出每一个时间间隔对应下的偏差平方和并归一化，得到结果如图 12-20 所示.

从图中可以看出，在 $\Delta t=45\text{ms}$ 时，目标值偏差平方和最小. 即当凸轮角速度 $\omega=0.055\text{rad/ms}$，两喷油嘴时间间隔 $\Delta t=45\text{ms}$ 时，油管内的压力可以稳定在 100MPa 左右，即油管内的压力的波动最小，为最优的控油策略，并绘制出该情况下高压油管内压力变化图像，如图 12-21 所示.

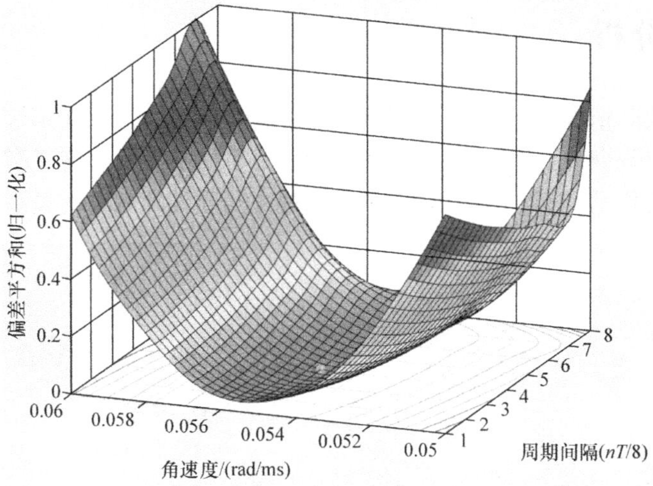

图 12-19　不同角速度与喷油嘴工作时间间隔下油管压力的偏差平方和

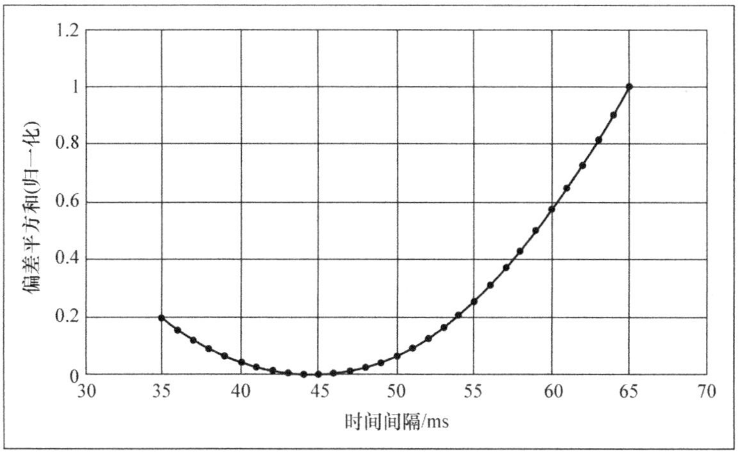

图 12-20　凸轮角速度在 0.055rad/ms 下不同时间间隔下的偏差平方和

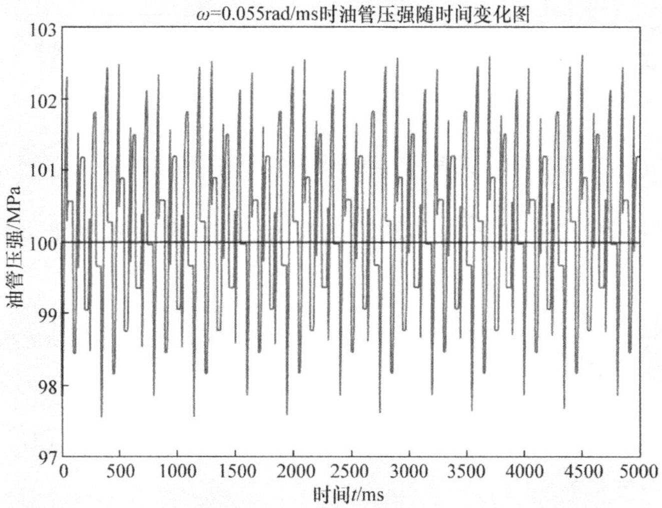

图 12-21　油管内压力变化图

12.5 多个喷油嘴的拓展分析

实际情况下一个高压共轨管会连接多个喷油嘴，如图 12-22 所示，以提高喷油效率以及压力稳定性. 现考虑多个喷油嘴下高压油管的工作情况，寻求高压油泵的供油速率与喷油嘴数量的关系.

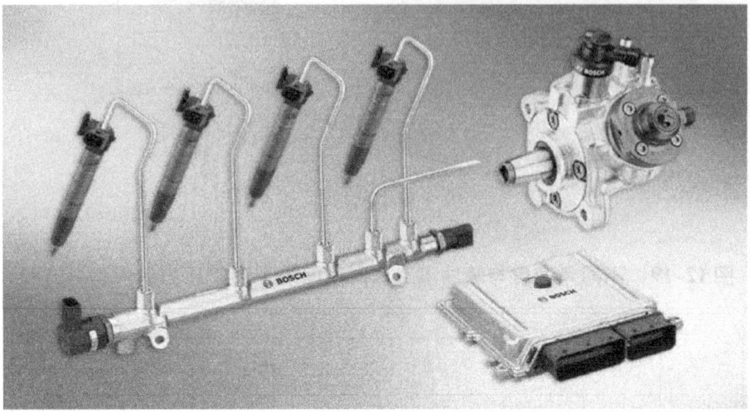

图 12-22　高压共轨系统实物示意图

在计算两个喷油嘴的工作情况时，两个喷油嘴的工作时间间隔为 45ms，再引入一个喷油嘴时，如图 12-23 所示，则三个喷油嘴工作时间间隔现在是未知的，若重新引入变量讨论这三个喷油嘴两两工作时间间隔变化时会使计算量大大增加，现简化考虑，假设在一个周期内这三个喷油嘴的工作时间间隔是相等的，观察压力最终稳定时的最优凸轮角速度.

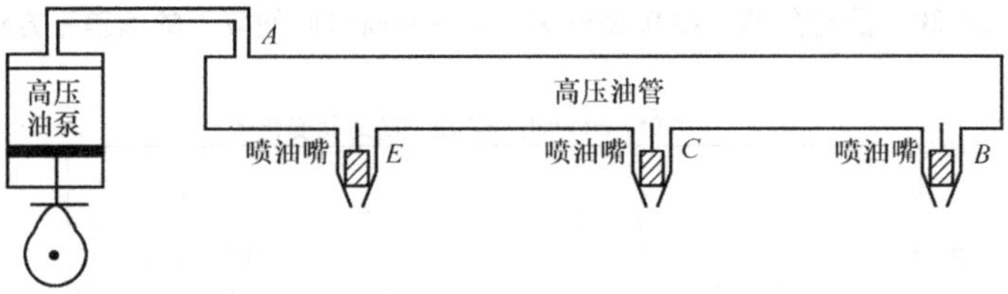

图 12-23　具有三个喷油嘴时的高压油管示意图

根据假设，并结合式(12.27)，喷油嘴 E 的喷油规律可以表示为：

$$Q_E(t)=\begin{cases}CS(t)\sqrt{\dfrac{2\Delta P}{\rho}}, & nT+2\Delta t\leqslant t\leqslant 2.45+2\Delta t+nT, n\in\mathbf{N},\\ 0, & \text{其他}.\end{cases} \tag{12.28}$$

式中，$\Delta t=T/3$.

联立式(12.4)、式(12.27)～式(12.28)建立单目标规划模型，采用搜索算法求解,凸轮角速度以 0.000 5rad/ms 为步长,在区间[0.078,0.088]内进行迭代,计算得到不同凸轮角速度下的目标值,如图 12-24 所示:

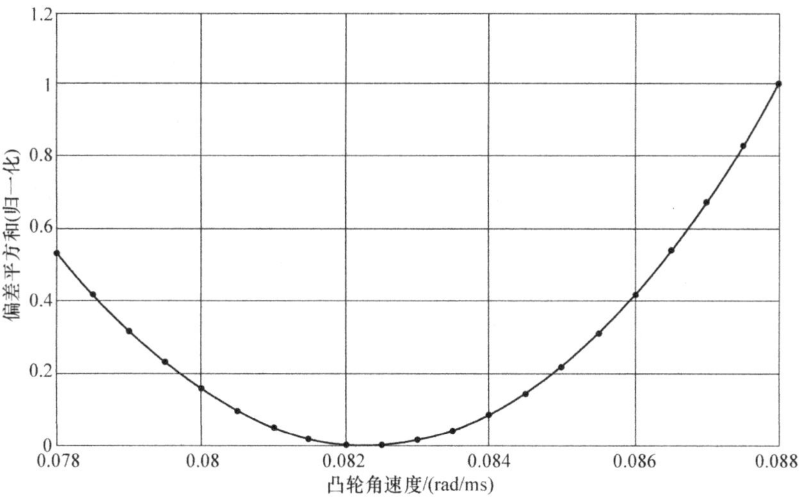

图 12-24　不同凸轮角速度下的偏差平方和

根据图中可以得出,在凸轮角速度 $\omega=0.0825$rad/ms 时的目标值最小,即此时的高压油管内的压力波动最稳定,绘制出该情况下的高压油管压力随时间变化图像,如图 12-25 所示.

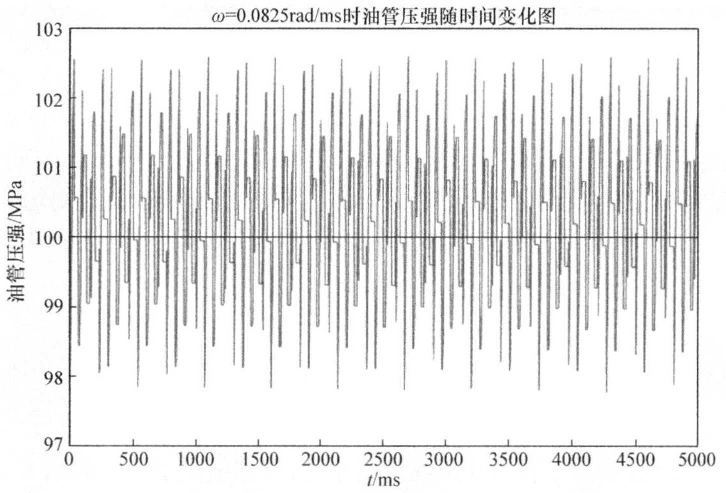

图 12-25　油管压力变化图

同理可计算出在 4 个喷油嘴条件下的最优目标值. 对比不同的喷油嘴个数下,高压油管压力随时间变化图像的参数变化,如表 12-1 所示.

表 12-1　不同喷油嘴个数的图像参数(单位:MPa)

喷油嘴个数	压力均值	最大值	最小值	极差	标准差	凸轮角速度/(rad/ms)
1	100.1	102.6	97.56	5.015	1.074	0.027 4
2	100.2	102.6	97.56	5.066	1.068	0.055
3	100.3	102.6	97.77	4.834	1.059	0.082
4	100.3	102.6	97.83	4.763	1.052	0.110

根据分析,凸轮角速度与喷油嘴个数之间存在线性相关关系,即 $\omega = kn$. 随着喷油嘴个数增多,高压油管内压力随时间变化图像的标准差呈现逐渐减小的趋势,这与先前假设相符,表明喷油嘴数量增加到一定情况下高压油管体现出较好的稳定性方案

增加单向减压阀后,如图 12-18 所示,在油管压力提升至一定值后,减压阀打开,使得油管内的压力能够迅速下降,达到控制高压油管内压力的作用. 减压阀具有减压、稳压的作用,适当调节单向减压阀的开启时长可以有效控制高压油管内的压力峰值,其调整方法有两种:

(1)当高压油管内压力达到一定值时,令减压阀开启减压;

(2)令减压阀在一个周期内开启一段时间持续减压,这种情况下减压阀的功效类似于喷油嘴,即都是周期性的工作.

经过对比分析,若单向减压阀像喷油嘴一样周期性工作,此时可以看作是三个喷油嘴的情况,其控制的效果与图 12-21 所示的结果相近,管内压力波动仍然较大,不能达到满意的结果;如果在当油管内压力达到某一临界值时,开启减压阀减压,理论上可以控制油管内压力曲线的波动范围,改善效果会更加明显.

下面针对第一种情况进行量化分析,定义减压阀参数 K 为压力阈值,当高压油管内压力高于压力阈值时,单向减压阀启动,当高压油管内压力低于压力阈值时,单向减压阀关闭;假设原来的两个喷油嘴的工作情况保持不变,即两工作时间间隔 $\Delta t = 45\text{ms}$,探究此时凸轮角速度与 K 在变化时,高压油管内的压力随时间的变化.

目标函数仍为求高压油管在稳定时的压力偏差平方和,即:

$$Z = \min \int_{t_1}^{t_2} (P_R(t) - P_e)^2 \mathrm{d}t.$$

定义符号函数:

$$\operatorname{sign}(\Delta P) = \begin{cases} 1, P_R \geqslant K, \\ 0, P_R < K. \end{cases} \tag{12.29}$$

式(12.29)中,P_R 表示高压油管内压力,当该值大于压力阈值 K 时,符号函数值为 1,表示减压阀开启. 则减压阀的流量方程可以表示为:

$$Q_D(t) = \operatorname{sign}(\Delta P) C S_D \sqrt{\frac{2(P_R(t) - 0.5)}{\rho_R(t)}}, \tag{12.30}$$

式(12.30)中,S_D 表示单向减压阀的截面面积,ρ_R 表示油管内的密度,0.5MPa 表示外部低压油路.

约束条件变为式(12.27)、式(12.29)和式(12.30). 利用多重

搜索算法搜索最优解，以 0.5MPa 为步长，使压力阈值 K 在区间 [100,105] 内进行迭代，内层循环为凸轮角速度，即以 0.01rad/ms 为步长，使其在区间 [0.055,0.2] 内进行迭代，求出每一个压力阈值下对应的凸轮角速度的偏差平方和，找到最小的偏差平方和即为所求最优解.

经过运算，找到不同压力阈值下的高压油管内偏差平方和与凸轮角速度的变化关系图，如图 12-26 所示. 从图像的变化规律可以看出，当压力阈值 K 在 100～101.5MPa 之间时，随着凸轮角速度增加，目标值呈现逐渐减小的趋势；当 K 值在 102MPa 以上时，目标值呈现出逐渐增大的趋势，说明此时 K 值设置过大，减压阀基本不起作用.

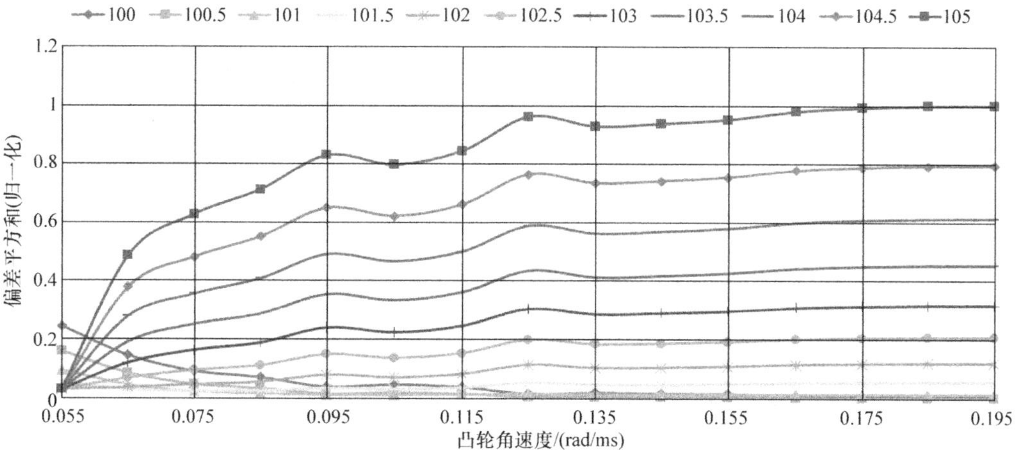

图 12-26　不同压力阈值下偏差平方和与凸轮角速度的变化关系

求得当 $K=100.5\text{MPa}$，$\omega=0.185\text{rad/ms}$ 时，其目标值最小. 并绘制出此时油管内压力随时间变化关系图，如图 12-27 所示.

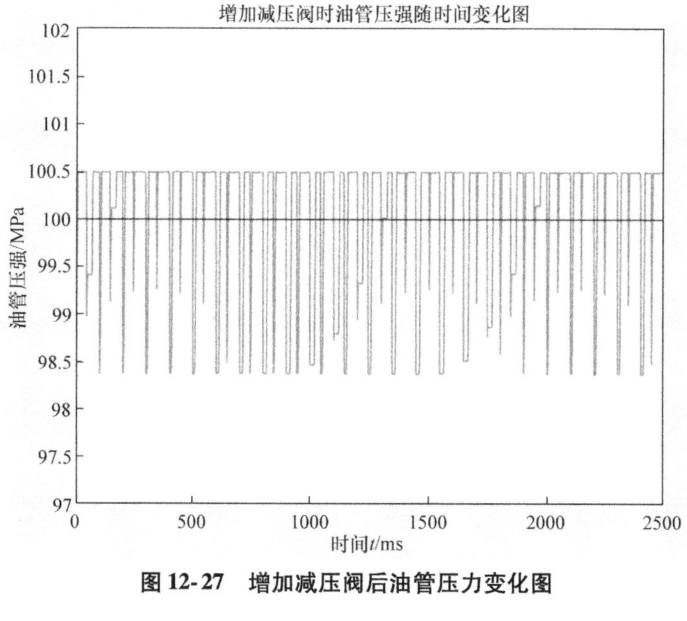

图 12-27　增加减压阀后油管压力变化图

习题 12

1. 根据已有数据,编写代码,拟合弹性模量与压力的关系式.

2. 编写算法,绘制出问题 1 相关的图像.

3. 编写算法,求解在式(12.4)目标下式(12.26)优化问题的解.

4. 编写算法,求解在式(12.4)目标下式(12.27)优化问题的解.

5. 讨论喷油嘴的个数对凸轮角速度的影响.

附录 全国大学生数学建模竞赛部分试题

2018 A 题　高温作业专用服装设计

在高温环境下工作时，人们需要穿着专用服装以避免灼伤. 专用服装通常由三层织物材料构成，记为Ⅰ、Ⅱ、Ⅲ层，其中Ⅰ层与外界环境接触，Ⅲ层与皮肤之间还存在空隙，将此空隙记为Ⅳ层.

为设计专用服装，将体内温度控制在37℃的假人放置在实验室的高温环境中，测量假人皮肤外侧的温度. 为了降低研发成本、缩短研发周期，请你们利用数学模型来确定假人皮肤外侧的温度变化情况，并解决以下问题：

(1) 专用服装材料的某些参数值由附件一（扫二维码）给出，对环境温度为75℃、Ⅱ层厚度为6mm、Ⅳ层厚度为5mm、工作时间为90min的情形开展实验，测量得到假人皮肤外侧的温度（见附件二）. 建立数学模型，计算温度分布，并生成温度分布的Excel文件（文件名为problem1.xlsx）.

(2) 当环境温度为65℃、Ⅳ层的厚度为5.5mm时，确定Ⅱ层的最优厚度，确保工作60min时，假人皮肤外侧温度不超过47℃，且超过44℃的时间不超过5min.

(3) 当环境温度为80℃时，确定Ⅱ层和Ⅳ层的最优厚度，确保工作30min时，假人皮肤外侧温度不超过47℃，且超过44℃的时间不超过5min.

2017 B 题　"拍照赚钱"的任务定价

"拍照赚钱"是基于移动互联网的一种自助式服务模式. 用户下载APP，注册成为APP的会员，然后从APP上领取需要拍照的任务（比如到超市去检查某种商品的上架情况），赚取APP对任务所标定的酬金. 这种基于移动互联网的自助式劳务众包平台，为企业提供各种商业检查和信息搜集，相比传统的市场调查方式可以大大节省调查成本，而且有效地保证了调查数据真实性，缩短了调查的周期. 因此APP成为该平台运行的核心，而APP中的任务定价又是其核心要素，如果定价不合理，有的任务就会无人问津，而导致商品检查的失败.

附件一是一个已结束项目的任务数据(扫二维码,包含了每个任务的位置、定价和完成情况(“1”表示完成,“0”表示未完成);附件二是会员信息数据(扫二维码),包含了会员的位置、信誉值、参考其信誉给出的任务开始预订时间和预订限额,原则上会员信誉越高,越优先开始挑选任务,其配额也就越大(任务分配时实际上是根据预订限额所占比例进行配发);附件三是一个新的检查项目任务数据(扫二维码),只有任务的位置信息. 请完成下面的问题:

1. 研究附件一中项目的任务定价规律,分析任务未完成的原因;

2. 为附件一中的项目设计新的任务定价方案,并和原方案进行比较;

3. 实际情况下,多个任务可能因为位置比较集中,导致用户会争相选择,一种考虑是将这些任务联合在一起打包发布. 在这种考虑下,如何修改前面的定价模型,对最终的任务完成情况又有什么影响?

4. 对附件三中的新项目给出你的任务定价方案,并评价该方案的实施效果.

附件一:已结束项目任务数据

附件二:会员信息数据

附件三:新项目任务数据

2016 A 题　系泊系统的设计

近浅海观测网的传输节点由浮标系统、系泊系统和水声通信系统组成,如图 1 所示. 某型传输节点的浮标系统可简化为底面直径 2m、高 2m 的圆柱体,浮标的质量为 1 000kg. 系泊系统由钢管、钢桶、重物球、电焊锚链和特制的抗拖移锚组成. 锚的质量为 600kg,锚链选用无档普通链环,近浅海观测网的常用型号及其参数在附表中列出. 钢管共 4 节,每节长度为 1m,直径为 50mm,每节钢管的质量为 10kg. 要求锚链末端与锚的链接处的切线方向与海床的夹角不超过 16°,否则锚会被拖行,致使节点移位丢失. 水声通信系统安装在一个长为 1m、外径为 30cm 的密封圆柱形钢桶内,设备和钢桶总质量为 100kg. 钢桶上接第 4 节钢管,下接电焊锚链. 钢桶竖直时,水声通信设备的工作效果最佳. 若钢桶倾斜,则影响设备的工作效果. 钢桶的倾斜角度(钢桶与竖直线的夹角)超过 5°时,设备的工作效果较差. 为了控制钢桶的倾斜角度,钢桶与电焊锚链链接处可悬挂重物球.

系泊系统的设计问题就是确定锚链的型号、长度和重物球的质量,使得浮标的吃水深度和游动区域及钢桶的倾斜角度尽可能小.

问题 1　某型传输节点选用Ⅱ型电焊锚链 22. 05m,选用的重

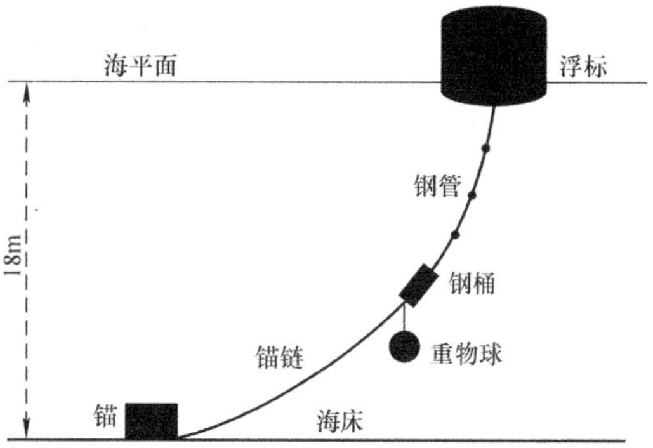

图 1　传输节点示意图(仅为结构模块示意图,未考虑尺寸比例)

物球的质量为 1 200kg. 现将该型传输节点布放在水深 18m、海床平坦、海水密度为 1.025×10^3kg/m^{3}的海域. 若海水静止,分别计算海面风速为 12m/s 和 24m/s 时钢桶和各节钢管的倾斜角度、锚链形状、浮标的吃水深度和游动区域.

问题 2　在问题 1 的假设下,计算海面风速为 36m/s 时钢桶和各节钢管的倾斜角度、锚链形状和浮标的游动区域. 请调节重物球的质量,使得钢桶的倾斜角度不超过 5°,锚链在锚点与海床的夹角不超过 16°.

问题 3　由于潮汐等因素的影响,布放海域的实测水深介于 16 ~ 20m之间. 布放点的海水速度最大可达到 1.5m/s、风速最大可达到 36m/s. 请给出考虑风力、水流力和水深情况下的系泊系统设计,分析不同情况下钢桶、钢管的倾斜角度、锚链形状、浮标的吃水深度和游动区域.

说明　近海风荷载可通过近似公式 $F=0.625\times Sv^2$N 计算,其中 S 为物体在风向法平面的投影面积(m^2),v 为风速(m/s). 近海水流力可通过近似公式 $F=374\times Sv^2$N 计算,其中 S 为物体在水流速度法平面的投影面积(m^2),v 为水流速度(m/s).

附表　锚链型号和参数表

型号	长度/mm	单位长度的质量/(kg/m)
Ⅰ	78	3.2
Ⅱ	105	7
Ⅲ	120	12.5
Ⅳ	150	19.5
Ⅴ	180	28.12

注:长度是指每节链环的长度.

参考文献

[1]姜启源,谢金星,叶俊.数学模型[M].4版.北京:高等教育出版社,2011.

[2]姜启源,谢金星,叶俊.数学模型[M].5版.北京:高等教育出版社,2018.

[3]李大潜.中国大学生数学建模竞赛[M],北京:高等教育出版社,1998.

[4]张平文.数学建模进入课堂已经成为世界教育的潮流[J].数学教育学报,2017,26(6):6-7.

[5]谢金星,薛毅.优化建模与LINDO/LINGO[M].北京:清华大学出版社,2005.

[6]王兵团.数学建模简明教程[M].北京:清华大学出版社,2012.

[7]李尚志.数学建模竞赛教程[M].南京:江苏教育出版社,1996.

[8]司守奎、孙玺菁.数学建模算法与应用[M].北京:国防工业出版社,2011.

[9]王兵团,张志刚,朱婧,等.Matlab与数学实验[M].北京:中国铁道出版社,2002.

[10]边馥萍.数学模型方法与算法[M].北京:高等教育出版社,2005.

[11]谭永基,蔡志杰.数学模型[M].上海:复旦大学出版社,2005.

[12]雷功炎.数学模型讲义[M].2版.北京:北京大学出版社,2013.

[13]刘来福.数学模型与数学建模[M].北京:北京师范大学出版社,2009.

[14]朱婧,胡志兴,郑连存.数学模型简明教程[M].北京:科学出版社,2015.

[15]吕晓辰.高压共轨系统高压管路压力波动特性仿真研究及结构优化[D].北京:北京交通大学,2016.

[16]孙泽洲,张熇,吴学英,等.嫦娥四号着陆器在轨实践总结与评估[J].中国科学,2019,49(12),1397-1407.

[17]韩中庚,杜剑平.嫦娥三号软着陆轨道设计与控制策略问题评析[J].数学建模及其应用,2014(4):31-38.

[18]杜剑平,韩中庚.嫦娥三号软着陆轨道设计与控制策略的优化模型[J].数学建模及其应用,2014(4):39-53.

[19]王琴.中国探月工程(嫦娥四号专题)[J].现代物理知识,2019,31(3):3-5.

[20]郑建国,陶禹诺,严洒洒.嫦娥三号软着陆轨道设计与控制策略[OL].全国大学生数学建模竞赛组委会http://dxs.moe.gov.cn/zx/a/qkt_sxjm/141114/1316896.shtml.

[21]李威,王小群.机械设计基础[M].2版.北京:机械工业出版社,2007.

[22]周义仓,陈磊.柴油机供喷油过程的压力变化与控制[J].数学建模及其应用,2020(1):33-39.

[23]赵万林.柴油机高压共轨系统供油及喷射过程压力波动仿真研究[D],北京:北京交通大学,2019.

[24]樊志强.电控单体泵系统供油特性及其凸轮型线参数化设计[D],北京:北京理工大学,2014.

[25]张志昊,杨青,孙柏刚,等.250MPa共轨系统的压力波动特性及燃油物性参数试验研究[J].北京理工大学学报,2019(11):1113-1117.

[26]WANG H P,ZHENG D,TIAN Y. High pressure common rail injection system modeling and control. ISA Transactions,2016(63),265 - 273.

[27]邓明华."拍照赚钱"问题的任务定价解题思路[J].数学建模及其应用,2018,7(3):33-36.

[28]张天舒,曾志豪,李世磊,等.一种新的基于博弈论的"拍照赚钱"定价模型[J].数学建模及其应用,2018,7(3):37-42.

[29]徐芹."拍照赚钱"APP平台的任务定价策略研究[J].中央民族大学学报(自然科学版),2018,27(1):49-52.

[30]欧阳自远.嫦娥四号月背软着陆的重大意义[J].世界科学,2019,3:28-30.